Conoce todo sobre robótica y domótica básica con Arduino

Conoce todo sobre robótica y domótica básica con Arduino

Pedro Porcuna López

Ra-Ma®

Conoce todo sobre robótica y domótica básica con Arduino
© Pedro Porcuna López
© De la edición: Ra-Ma 2016
© De la edición: ABG Colecciones 2020

Editado por:
RA-MA Editorial
Madrid, España

Colección American Book Group - Ingeniería y Tecnología - Volumen 5.
ISBN No. 978-168-165-740-0
Biblioteca del Congreso de los Estados Unidos de América: Número de control 2019935080
www.americanbookgroup.com/publishing.php

Maquetación: Antonio García Tomé
Diseño de portada: Antonio García Tomé
Arte: Macrovector / Freepik

A mis hijos Mireia y Pau.

A Montse, mi esposa y madre de mis hijos, cuya paciencia es infinita.

A mi padre, por animarme a hacer realidad todos mis proyectos.

ÍNDICE

INTRODUCCIÓN

La robótica empieza a adentrarse en la vida de las personas, tanto para aquellas que poseen un perfil técnico como para aquellas que nada tienen que ver con la tecnología.

Los hogares empiezan a tener esos pequeños robots de limpieza que, aunque un poco caros, realizan su cometido con creces, evitando así que las personas hagan ese determinado trabajo y ahorren en tiempo para invertirlo en la familia o en otros menesteres más atractivos.

Desde hace ya unos años, muchos grupos de entusiastas, curiosos y expertos están desarrollando sus propios robots, ya sea a modo de *hobby*, investigación o por un factor educacional.

La robótica es una materia multidisciplinar, es decir, cuando se realizan proyectos sobre robótica inherentemente surge la necesidad de tratar con áreas más concretas como la mecánica, la programación y la electrónica.

Debido a esto, muchas escuelas, institutos, academias, centros de enseñanza y grupos de robótica están incluyendo esta materia en las programaciones de las asignaturas técnicas, o simplemente ofreciendo cursos y talleres extraescolares para sus alumnos.

En definitiva, la robótica enriquece no sólo a los más jóvenes, sino a todas aquellas personas que deseen aprender y sientan curiosidad o devoción por una materia que puede convertirse, dentro de unos cuantos años, en una necesidad en nuestro día a día.

SOBRE ESTE LIBRO

Este libro surge a raíz de la necesidad de crear un compendio de prácticas para iniciar a alumnos de formación profesional de grado medio, grado superior y bachillerato a la robótica y a la domótica.

Empieza con una breve introducción a la robótica y a la domótica, explicando a grandes rasgos los conceptos más importantes de estos dos campos multidisciplinares, adentrando al lector principiante en este mundo tan apasionante, curioso, divertido y reconfortante, pero también ofreciendo al lector más avanzado ideas y proyectos.

Seguidamente, el libro entra en materia enseñando el lenguaje de programación de una de las plataformas más famosas y adecuadas para realizar proyectos sobre robótica y domótica: la placa open hardware Arduino. Todos los proyectos y prácticas expuestas en este libro se han realizado con la placa Arduino UNO R3.

Una vez sentadas las bases de cómo programar este logrado regalo de la electrónica, se pasa a poner en práctica todos aquellos conceptos aprendidos en el apartado anterior mediante prácticas y proyectos.

Cada práctica nos adentra en el aprendizaje de algún componente electrónico o sensor, con explicaciones claras y concisas, mostrando una posible lista de materiales fáciles de encontrar y con el código comentado y analizado. De esta forma, el lector va aprendiendo la manipulación, programación y conexionado de cada uno de los sensores, actuadores y componentes electrónicos que podemos utilizar con Arduino para crear sus propios proyectos.

Además de los sensores y otros componentes, se exponen todas aquellas funciones que son más fáciles de explicar mediante un ejemplo práctico.

Cada una de estas prácticas puede dar pie a crear un nuevo proyecto o un robot en concreto, así como también puede surgir la idea de mejorarla o modificarla a conveniencia del lector según sus necesidades creativas. El lector se encontrará con prácticas que están más orientadas a la domótica y otras que están más dirigidas a la robótica pero, en cualquier caso, son prácticas que el autor ha creído indispensables o certeras para un mejor aprendizaje de Arduino.

En la última parte se comentan a modo de manual de montaje, paso a paso, una serie de robots que incorporan componentes o sensores estudiados y analizados en las diferentes prácticas del libro.

Por lo tanto, el lector va aprendiendo mediante prácticas, aisladas en apariencia, cómo manejar la placa Arduino para después crear sus propios proyectos.

A QUIÉN VA DIRIGIDO ESTE LIBRO

Este libro pretende ser una herramienta básica tanto para el lector que se puede considerar principiante en el mundo de Arduino como para el usuario experto; es decir, este libro puede ser una herramienta indispensable para el iniciado y una herramienta de consulta para el experto.

También pretende ser una herramienta para profesores de secundaria, formación profesional de grado medio y grado superior y para profesores de bachillerato que imparten clases de tecnología o similares. Es una guía para el profesorado en la que se propone una serie de veintiocho prácticas que posteriormente puedan desarrollar en sus clases dando pie, a partir de éstas, a posibles modificaciones, ampliaciones o nuevas versiones mejoradas.

Este libro también puede utilizarse como materia de consulta para centros, asociaciones y talleres de robótica con Arduino.

En definitiva, el autor pretende dirigir este libro a todas aquellas personas que deseen aprender mediante prácticas los conceptos más habituales sobre robótica y domótica, y a manejar y programar la placa Arduino.

CÓMO SE ESTRUCTURA ESTE LIBRO

Este libro se estructura en tres partes o bloques:

El bloque **Introducción**, donde se hace una breve introducción a la robótica y a la domótica y al papel que puede desempeñar Arduino en estos campos.

El bloque **Lenguaje de programación**, donde se enseñan los principales conceptos sobre el lenguaje de programación de Arduino, empezando por la pregunta: ¿Qué es la programación?. Después se va pasando por diferentes puntos, como variables, constantes, instrucciones matemáticas, lógicas, instrucciones de control... y se finaliza con la manera de aprender a crear nuestras propias funciones con Arduino.

Por último, el bloque **Prácticas y proyectos**, donde se enseña al lector, paso a paso, mediante la proposición de prácticas, a desenvolverse con Arduino de cara a futuros proyectos. También sugiere a docentes e instructores un posible modo de explicar estos conceptos que sirva como punto de partida para que éstos a su vez puedan proponer a sus respectivos alumnos una serie de prácticas para sus asignaturas.

En cada una de las prácticas propuestas se expone el código empleado, comentado y detallado para su perfecta comprensión.

Recordar que los códigos propuestos en este libro se hacen en virtud de una posible solución a la práctica o al proyecto en cuestión. El autor es consciente de que la solución no responde a un único código. Con toda seguridad, el lector podrá proponer en más de una ocasión su propio código como solución alternativa.

1

ROBÓTICA.
UNA BREVE INTRODUCCIÓN

1.1 INTRODUCCIÓN

Podemos decir que, hace más de 3000 años aproximadamente que el ser humano piensa en cómo desarrollar máquinas autónomas que realicen ciertos trabajos repetitivos, duros y nocivos. A estas máquinas es a lo que podríamos llamar robots.

El origen de la palabra Robot podría venir de la palabra checa *"robota"*, que significa "trabajo forzado", "obligación" o "esclavo".

Los robots han sido motivo de innumerables novelas y películas de ciencia ficción.

Una de las personas a las que se relaciona cuando oímos la palabra robot, es la del físico y escritor de ciencia ficción, Isaac Asimov.

Asimov fue el primero en tener una visión de futuro en el cual los seres humanos convivían rodeados de robots humanoides que les hacían la vida más confortable. Asimov, acuñó la palabra robótica y estableció unas reglas o leyes que deberían tener programadas todos los robots en sus cerebros "positrónicos". Es lo que conocemos como las 3 leyes de la robótica.

Estas leyes son las siguientes:

▶ **1.ª ley**: Un robot no debe dañar a un ser humano, ni por su inacción dejar que resulte dañado.

▶ **2.ª Ley**: Un robot obedecerá a un humano, excepto cuando dichas órdenes entren en conflicto con la 1ª ley.

▶ **3.ª Ley**: Un robot debe protegerse así mismo, excepto si esta ley entra en conflicto con la 1ª y 2ª ley.

Evidentemente, estas leyes solo aparecen en las novelas del genial escritor, pero no están reconocidas por ningún estamento competente en la materia.

Pero, entonces, ¿qué deberíamos entender por robot?

Al parecer, según los organismos competentes, la definición para robot es la de: "manipulador multifuncional reprogramable".

Entonces, un Robot, estrictamente hablando, podemos decir que es un dispositivo manipulador controlado por computador.

Hace más de 30 o 40 años que se empezaron a introducir robots en el entorno empresarial, sobre todo en las fábricas de construcción de vehículos, donde hoy en día, realizan operaciones repetitivas en una cadena de montaje.

El aumento de estas máquinas ha ido creciendo con el paso de los años y hoy en día, se vería relativamente extraño que una persona realizase cierto tipo de trabajo, como por ejemplo la soldadura del chasis de un vehículo, o manipular ciertos materiales que están a altas temperaturas, etc.

Incluso en el ámbito doméstico hoy en día podemos decir que en mayor o menor medida los robots se empiezan a abrir paso. Éste es el caso del robot aspiradora Roomba de la empresa Norte Americana iRobot (otros fabricantes como Samsung ya tienen un robot que realiza la misma operación) entre otros.

También han aparecido los robots mascota, los cuales están programados para pasar por tres fases de crecimiento emocional, la fase de bebé, adolescencia y adulto, con los cuales, se debe tener un cuidado idéntico como si de una mascota biológica se tratase.

1.2 ROBÓTICA INDUSTRIAL

La robótica industrial es uno de los campos más en auge de la robótica. El robot industrial suele ser el típico brazo que suelda, pinta o ensambla partes de un producto en la cadena de montaje de la fábrica en cuestión.

La industria que más utiliza robots de este tipo es la automovilística.

En Europa y América hay muchas restricciones sobre la definición de robot industrial, mientras que en Japón definen como robot industrial a cualquier máquina que posea brazos articulados móviles y que permita cierta manipulación; en Europa y América, sin embargo, se intenta distinguir entre robot y manipulador. Un robot debe ser una máquina más compleja que un simple manipulador.

Dentro de la robótica industrial, según la IRF (Federación Internacional de Robótica), podemos diferenciar varios tipos de robots, entre los cuales están:

- Seriales.
- De trayectoria controlable.
- Adaptativo.
- Telemanipulado.

Los más usuales en la industria son los seriales.

Los robots industriales más usuales y que antes nos vienen a la mente cuando pensamos en robots de este tipo son los brazos robot.

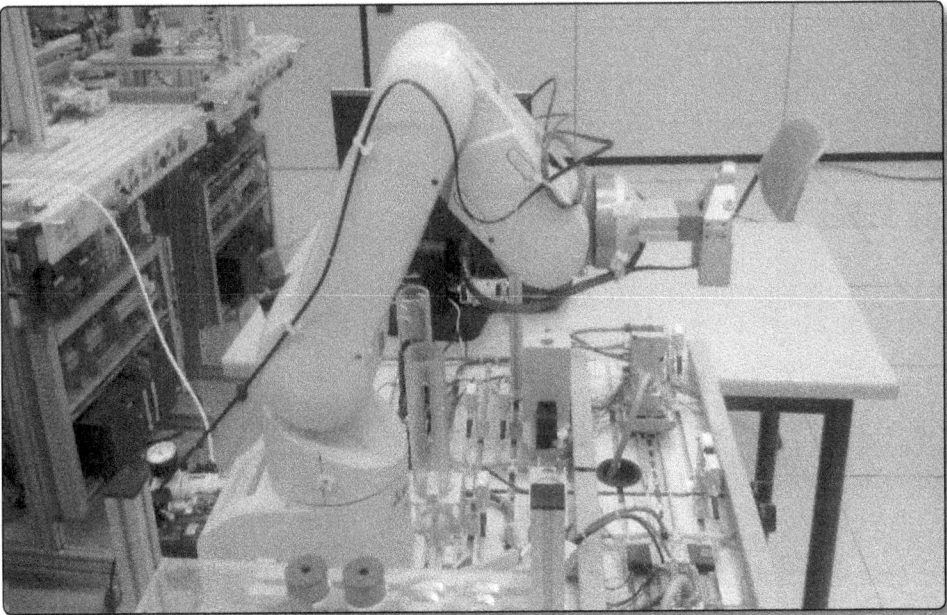

Figura 1.1. Brazo Robot Mitsubishi. Cortesía de la Universidad La Salle Bonanova de Barcelona

Estos brazos robots se pueden clasificar por su DOF (Grados de libertad). Dependiendo de sus grados de libertad, el robot se asemejará más a un brazo humano y, en consecuencia, más trabajos podrá realizar.

Todo robot debe disponer de unos subsistemas para su correcto funcionamiento:

▼ Subsistema de movimiento.
▼ Subsistema de reconocimiento.
▼ Subsistema de control.

El subsistema de movimiento es el robot en sí, pudiendo ser un brazo robot, por ejemplo.

El subsistema de reconocimiento será el encargado de observar e identificar los objetos tratados por el robot. Normalmente, podemos decir que será una cámara o cualquier otro sistema de visión.

El subsistema de control vendrá dado por un dispositivo capaz de gestionar, organizar y procesar la información obtenida por el subsistema de reconocimiento, haciendo reaccionar en consecuencia al subsistema de movimiento.

Este subsistema suele estar representado por una computadora o dispositivo capaz de procesar información.

Por tanto, tendremos un brazo robótico, una cámara o similar y un computador gobernando las acciones del brazo.

1.3 ROBÓTICA DE SERVICIO

Los robots de servicio son todos aquellos que se diferencian de los robots industriales por realizar trabajos diferentes a los que puede realizar un brazo robot industrial.

La Federación Internacional de Robótica define de la siguiente manera a un robot de servicio:

«Un robot que opera de manera automática o semiautomática para realizar servicios útiles al bienestar de los seres humanos o a su equipamiento, excluyendo las operaciones de fabricación».

Podemos encontrar robots de servicio para:

▼ Robots antimina (militar).
▼ Robots aspiradora.
▼ Robots para el mantenimiento de líneas de alta tensión.
▼ Robots para rescates submarinos.

Figura 1.2. Robot REEM-C de la empresa PAL-Robotics

La imagen de arriba nos muestra a un robot de servicioque inspecciona líneas de alta tensión.

Dentro de los robots de servicio también se pueden incluir a los robots domésticos, robots de ocio y robots de educación.

Los robots domésticos, como su nombre indica, son aquellos que realizan este tipo de trabajos, como barrer, aspirar el suelo, fregar, etc.

Un robot doméstico tiene que reunir una serie de características:

1. Debe realizar los trabajos sin intervención humana.

2. Debe realizar los trabajos con total autonomía.

La única intervención humana al respecto debería ser la introducción del programa previsto.

Como ya se avanzaba en la introducción, un robot que incorpora estas prestaciones es el robot aspirador Roomba, de la compañía norteamericana iRobot, fundada por Rodney Brooks, profesor y experto en robótica del MIT (*Computer Science and Artificial Intelligence Laboratory*).

Este robot en cuestión posee un conjunto de sensores que le permiten esquivar obstáculos, reconocer la superficie que va a aspirar y encontrar la estación de recarga cuando sus baterías están a punto de agotarse. Sólo requiere la intervención humana para introducirle el programa deseado.

Figura 1.3. Robot aspirador Roomba de la empresa iRobot

También podríamos pensar en robots de vigilancia, robots que recorren todas las estancias de una vivienda o todas las salas de una empresa con el fin de detectar presencia humana.

1.4 ROBÓTICA DE OCIO

En cuanto a la **robótica de ocio** encontramos los robots mascota, cada vez más frecuentes en los hogares, desde un *Furby* hasta mascotas más sofisticadas y robotizadas, como la mascota Pleo.

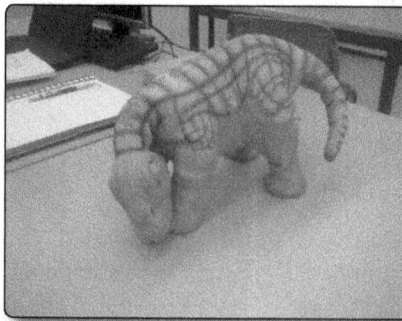

Figura 1.4. Robot mascota Pleo. Cortesía Universidad La Salle Barcelona

Figura 1.5. Robot mascota Pleo y sus sensores. Cortesía Universidad La Salle Barcelona

Este tipo de mascota, como ya se ha comentado en la introducción, pasa por tres etapas, que intentan imitar a las fases humanas de crecimiento emocional y de aprendizaje.

A medida que la mascota va creciendo, gracias a los cuidados del niño o la niña (alimentarlo, acariciarlo para que se sienta querido, etc.), el robot se adentra en una etapa diferente, hasta llegar a la etapa adulta.

En cuanto a la robótica educacional, también encontramos robots que se podrían incluir en el ocio y, a la vez, en el ámbito médico o terapéutico.

Estos robots mascota también se han puesto al servicio de niños con problemas de autismo, por ejemplo. De esta manera, al parecer, se obtienen buenos resultados en estas terapias.

Figura 1.6. Robot Romibo. Cortesía de la Universidad La Salle

Otro robot creado para tratar temas psicológicos u otros tipos de trastornos en niños es el Romibo; dicho sea de paso, creado a partir de una placa Arduino.

Así mismo se están desarrollando robots humanoides para la asistencia a personas con discapacidad, ancianos o incluso para el cuidado de niños pequeños.

La robótica se abre paso y a la vez se interrelaciona con otras disciplinas, como la psicología y la sociología, con el fin de poder crear robots asistentes que aprendan a reconocer y gestionar expresiones faciales o comportamientos humanos para interactuar con las personas en la vida cotidiana.

Por último, otro robot, el K-set, creado por un grupo de estudiantes de posgrado en robótica de la Universidad La Salle, se ha diseñado para su empleo en trabajos educativos, como, por ejemplo, para que los más jóvenes aprendan números y colores, se enfrenten a adivinanzas sobre animales o las partes del cuerpo, o incluso para aprender inglés. Este robot está dotado de unos sensores de distancia y reconocimiento de colores, e incorpora para la interacción con el usuario un dispositivo táctil —tipo *smartphone*— con el que se puede escoger la actividad necesaria para cada momento.

Figura 1.7. Robot educativo K-set

1.5 ROBÓTICA DE EDUCACIÓN

En este apartado se podría englobar todo aquello relacionado con la robótica que persigue un valor educacional e introduce a los más jóvenes (y no tan jóvenes) en un mundo multidisciplinar como éste.

Cada vez son más los centros educativos, institutos, colegios, asociaciones, etc., que están empezando a introducir la robótica como medio de aprendizaje, ya sea para explicar otras materias en sus clases o para introducir a los alumnos en la mecánica, la programación o la electrónica.

Para un joven de trece o catorce años es más atractivo aprender el funcionamiento de un diodo led o conocer el porqué y para qué se utilizan las resistencias eléctricas, construyendo para ello un artefacto que se mueve o realiza alguna función, que no hacerlo de forma más teórica o, por decirlo así, más estática (las resistencias por sí mismas no se mueven ni proyectan luces…).

Otro ámbito importante es introducir a los alumnos en un campo de la tecnología que pudiera parecer olvidado. Hace unos años, emprender proyectos relacionados con la robótica no era fácil, y si el presupuesto era reducido, menos todavía.

Con la aparición de placas como Arduino o similares, los usuarios expertos y no tan expertos, los curiosos y los iniciados, han visto una oportunidad para explotar su creatividad y realizar proyectos que antes no podían afrontar de una forma tan sencilla.

El precio asequible, la fiabilidad y la sencillez de este tipo de placas han contribuido de forma muy positiva a expandir este mundo de los sistemas microprogramables y, en definitiva, de la robótica.

Figura 1.8. Robot seguidor de línea

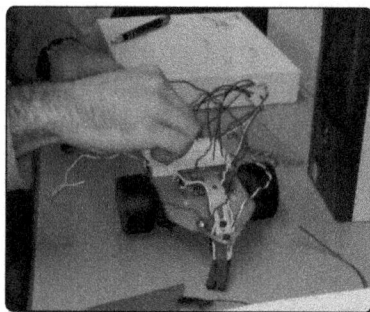

Figura 1.9. Robot seguidor de línea

1.6 ROBÓTICA Y ARDUINO

Arduino se ha erigido como una de las plataformas escogidas para llevar a cabo proyectos tecnológicos. Esto es así debido a su versatilidad como instrumento para este cometido, por la gran cantidad de sensores que puede incorporar y por los precios que se están alcanzando, lo que permite hoy en día a los usuarios tenerlo al alcance de la mano y del bolsillo; por último, y no menos importante, debido también a la facilidad con la que se puede programar e interactuar con el medio que nos rodea.

Por todo esto, Arduino es idóneo para llevar a cabo proyectos sobre robótica, alcanzando un nivel nada despreciable.

El siguiente epígrafe se centra en introducir al lector en el mundo Arduino. Por este motivo se explica qué es Arduino y cómo interactuar con él, haciendo posible que cualquier persona interesada en el mundo de la robótica, domótica o tecnología en general pueda crear sus propios proyectos y plasmar ideas sobre estos campos.

Como ya se ha expuesto en los epígrafes anteriores, el autor está convencido de que el campo multidisciplinar de la robótica seguirá expandiéndose durante los próximos años no sólo en el ámbito de los robots de servicio, sino en el educativo y de ocio.

2

DOMÓTICA.
OTRA BREVE INTRODUCCIÓN

2.1 INTRODUCCIÓN

A igual que se ha mencionado en el epígrafe anterior, la domótica, como la robótica, ha experimentado un auge importante en los últimos cinco años.

Cada vez más, las personas necesitamos poder controlar ciertos ambientes o aspectos de nuestros hogares, ya sea por comodidad, por falta de tiempo o por ambas cosas a la vez.

Cuando pronunciamos el término domótica, una de las primeras cosas que nos viene a la mente es la de subir y bajar persianas mediante un mando a distancia o preprogramando una pequeña consola, o el apagado y encendido de luces respondiendo a un horario concreto. Pero se puede hacer mucho más, por ejemplo: controlar el sistema de climatización del hogar (frío y calor); vigilar la reacción de varios sistemas a la falta de luz solar; regular el acondicionamiento del agua empleada para los sanitarios; controlar y gestionar la cantidad de agua utilizada durante el día; tramitar y verificar los sistemas de seguridad, como videovigilancia o alarmas; administrar el gasto energético del hogar, etc.

La domótica no sólo nos libera de posibles tareas domésticas, sino que también puede ser empleada como una aliada para el control del gasto energético, con lo que miramos por el medio ambiente y por nuestra economía.

A día de hoy, el precio de dotar a un hogar de todos estos sistemas puede ser la causa de que no esté demasiado extendido.

2.2 REDES DOMÓTICAS

Para implantar un sistema domótico en nuestro hogar existen diferentes redes o protocolos. Al hablar de protocolo se hace referencia a la forma exclusiva de comunicación entre todos los dispositivos del sistema que se va a establecer.

Uno de los protocolos que podemos encontrar en el mercado es X-10.

Protocolo X-10

El protocolo X-10 emplea la instalación de corriente eléctrica del hogar para transmitir los datos necesarios entre los diferentes componentes del sistema domótico. A este tipo de sistema de comunicación es lo que se conoce como PLC.

De esta forma, se crea una red de dispositivos domóticos que estarán intercomunicados mediante el cableado de la red eléctrica del hogar.

Para añadir dispositivos al sistema, simplemente deben ser dispositivos X-10.

Dentro de esta red de dispositivos, podemos diferenciar varios tipos: los transmisores, los receptores y los bidireccionales:

- ▼ Los **transmisores**: son los encargados de transmitir la información del sistema (hasta 256 dispositivos del sistema cableado). Las señales enviadas están debidamente codificadas con un bajo voltaje.

- ▼ Los **receptores**: son los dispositivos que reciben la información enviada por los transmisores. Dependiendo de la información recibida, reaccionarán encendiéndose o apagándose para generar el efecto deseado por el usuario.

- ▼ Los **bidireccionales**: éstos pueden emitir y recibir información. Normalmente suelen ser consolas u ordenadores que permiten el control de otros dispositivos del sistema.

Otro protocolo que podemos encontrar es el KNX.

Protocolo KNX

Este protocolo utiliza una comunicación por red que se emplea en los llamados edificios inteligentes.

Hay 2 modos de configuración para el protocolo KNX, Modo – S y Modo – E:

▶ **Modo – S:** se necesita una aplicación específica para controlar nuestro sistema domótico por ordenador. Los dispositivos deben ser instalados por personal cualificado..

▶ **Modo – E:** fácil de instalar y configurar. Todo viene pre programado de fábrica, excepto algunas cuestiones de configuración, que quedan a cargo del usuario.

2.3 DOMÓTICA Y ARDUINO

Igual que ocurre con la robótica, Arduino es una plataforma idónea para desarrollar proyectos domóticos con un bajo coste.

A lo largo del libro se proponen prácticas con carácter claramente domótico, que proponen al lector recrear simulaciones de los sistemas domóticos profesionales, siendo dichas prácticas una aproximación simple de los sistemas comentados anteriormente.

Aun así, con la placa Arduino y actuadores domóticos adecuados se pueden crear sistemas domóticos bastante decentes.

3

MICROCONTROLADORES Y MICROPROCESADORES

Desde el primer momento en que se desea crear proyectos sobre robótica, domótica o proyectos en los que se pretende que la solución a un problema sea algo automatizado y controlado electrónicamente estamos haciendo referencia a lo que se denomina sistemas microprogramables.

Un sistema microprogramable será todo sistema que mediante una electrónica digital encapsulada en uno o varios circuitos integrados y con un generador de pulsos de alta velocidad sea totalmente capaz de seguir una secuencia de instrucciones contenidas en un programa de forma rápida y eficaz.

Un sistema microprogramable consta de unos subsistemas o bloques:

► **Oscilador o generador de pulsos** (conocido normalmente por reloj). Genera los pulsos necesarios para que el sistema vaya perfectamente sincronizado. Por cada pulso de reloj se ejecutan una o varias instrucciones (según las características de la CPU) en el bloque CPU.

► **Unidad Central de Proceso (CPU).** Se encarga de ejecutar las instrucciones de los programas, así como realizar las operaciones aritmético-lógicas que se requiera durante la ejecución de dichos programas.

► **Unidad de memoria.** Esta memoria almacenará los programas que se van a ejecutar y los resultados derivados de dicha ejecución.

▼ **Bloque de Entrada y Salida.** Este bloque se encarga de gobernar el flujo de datos que existe entre el exterior y el interior del sistema. En el exterior contamos con los periféricos, que son dispositivos que introducen información al sistema.

▼ **Periféricos.** Pueden ser otros dispositivos microprogramables o simplemente circuitos digitales que permiten al usuario interactuar con el sistema.

A continuación, podemos encontrarnos con lo que se conoce como microcontrolador y microprocesador. Estos dos sistemas microprogramables contienen todos los bloques anteriormente mencionados, pero con algunas diferencias. Veámoslas.

Un **microprocesador** no incorpora internamente todos estos bloques. Esto quiere decir que un microprocesador contará con una CPU dentro de su encapsulado, la memoria RAM se instalará mediante *slots* en la placa base del sistema, poseerá una memoria de almacenamiento constituida por discos magnéticos o discos de estado sólido (SSD), el reloj u oscilador de cuarzo estará integrado en la placa base del sistema e igualmente ocurrirá con el bloque de entrada – salida. Como es sabido, un microprocesador puede ser programado y contener más de un programa en memoria y ejecutarlos a la vez.

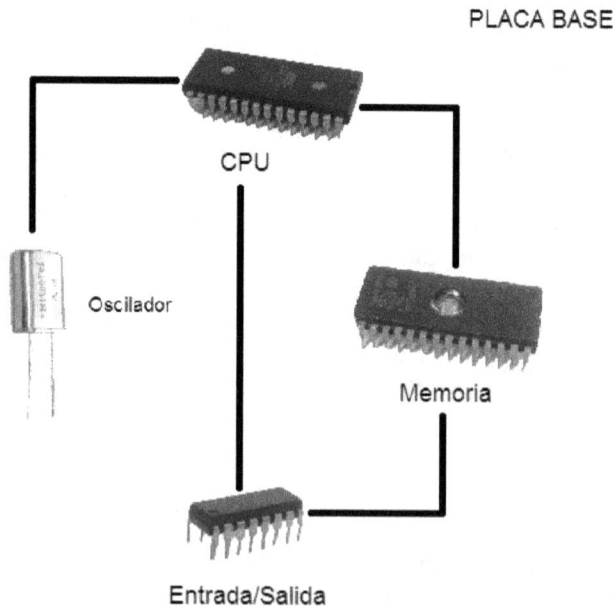

Figura 3.1. Sistema con microprocesador

Por el contrario, un **microcontrolador** incorpora todos estos bloques en un solo encapsulado, y solamente dispone de un programa para ser ejecutado. Además, no dispone de dispositivos de almacenamiento masivo. Podríamos decir que un microcontrolador es como una pequeña computadora instalada en una placa de circuito integrado.

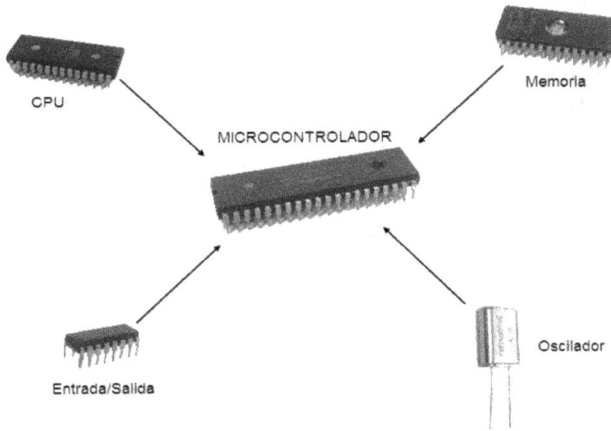

Figura 3.2. El microcontrolador

Debido a que un sistema con microprocesador puede ejecutar o contener más de un programa en su memoria, se hace necesario la utilización de un sistema operativo para que el usuario tenga el control y pueda mandar al sistema diferentes trabajos. Por el contrario, un microcontrolador sólo dispone de un programa en su memoria, y será un sistema dedicado únicamente a ese programa en concreto.

Figura 3.3. Microcontrolador de la empresa MICROCHIP

4

INTRODUCCIÓN A ARDUINO

4.1 ¿QUÉ ES ARDUINO?

Arduino es una placa de circuito impreso con la que, junto con unos componentes electrónicos, un microcontrolador y una serie de pines de entrada y salida, podemos crear proyectos basados en sistemas electrónicos; esto incluye materias como la robótica, la domótica u otros proyectos de carácter electrónico en los que podamos pensar.

Mediante un lenguaje de alto nivel programaremos el microcontrolador para que ejecute las acciones que deseamos llevar a cabo en el proyecto en cuestión.

Por otra parte, Arduino es una plataforma *open-hardware*.

Todos los esquemas de la placa, diseños y componentes son accesibles para todo el mundo, es decir, son públicos.

Esto también implica que podemos desarrollar nuestra propia placa basada en Arduino, y comercializarla si así lo deseamos. Pero cuidado: el hecho de que sea de dominio público no quiere decir que no tenga ningún tipo de licencia. La licencia que emplea Arduino es del tipo GPL. Cumpliendo con los requisitos de esta licencia, se puede llevar a cabo lo expuesto anteriormente.

En cuanto a su tecnología, Arduino posee un microcontrolador de la firma Atmel; concretamente, el Atmega328P, si nos fijamos en la placa Arduino UNO R3.

Es un microcontrolador sencillo y de bajo coste que permite su programación para desarrollar múltiples diseños.

Ahora mismo, podemos encontrar en el mercado versiones más potentes de la familia Arduino, así como competidores en este terreno como las placas BeagleBone o Raspberry Pi, por ejemplo, aunque estas placas se consideran acertadamente ordenadores del tamaño de una tarjeta de crédito.

Estas placas disponen de un microprocesador como cerebro para realizar su cometido a diferencia de las placas Arduino, que disponen, como ya se ha comentado anteriormente, de un microcontrolador.

Más adelante se describen las bondades y defectos de un microcontrolador y de un microprocesador.

4.2 OPEN HARDWARE

Arduino es una placa *open hardware*. Esto quiere decir que todos los esquemas y diseños eléctricos son de dominio público.

De esta forma, cualquiera que se sienta capaz puede descargarse estos esquemas, comprar los componentes electrónicos y construir su propia placa compatible con Arduino.

Esto no quiere decir que carezca de licencia; al contrario, Arduino tiene una licencia GPL. Cumpliendo con los términos de ésta, se podrían construir placas cien por cien compatibles con Arduino, incluso comercializarlas.

Otro aspecto que se debe tener en cuenta es que el *software* que se requiere para programar la placa Arduino mediante interfaz USB también es público y gratuito, pudiéndolo descargar de la página web de Arduino. En este mismo bloque se muestra cómo descargar este *software* y su correspondiente instalación en un sistema operativo Windows.

Por otra parte, esto implica que con una placa creada por uno mismo se podrían realizar todo tipo de proyectos y comercializarlos si se desea.

4.3 ANÁLISIS DE LA PLACA ARDUINO

Como ya se ha comentado anteriormente, este libro se centra en la placa Arduino UNO R3 (Revisión 3).

Más adelante se mencionarán los distintos miembros de la familia Arduino, cada uno de los cuales tiene unas características diferentes y está destinado a unos proyectos en concreto, simplemente por el hecho de tener más pines de entrada y salida o porque el microcontrolador funciona a mayor velocidad.

Conozcamos mediante una imagen el *hardware* de la placa Arduino UNO.

Figura 4.1. Placa Arduino UNO R3

Veamos en la siguiente figura un esquema de las partes de la placa Arduino UNO.

Figura 4.2. Partes de Arduino UNO R3

▼ *Botón de reset.* Permite realizar un reinicio a la placa. Una vez reseteada la placa, ésta vuelve a ejecutar el programa que tiene cargado.

▼ *Conector USB.* Se emplea para comunicar la placa Arduino con el PC. Más adelante se muestra cómo realizar la conexión mediante un cable USB tipo B–USB tipo A. También se utiliza para comunicarnos con Arduino a través del monitor serie.

▼ *Conexión 7 v-12 v.* Mediante un Jack de 2,1 mm alimentaremos a la placa Arduino con un rango de tensión comprendido entre los 7 y los 12 voltios. Una tensión que suele ir bien es la que proporciona una pila de petaca de 9 voltios. Esto también se comentará más adelante, en el epígrafe Alimentar a Arduino.

Pines de alimentación. Hay seis pines que se detallan a continuación.

- *IOREF.* Es un pin de referencia del voltaje al que tendrá que trabajar el microcontrolador. También se utiliza cuando conectamos *shield* a Arduino, regulando la tensión para un adecuado funcionamiento. Más adelante también se hablará de los *shields*.

- *RESET.* Este pin tiene la misma función que el botón reset. Aquí lo encontramos en formato de pin para poder resetear la placa mediante un pulsador externo.

- *3,3 v.* Este pin proporciona 3,3 voltios. Es posible que algún sensor o componente requiera de esa tensión para poder funcionar correctamente.

- *5 v.* Este pin proporciona 5 voltios para alimentar los dispositivos, sensores y/o componentes electrónicos conectados a Arduino.

- *GND.* Aquí se conectarán los terminales de masa de los componentes electrónicos que se hayan podido conectar al terminal de 5 o 3,3 voltios de Arduino.

- *Vin.* Este terminal permite alimentar a Arduino de la misma forma en que se realiza en el caso del conector de alimentación mediante un conector Jack de 9 mm.

▼ *Pines analógicos.* Son terminales que se emplean para comunicar la placa Arduino con el exterior, conectando sensores que les proporcionan información analógica. Se podrán configurar como entrada o salida. Arduino UNO dispone de seis pines de este tipo.

▼ *Microcontrolador Atmega 328P*. Este circuito integrado es el cerebro de la placa. Es el encargado de ejecutar las instrucciones de los programas creados por el usuario. En el siguiente epígrafe se detallan las características de este circuito integrado.

▼ *Indicador TX-RX*. Indica que Arduino se está comunicando vía serie con el PC. Cuando esto ocurre, los indicadores parpadean, alertando de la transmisión y recepción de la información transmitida entre Arduino y el ordenador.

▼ *Conectores ICSP*. Se utilizan cuando se desea programar Arduino desde un entorno diferente del IDE y de la conexión típica por USB. Para realizar esta operación se requiere de un programador externo que irá conectado a los conectores mencionados. Si se desea programar Arduino de este modo, se deberá hacer en lenguaje Ensamblador o en lenguaje de alto nivel C.

▼ *Indicador de encendido*. Mediante una lucecita verde indica que Arduino está alimentado correctamente y listo para programar.

▼ *Indicador de carga*. Este indicador parpadea cuando se carga un programa a Arduino.

▼ *Pines digitales*. Son terminales que se emplean para comunicar la placa Arduino con el exterior, conectando sensores que proporcionan información digital (5 v o 0 v, 1 o 0). Se podrán configurar como entrada o salida. Arduino UNO dispone de catorce pines de este tipo.

▼ Dentro de este conjunto de pines, encontramos uno que responde al nombre de AREF.

▼ *AREF*. Proporciona el voltaje de referencia para los pines analógicos. Generalmente, esta referencia es de 0 a 5 voltios, pero podemos encontrarnos con componentes para Arduino que funcionan con otro rango de voltajes, por lo que los voltajes de referencia deberían ser ajustados.

Podemos ver que lo más interesante a la hora de programar Arduino son las entradas y salidas, tanto analógicas como digitales, por donde introduciremos datos para ser procesados y así obtener un resultado que se manifestará por las salidas antes mencionadas.

Según los datos que estemos manejando y los sensores o componentes que proporcionan dichos datos, deberemos saber cuándo utilizar una entrada analógica y cuándo utilizar una entrada digital.

Por ejemplo, para controlar un pequeño motor, nuestras entradas y salidas deberán ser analógicas; en cambio, para controlar el encendido y apagado de un led, deberemos utilizar las digitales, a no ser que se desee jugar con la intensidad luminosa de dicho diodo led.

4.4 MICROCONTROLADOR ATMEGA 328P. CARACTERÍSTICAS

A continuación se expone de forma resumida las características más destacables del microcontrolador que incorpora la placa Arduino UNO R3:

- Modelo: 328. Microcontrolador de 8 bits.
- Voltaje de funcionamiento: 5 voltios.
- Memoria flash: 32 KB.
- Memoria SRAM: 2 KB.
- Memoria EEPROM: 1 KB.
- Velocidad de proceso: 16 Mhz.

Figura 4.3. Microcontrolador Atmega 328P

El modelo del microcontrolador de la placa Arduino UNO R3 es Atmega 328P. Es un microcontrolador de 8 bits; esto quiere decir que el microcontrolador puede gestionar instrucciones de una longitud de 8 bits o, lo que es lo mismo, 1 byte.

La comunicación del microcontrolador con el PC se realiza mediante comunicación serie; esto quiere decir que los bits llegan a Arduino de uno en uno, y el microcontrolador trabaja con grupos de 8 bits como se ha comentado anteriormente, por lo que se dispone de otro circuito integrado soldado en la placa llamado UART para adecuar la llegada de los bits al microcontrolador. Este punto se trata con mayor profundidad en el siguiente epígrafe: Comunicación PC – Arduino.

La velocidad de proceso es de 16 Mhz, es decir, puede procesar 16.000.000 de instrucciones en un segundo o ciclo.

Podemos encontrar el microcontrolador 328P en dos formatos: en formato DIP, que viene introducido en un zócalo y se puede extraer con relativa facilidad si utilizamos un extractor de circuitos integrados, o en formato SMD, que viene soldado a la placa Arduino.

De la memoria flash podemos decir que es ahí donde se almacenan los programas que los usuarios cargamos mediante el IDE de Arduino. Esta memoria está compartida con un gestor de arranque, que incorpora las instrucciones necesarias para que Arduino esté listo para poder trabajar con él. La cantidad compartida es de 0,5 KB.

La memoria SRAM, entre otros, es la encargada de almacenar los datos resultantes de la ejecución de las instrucciones de un programa.

Por último, la memoria EEPROM es de solo lectura. En ella van grabadas las librerías necesarias para interpretar los programas de Arduino.

Aunque aparentemente las prestaciones de este microcontrolador puedan parecer muy bajas comparadas con las que nos pueden dar los PC de hoy en día, Arduino posee un microcontrolador que se basta a sí mismo para la inmensa mayoría de proyectos a los cuales puede ser sometido.

Dentro de la familia de placas Arduino podemos adquirir placas con mayores prestaciones que las expuestas para Arduino UNO R3. De este tema nos encargaremos más adelante, en el epígrafe La familia de Arduino.

Veamos a continuación cómo se comunica internamente Arduino con nuestro PC.

4.5 COMUNICACIÓN ARDUINO-PC

Como se ha comentado anteriormente, el microcontrolador 328P es un de 8 bits, por lo que procesa instrucciones o datos de 8 en 8 bits o, lo que es lo mismo, 1 byte.

Por el contrario, la comunicación entre el PC y Arduino se realiza por un cable o interfaz USB (*Universal Serial Bus*), que es una forma de transmitir los bits de uno en uno.

El problema lo podemos advertir cuando nos damos cuenta de que la transmisión de datos es en serie (un bit tras otro) y el microcontrolador necesita «paquetes» de 8 bits para procesar. Bien, pues como ya se ha avanzado en el epígrafe anterior, la placa Arduino posee un circuito integrado adicional soldado, que une el conector hembra USB con el microcontrolador.

A este circuito integrado se le denomina UART (Transmisor – Receptor Asíncrono Universal), y es el encargado de gestionar los bits y adecuarlos según se necesiten en serie o en grupos de 8 bits.

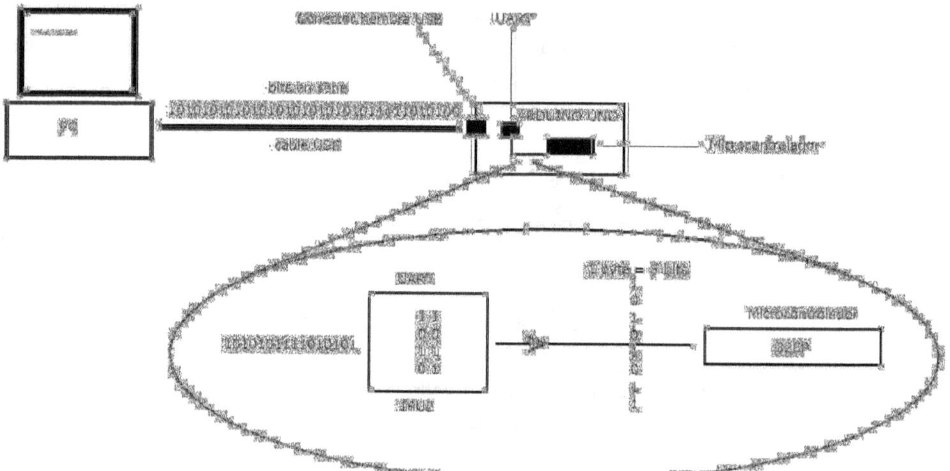

Figura 4.4. Esquema comunicación Arduino - PC

Este integrado, para Arduino UNO, es un Atmega 16U2, y está situado al lado de los pequeños indicadores TX – RX que han sido ya comentados.

Figura 4.5. UART 16U2

Podemos encontrar otro modelo de UART según la revisión de Arduino UNO: el 8U2.

Antes de empezar con el aprendizaje de la programación de Arduino, es interesante analizar el entorno de programación.

En el siguiente epígrafe se mostrará paso a paso cómo obtener este *software*, cómo instalarlo y cómo moverse por su entorno de trabajo.

4.6 INSTALACIÓN DEL MEDIO INTEGRADO DE DESARROLLO DE ARDUINO (IDE)

Para programar Arduino vamos a necesitar un *software* que compile el programa creado y, a través de un cable USB, cargue o transfiera ese programa hasta el microcontrolador de la placa Arduino.

A este *software* se le conoce como medio integrado de desarrollo (del inglés *Integrated Development Environment*).

Instalación del entorno de desarrollo IDE para Arduino UNO.

Se puede descargar de la página web de Arduino:

http://www.arduino.cc/en/Main/Software

En las siguientes páginas se detalla su descarga e instalación en un sistema operativo Windows.

Aunque también se pueden obtener versiones para LINUX y MAC.

Veamos paso a paso cómo descargarlo de la web de Arduino y cómo instalarlo en un sistema operativo Windows.

Primer paso

Entramos en la página web de Arduino: *http://www.arduino.cc* y hacemos clic en el menú superior, donde aparece la palabra «Download».

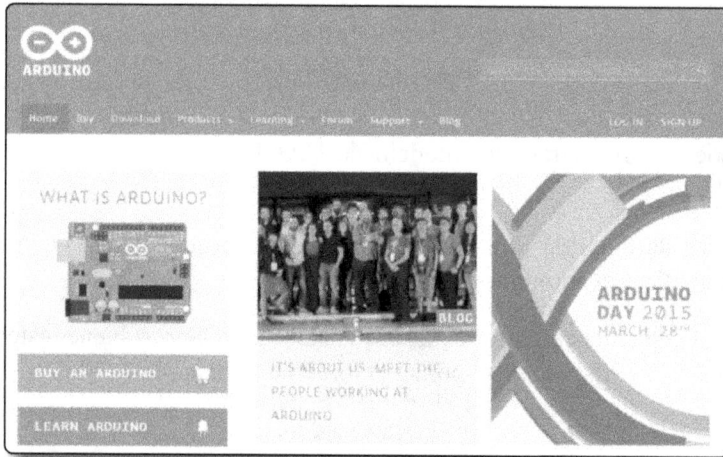

Figura 4.6. Página web de Arduino

Inmediatamente redirecciona al apartado de descargas.

Por defecto nos proponen descargar la versión más reciente: la versión 1.6.2. (EN LA IMAGEN PONE 1.6.1)

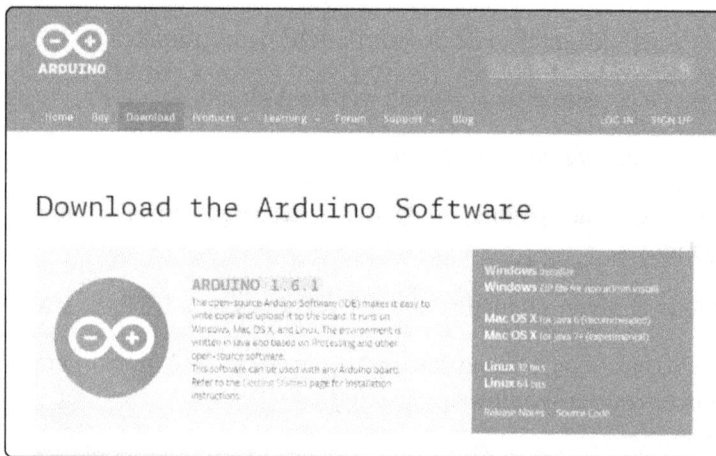

Figura 4.7. Zona de descargas

Escogemos el sistema operativo en que deseamos instalar la aplicación; en nuestro caso, Windows, y clicamos en «Windows Installer».

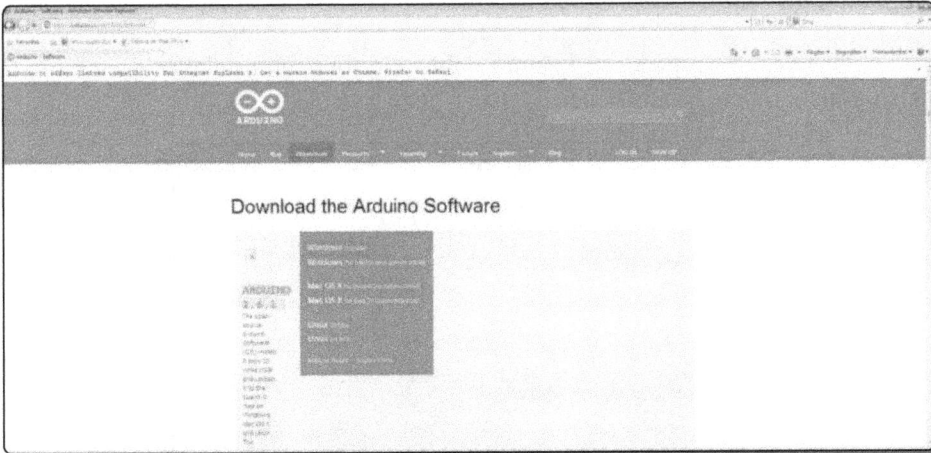

Figura 4.8. Descarga del instalador para Windows

Una vez hecho esto nos aparece una caja de diálogo, donde se nos pregunta si deseamos ejecutar el programa o guardarlo en nuestro disco duro para después ejecutarlo e instalarlo.

Es aconsejable descargar el programa para después instalarlo, de este modo tendremos siempre el instalador del programa en nuestro disco.

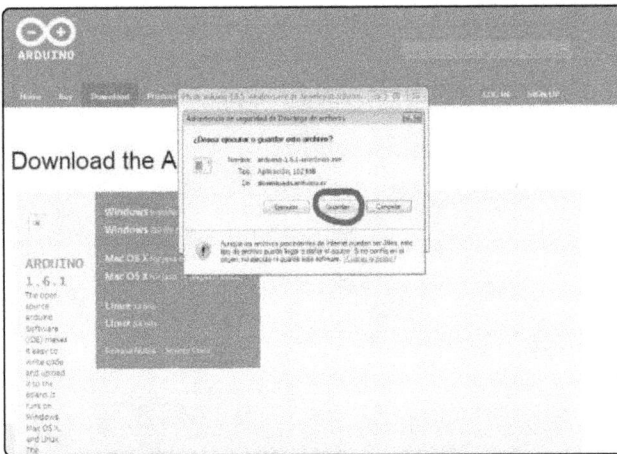

Figura 4.9. Guardamos el instalador en nuestro disco

Escogemos dónde deseamos que nos deposite el instalador, y empieza la descarga.

Segundo paso

Una vez descargado, realizamos doble clic sobre el instalador, y empieza la instalación.

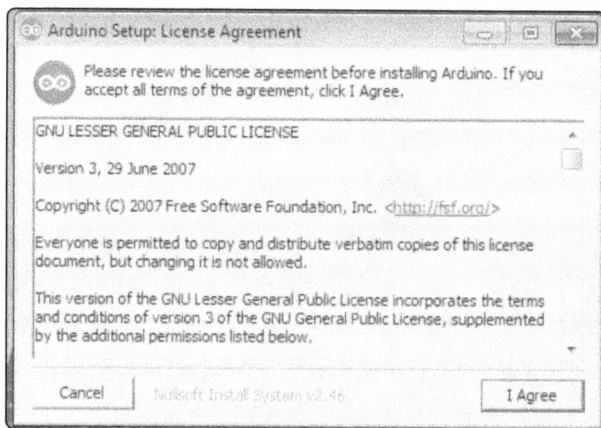

Figura 4.10. Empieza la instalación

Seguimos las indicaciones que nos dicta el instalador del programa.

En la imagen de arriba, deberemos aceptar las condiciones de licencia tipo GPL, vinculada al *software* libre. Clicamos en el botón «I Agree».

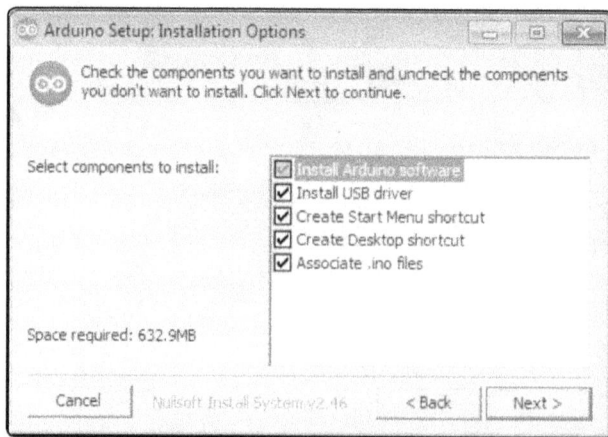

Figura 4.11. Instalación de los componentes

A continuación, el instalador informa de los componentes que se van a instalar en el disco duro y cuánto espacio en el disco es necesario para esto. Clicamos en «Next», y avanzamos en el proceso de instalación.

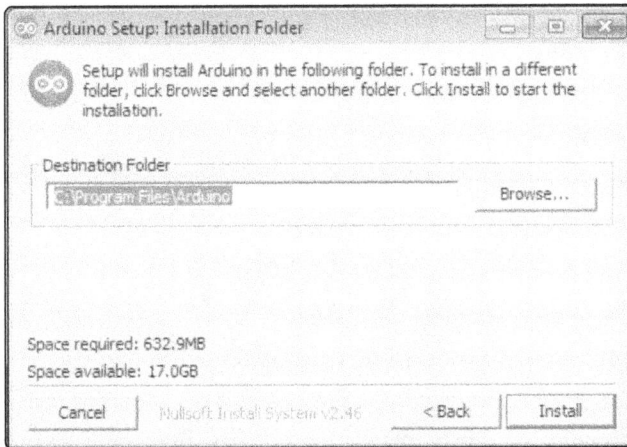

Figura 4.12. Escogemos directorio de instalación

Seguidamente, el instalador pregunta cuál va a ser el directorio donde se van a instalar los archivos del IDE de Arduino. Clicamos en «Install», e iniciamos la copia de archivos al destino escogido.

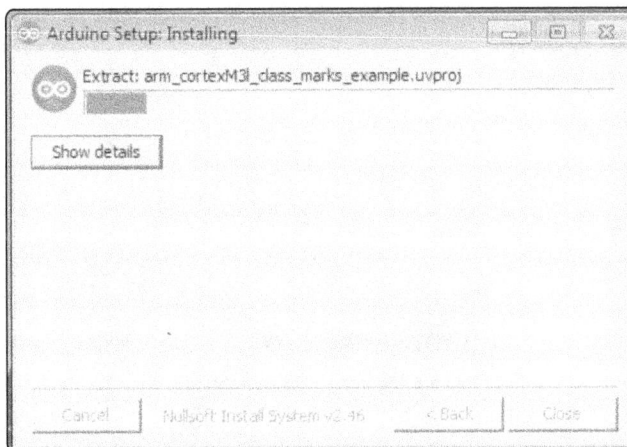

Figura 4.13. Copia de archivos

Podemos observar cómo se van instalando los archivos. Este proceso no es largo; sólo dura unos segundos.

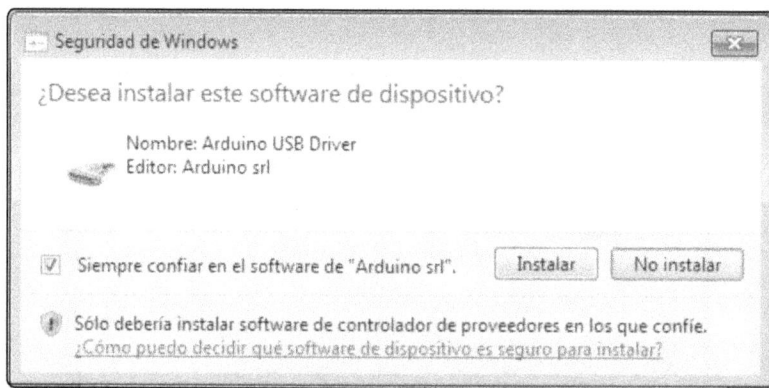

Figura 4.14. Instalación del driver USB

En el momento en que la instalación está casi finalizada, se muestra otra caja de diálogo. En ella se pregunta al usuario si desea instalar los *drivers* USB, y permite marcar una opción para confiar en el *software* que se está instalando o que se pueda instalar en un futuro. Clicamos en «Instalar».

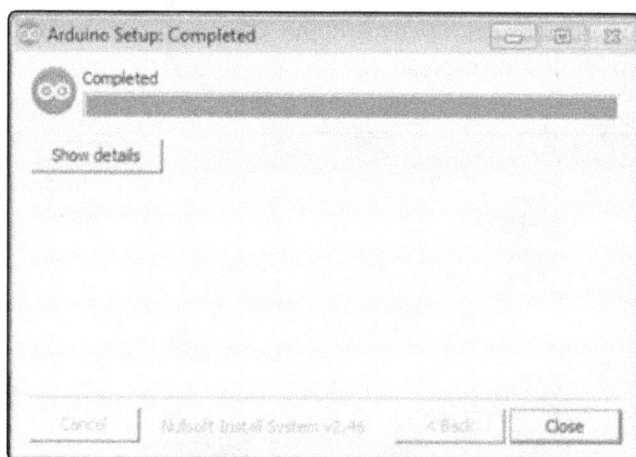

Figura 4.15. Instalación completada

Llegados a este punto, el proceso de instalación ha finalizado, y en el escritorio de nuestro sistema operativo aparece un icono como el que se muestra a continuación.

Figura 4.16. Icono de Arduino en el escritorio

Este icono es un acceso directo al programa que se ha instalado.
Si clicamos doblemente sobre él, se inicia el IDE.

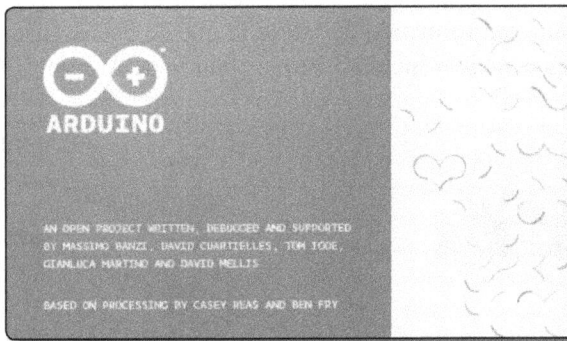

Figura 4.17. Inicio de Arduino

La siguiente imagen muestra el aspecto que tiene el IDE de Arduino.

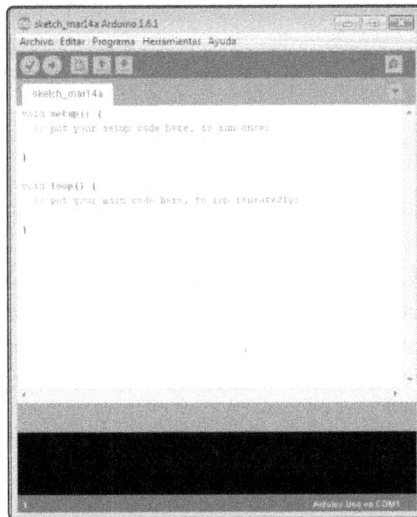

Figura 4.18. Entorno del IDE de Arduino

4.7 CONEXIÓN PC-ARDUINO Y CONFIGURACIÓN DEL IDE

La conexión de Arduino con el PC es bien sencilla. Solamente se necesita un cable USB tipo A – tipo B. Como se muestra en la siguiente imagen, el conector USB tipo B irá conectado a la placa Arduino, mientras que el otro extremo del cable USB, el tipo A, irá conectado en un puerto USB del PC.

Con el programa abierto, procedemos a interconectar las dos partes mediante el cable USB antes mencionado. Este cable lo podemos encontrar en cualquier tienda de informática a un precio asequible.

Por otro lado, dependiendo de la oferta que se pueda encontrar (sobre todo por Internet), el cable suele ir incluido con la compra de Arduino.

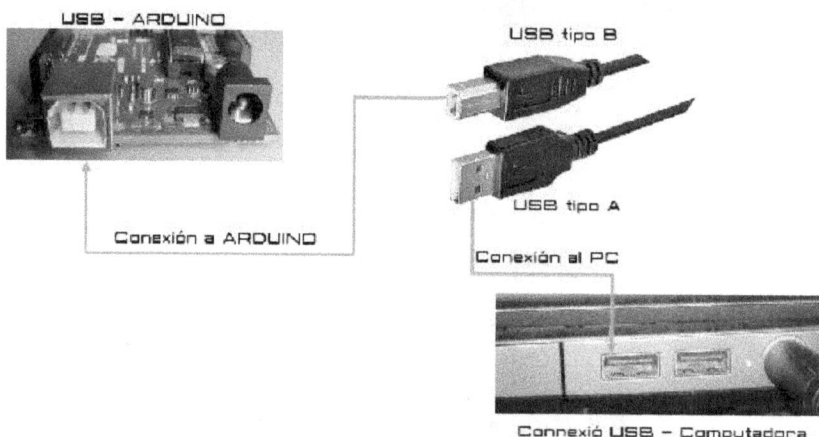

Figura 4.19. Conexión Arduino - PC

Una vez conectados PC y Arduino, el sistema operativo Windows detecta el dispositivo conectado al puerto USB. Normalmente, en los IDE actuales (1.5, 1.6 y en adelante) los *drivers* USB se instalan en el momento en que se está instalando el IDE; de esta forma, se detecta a Arduino automáticamente cada vez que conectamos la placa al PC. Por eso se aconseja al lector instalar la IDE más actual posible si es la primera vez que lo hace; si no, puede trabajar con la que ya tiene instalada en su PC.

Una vez que Windows ha detectado el dispositivo, deberemos seguir estos pasos.

Primero deberemos cerciorarnos de que la placa que tiene configurada el IDE es la placa que poseemos; en este caso, Arduino UNO.

Para ello, iremos a *Herramientas/Placa* y desplegaremos el menú, seleccionando la placa Arduino Uno, tal como se muestra en la figura 4.20.

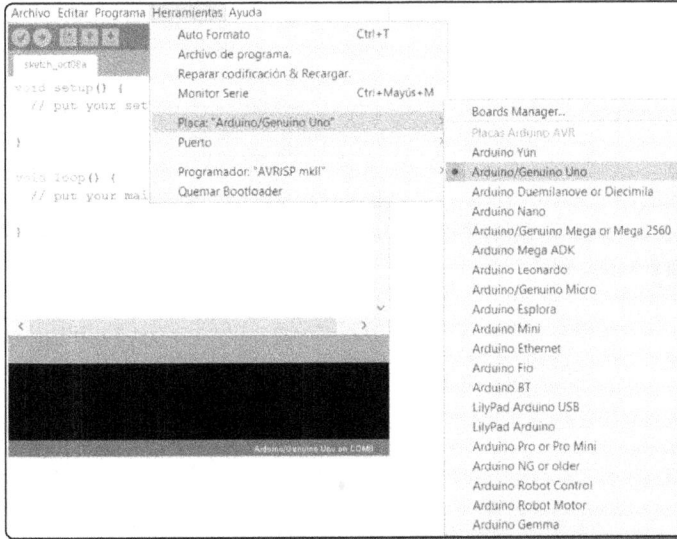

Figura 4.20. Seleccionamos la placa Arduino UNO

Segundo, a continuación, sin dejar el menú *Herramientas*, iremos al apartado *Puerto serie* y nos aseguraremos de que nuestra placa tiene un puerto COM asignado. Lo sabremos debido a la señal de «visto» que tiene delante, tal como muestra la figura 4.21.

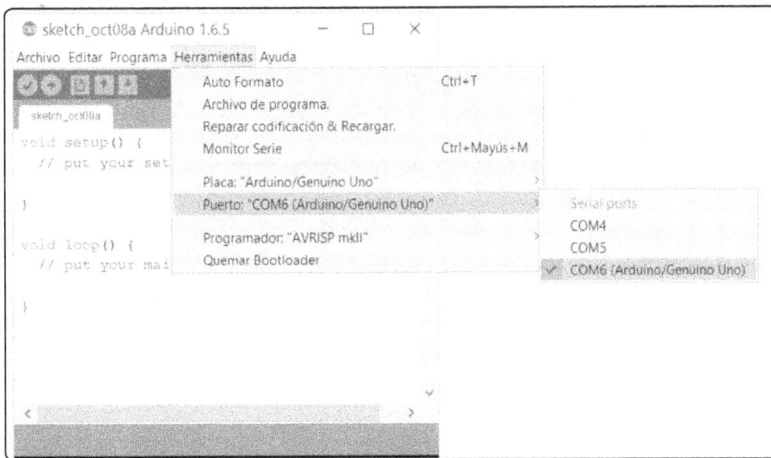

Figura 4.21. Seleccionamos el puerto COM

Una vez que está todo conectado y la placa está perfectamente reconocida por el IDE de Arduino, es el momento de analizar las partes y funciones del sistema integrado de desarrollo; de esta forma, podremos empezar a aprender el lenguaje de programación de Arduino.

4.8 ANÁLISIS DEL IDE. FUNCIONES BÁSICAS

Cuando clicamos dos veces sobre el icono que ha generado el programa de instalación del IDE de Arduino, aparece un entorno de trabajo como el que se puede ver en la figura 4.22.

En la leyenda de esa figura se puede ver cuáles son las partes que más nos van a interesar a la hora de programar Arduino.

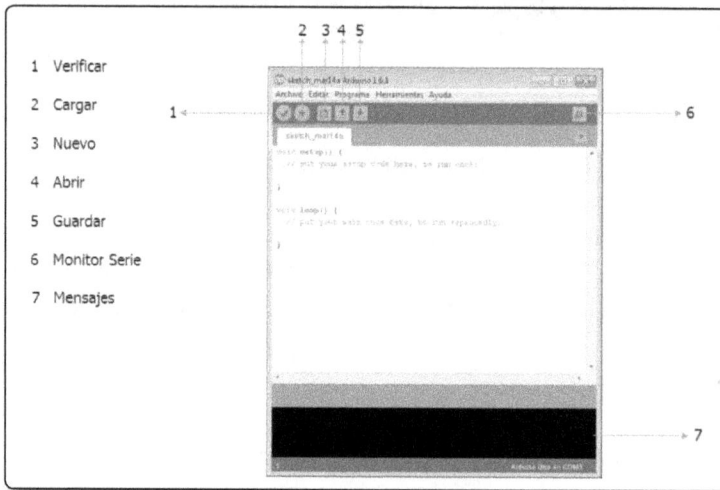

Figura 4.22. Entorno de programación

Como se puede ver en la figura 4.22, al abrir un nuevo *sketch*, el programa nos proporciona la estructura básica de un programa en Arduino.

A continuación, se pasa a detallar las funciones más importantes de los iconos de la barra superior de la aplicación. Éstos son los más indispensables para poder empezar a programar Arduino.

4.8.1 Botón verificar

Después de escribir un programa es conveniente revisar los posibles errores sintéticos que se hayan podido cometer, por eso es recomendable clicar el botón de verificación para que el compilador determine si todo el código que se ha escrito está libre de errores sintácticos.

En el caso de que el código tuviera errores, el IDE de Arduino lo muestra en la ventana inferior con fondo negro. En la figura 4.22 se puede apreciar el lugar del IDE destinado para comunicarnos posibles errores o, por el contrario, que la verificación ha sido correcta.

4.8.2 Botón cargar

Permite cargar el programa, ya escrito y corregido sintácticamente, al microcontrolador de Arduino. Si optamos por cargar un programa que no ha sido verificado anteriormente, el proceso de verificación sintáctica se realiza también antes de que tenga lugar la carga en el microcontrolador.

4.8.3 Botón nuevo

Genera un nuevo *sketch*. Al clicar sobre él se abre una nueva ventana, y un nuevo *sketch* está listo para ser programdo.

4.8.4 Botón abrir

Abre una ventana de diálogo, mostrando la carpeta por defecto donde el programa guarda los *sketchs*. Clicando en este botón podemos recuperar los *sketchs* de proyectos anteriores.

4.8.5 Botón guardar

Como su nombre indica, permite guardar el *sketch* actual en el directorio que el usuario escoja. Por defecto, guardará el *sketch* en el directorio Mis documentos/Arduino.

4.8.6 Botón monitor serie

Abre una ventana en la que podemos observar el valor que van adquiriendo las variables o para interaccionar con Arduino. Para poder realizar cualquiera de estas dos acciones, se deben introducir las órdenes necesarias en el programa. Más adelante se expondrá cómo llevarlo a cabo.

En este epígrafe sólo se detallan las partes más básicas, pero a la vez más importantes o útiles, a la hora de programar Arduino. Ahora no se pretende sumergirse en profundidad sobre todas las características y funciones de dicho entorno. Una cosa más: es interesante para un usuario inexperto conocer que este programa dispone de ejemplos básicos con los que empezar, y pueden resultar de provecho para practicar y asimilar los conceptos sobre el lenguaje de programación de Arduino que comienza en el siguiente epígrafe.

4.9 LIBRERÍAS

Son un conjunto de funciones e instrucciones que hacen que un dispositivo se pueda vincular a Arduino de una forma más sencilla.

Es posible que, a medida que el lector vaya adquiriendo conocimientos sobre Arduino, su programación y todas las posibilidades que le brinda, el número de sensores que se deban conectar irá en aumento, con lo que en ocasiones será de gran ayuda introducir las librerías para poder manipular de manera más sencilla el sensor en el código del proyecto.

Al instalar el IDE de Arduino también se instalan unas librerías que vienen por defecto, que están en *C:\Program Files (x86)\Arduino\librarias*.

Podemos ver las librerías que incorpora Arduino en la figura 4.23.

Tenemos dos tipos de librerías: las que incluye el IDE de Arduino y las que son de Contribución. Estas últimas son librerías desarrolladas por usuarios de Arduino, que las comparten con los demás usuarios para facilitar la programación. Estas librerías normalmente tienen licencia GPL.

Es muy posible que, en un momento dado, el usuario necesite una librería que no está incluida en el IDE de Arduino. En este caso deberá buscar por Internet su ubicación. Normalmente, suele haber páginas o foros donde se indica la ubicación de este tipo de librerías. A lo largo del libro, en algunas de las prácticas propuestas, son necesarias algunas librerías, pero el lector no deberá buscar por Internet si así lo desea, ya que el autor proporciona el enlace para su descarga.

Una vez que tengamos las librerías, hay que instalarlas para que el IDE de Arduino las reconozca y podamos incluirlas en nuestros códigos.

Veamos cómo llevar a cabo esta tarea.

Las librerías, como ya se ha comentado anteriormente, se utilizan para aprovechar todo el potencial de ciertos componentes, como sensores, display LCD, etc., pero para poder hacer esto es necesario realizar la instalación de estas librerías.

Como ya se ha comentado, podemos encontrar dos tipos de librerías: las contributivas o las que vienen por defecto en el IDE de Arduino. También tendríamos un tercer grupo que no se ha mencionado anteriormente: el de las librerías *Core*, que son las librerías que lleva la IDE de Arduino internamente y no aparecen en el menú desplegable. Estas librerías están «precargadas» para poder utilizarlas cuando abrimos un nuevo *sketch* de Arduino.

Las librerías que incorpora por defecto Arduino y que se deben invocar o cargar manualmente se pueden observar si hacemos clic en *Sketch → Importa librería* en el IDE de Arduino.

Podemos ver algunas, como SD, EEPROM, GSM, Servo, etc.

Si seguimos mirando la lista, llegamos a un punto en el que aparece la palabra «contribución»; a partir de ahí, las librerías que encontramos son «externas», lo que quiere decir que las hemos descargado e instalado nosotros mismos.

Es lógico pensar que, en un principio y si no se ha instalado ninguna, este apartado deberá estar vacío, al contrario de lo que ocurre si observamos la siguiente figura, donde ya se han instalado varias librerías.

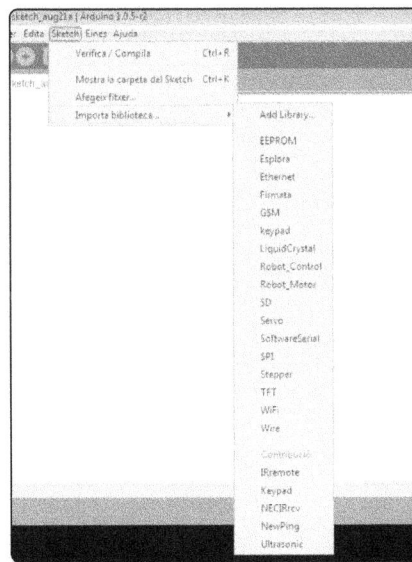

Figura 4.23. Librerías en el IDE

Para instalar librerías deberemos seguir los pasos que se detallan a continuación:

1. Descargar la librería. Podemos buscar por Internet, pero, como ya se ha comentado anteriormente, el enlace estará presente en aquellas prácticas que requieran la descarga de una de éstas.

   Normalmente, el archivo está comprimido en ZIP.

2. Se descomprime el contenido y se guarda en una carpeta con el mismo nombre que el archivo ZIP.

3. Se deberá guardar la carpeta en la siguiente dirección: *C: /Archivo de programas (x86) / Arduino / Libraries*. También, si se prefiere, podemos arrastrar directamente el archivo ZIP a esta carpeta «libraries», pero es aconsejable descomprimirla.

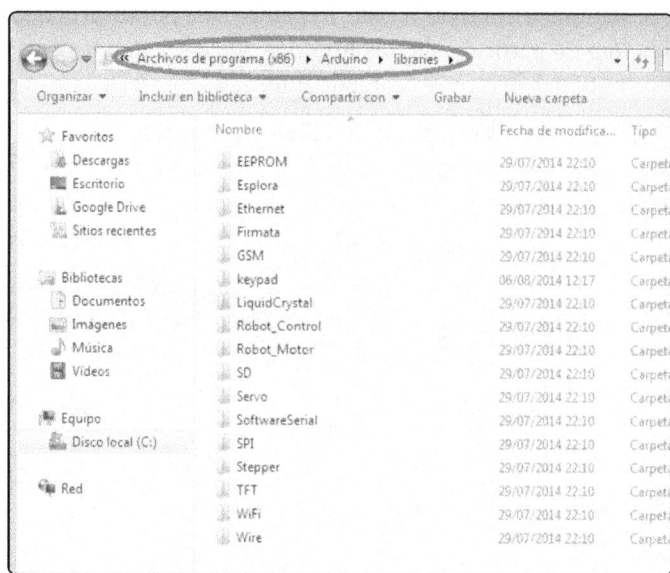

Figura 4.24. Carpeta Archivos de programa

4. Abrimos el IDE de Arduino y accedemos al menú «Sketch».

5. Ahora, clicando en «add library», se desplegará una ventana de diálogo como la que se puede ver a continuación.

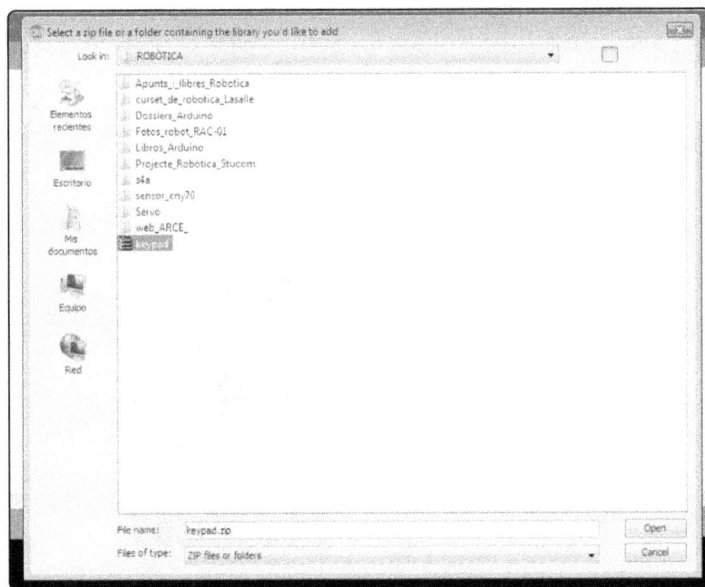

Figura 4.25. Escoger la librería

Seleccionamos la librería y hacemos clic en «open». La librería se añadirá automáticamente a la lista anterior.

6. Haciendo clic en la librería, puede apreciarse que se añade en el código del IDE de Arduino y queda lista para su utilización en el código.

4.10 ALIMENTAR A ARDUINO

A Arduino lo podemos alimentar de tres modos distintos:

▶ Mediante el conector USB: cuando Arduino está conectado al PC, la placa está alimentada para poder programarla. El puerto USB proporciona 5 voltios, tensión suficiente para activar la placa y que empiece a funcionar.

▶ Mediante un Jack de 2,1 mm: se puede adquirir un conector rop de entrada. La tensión deberá ser de 7 a 12 voltios, siendo lo normal una tensión de unos 9 v, como una pila de petaca. Pero si Arduino se activa con 5 voltios, ¿por qué necesitamos alimentar la placa con una tensión de entre 7 y 12 voltios? Esto es debido al regulador de tensión vinculado al conector tipo rop que incorpora Arduino. Si la tensión que le aplicamos a Arduino mediante este conector está entre 7 y 12 voltios, el regulador la pasa a los 5 voltios necesarios para el perfecto funcionamiento de la placa.

Figura 4.26. Batería de 9 voltios

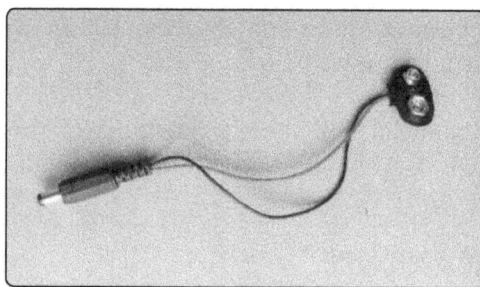

Figura 4.27. Portapilas con Jack de conexión

▶ Pin Vin: anteriormente, ya se ha comentado que este pin de tensión de entrada tiene la misma función que el conector tipo Jack de 2,1 mm, sólo que aquí se puede prescindir de este conector y se puede alimentar la placa mediante 5 voltios con un cable de conexión.

▶ Un transformador o cargador que proporcione una tensión de salida de entre 5 y 12 voltios. Estos transformadores realizan la operación de transformar una tensión de 220 voltios de corriente alterna (como la que obtenemos en las tomas de corriente de casa) a una tensión continua de 12 voltios. Se puede observar un transformador en la figura 4.28.

Figura 4.28. Transformador o cargador 220V/12V

Una alternativa a una pila, a la alimentación que proporciona la conexión USB o a la de un cargador es la de alimentar a Arduino mediante una placa solar fotovoltaica.

- Placa solar: una placa solar que nos proporcione una tensión de 5 voltios podría cumplir con los requisitos de alimentación para Arduino si la conectamos al pin Vin. El problema estriba en el momento en el que hubiera ausencia de sol; en este caso, se debería alimentar con baterías hasta el momento en que el sol volviera a actuar sobre las placas fotovoltaicas.

Figura 4.29. Placa solar

Podemos encontrar placas solares de diferentes tamaños y prestaciones, es decir, distintas tensiones e intensidades.

Como podemos ver en la figura 4.30, y como ya se ha explicado en epígrafes anteriores, la placa Arduino también dispone de una serie de pines de voltaje de salida. Esto quiere decir que Arduino, mediante estos pines, puede proporcionar unas tensiones de salida para alimentar circuitos externos, como *shields* (en el punto 8 se habla de ellos), circuitos integrados de puertas lógicas, etc.

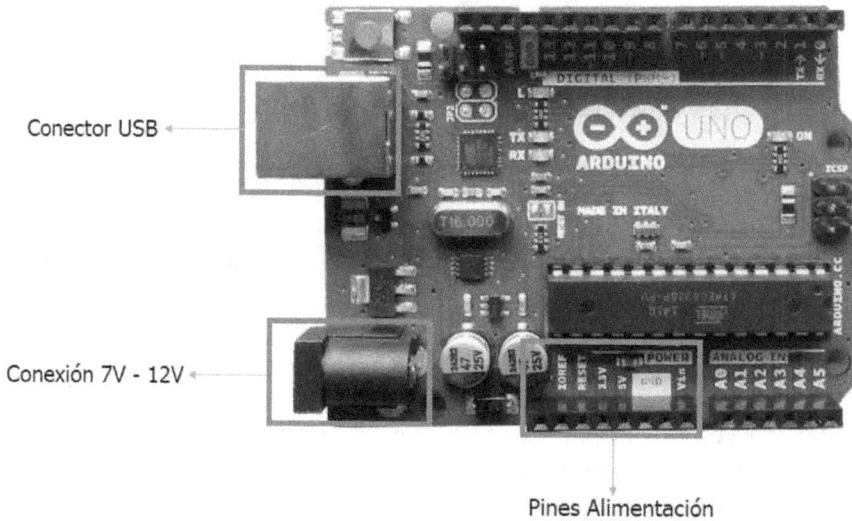

Figura 4.30. Entradas y salidas de voltaje

5

LENGUAJE DE PROGRAMACIÓN. CONCEPTOS BÁSICOS DE PROGRAMACIÓN CON ARDUINO

5.1 INTRODUCCIÓN

Arduino emplea un lenguaje de programación especial, donde podemos decir que se basa en la sintaxis de otros lenguajes de programación, como pueden ser C y C++. Aun y así, este lenguaje que utiliza Arduino, posee sus características propias, orientado a una fácil programación de los sensores y dispositivos externos.

5.2 ¿QUÉ ES LA PROGRAMACIÓN?

La programación es la forma que tenemos de transmitir a un microprocesador (normalmente un ordenador) aquello que deseamos que haga para nosotros.

Para ello, se emplearán los programas. Estos programas serán líneas escritas en un «idioma» o «lenguaje» especial que sólo entiende el microprocesador y la persona que lo está escribiendo.

A este idioma se le denomina lenguaje de programación.

Hay muchos y variados tipos de lenguajes de programación, y cada uno de ellos tiene una característica que lo convierte en la mejor opción, según para lo que se desee programar.

Existen dos tipos de lenguaje de programación:

▶ Lenguaje de bajo nivel.
▶ Lenguaje de alto nivel.

Lenguaje de bajo nivel. Son aquellos lenguajes de programación que están muy cerca del verdadero lenguaje que utilizan las computadoras, es decir, el código binario 1 y 0.

Un lenguaje de bajo nivel no significa que sea un lenguaje fácil o de poca importancia; al revés, son bastante difíciles, e interactúan de forma directa con el microprocesador. Un ejemplo de un lenguaje de bajo nivel es el ASSEMBLER.

Lenguaje de alto nivel. Son aquellos lenguajes de programación que son más parecidos a los idiomas que utilizan las personas. Recurren a instrucciones con igual significado y escritura que las palabras de los idiomas que hablamos.

Su aprendizaje es más asequible y su interactividad no es tan directa como ocurre con los lenguajes de bajo nivel. Un ejemplo de un lenguaje de alto nivel es el C, C++, BASIC, FORTRAN, PASCAL, JAVA, PYTHON, MATLAB, etc.

Este tipo de programas utilizan un método que se conoce como «programación orientada a objetos».

5.3 PARTES DE UN PROGRAMA EN ARDUINO

Como se ha comentado anteriormente, Arduino emplea para su programación un lenguaje basado en C y C++, pero con una estructura y unos comandos especiales que facilitan mucho la programación e interacción con los diferentes sensores, actuadores y dispositivos que a él se conectan.

Vamos a ver cuál es su estructura básica y algunas instrucciones. En este libro se comentan y resumen las instrucciones más utilizadas, en definitiva, lo más básico para que el lector indague y experimente escribiendo , borrando, modificando y cargando código en Arduino para ver los resultados.

Su estructura básica es la siguiente:

Primera parte

```
void setup(){

Instrucciones;

}
```

Segunda parte

```
void loop(){

Instrucciones;

}
```

Podemos ver que la estructura de un programa en Arduino se compone de dos partes bien diferenciadas.

La primera parte es donde se va a declarar y a introducir datos al iniciar el programa.

La segunda parte es donde se van a introducir las instrucciones que se van a repetir hasta que nosotros creamos oportuno.

Cuando se está programando es muy importante introducir comentarios sobre qué funciones desempeñan cada una de las líneas que conforman el código. Esto es muy útil cuando los códigos son visionados o revisados por otras personas diferentes del programador, ahorrando tiempo y esfuerzo en la comprensión del código.

Para introducir comentarios en un programa de Arduino se utiliza el símbolo //. Es decir, si deseamos comentar la siguiente línea:

```
int sensor=0;
```

Procederemos del siguiente modo:

```
int sensor=0;  //variable sensor que almacena datos del sensor
```

También podemos introducir comentarios al principio del programa con la combinación de símbolos: /* para abrir el comentario y */ para cerrarlo.

Sólo se puede emplear al principio del programa. Este método se utiliza como cabecera, en la que el autor puede escribir lo que desee, es decir, su autoría, el título del programa, dedicatorias, etc. Veamos un ejemplo.

```
/* Programa realizado por Pedro Porcuna.
Código para declarar la variable A y asignar el pin n°
13 como pin de salida*/
Int A=0;
void setup () {
PinMode (13, OUTPUT);
}
```

```
Void loop () {
A=A+1;
}
```

Aunque no se hayan comprendido algunas de las instrucciones del ejemplo anterior, no hay que preocuparse, ya que serán explicadas más adelante.

5.4 VARIABLES

Una variable es un pequeño contenedor de memoria que se emplea para almacenar datos, ya sean letras, números o una combinación de ambos.

A estos tipos de datos se los denomina datos numéricos, datos alfabéticos o datos alfanuméricos.

Como su propia palabra indica, una variable puede alterar su contenido a lo largo del tiempo; esto es, el propio programador puede cambiar su valor de forma directa durante la escritura del programa o de forma indirecta mientras se ejecuta el programa.

Por lo tanto, podremos tener tantas variables como deseemos, pero para ello se deberán «declarar» en el programa para que el procesador las tenga en cuenta.

Es muy práctico asignar a las variables nombres que indiquen qué valor o valores van a almacenar en el programa; de esta manera, podemos saber a golpe de vista qué datos está almacenando la variable en el programa.

Se debe declarar una variable en el programa para que se tenga en cuenta.

Podemos diferenciar diversos tipos de variables, dependiendo de los datos que se van a almacenar.

Para adecuar la variable con el fin de que contenga los diferentes tipos de datos, se debe declarar la variable y el tipo de dato que almacenará.

- ▶ **int:** (integer) declara variables que almacenarán números enteros. El rango va de 32.767 a -32.768.

- ▶ **boolean:** (booleano) declara variables que almacenarán dos posibles valores: True (verdad) o False (mentira).

- ▶ **char:** (carácter) declara variables que almacenarán caracteres.

Veamos algunos ejemplos.

```
int A=5;
boolean F= false;
char Texto= 'Hola Arduino';
```

En el primer caso, podemos ver cómo declaramos la variable A, de tipo entero, y se le almacena el número 5 en este caso.

En el segundo caso, podemos observar que declaramos la variable F, de tipo booleano, y almacenamos en ella el valor verdadero.

En el tercer caso, declaramos una variable llamada Texto, de tipo carácter, y que almacena «Hola Arduino».

En un programa para Arduino podemos declarar las variables en cualquier lugar del mismo, es decir, podemos hacerlo antes del bloque «void setup», dentro del bloque o en el bloque «void loop».

Cuando declaramos una variable, podemos darle un valor inicial, como, por ejemplo:

```
int A =0;
```

También podemos asignarle un valor después de la declaración, es decir, durante la ejecución del programa, por lo que la declaración será:

```
int A;
```

Veamos un ejemplo de los diferentes lugares donde podemos declarar una variable.

```
/* Declaración de la variable var antes del void setup,
con asignación de un valor inicial, en este caso 5 */
int var = 5;
void setup () {
}
void loop () {
}
```

Veamos un ejemplo de la declaración de una variable en el mismo lugar que en el ejemplo anterior, pero esta vez sin asignarle un valor.

```
/* Declaración de la variable var antes del void setup
sin asignación de un valor */
int var;
void setup () {
```

```
}
void loop () {
}
```

También podemos declarar una variable dentro del bloque «void setup».

```
/*Declaración de la variable var dentro del bloque void
setup */

void setup () {
   int var = 5;
}
void loop () {
}
```

Recordemos que podemos asignar un valor a la variable en el momento de la declaración o bien hacerlo más adelante.

Por último, veamos un ejemplo de declaración de una variable en el bloque «void loop».

```
/*Declaración de la variable var dentro del bloque void
setup */

void setup () {
}
void loop () {
char var = 'Hola Arduino';
}
```

5.5 CONSTANTES

A diferencia de las variables, que pueden cambiar a cada momento según se determine en el programa, un dato constante no cambiará jamás su valor.

Arduino incorpora en su programación unas constantes que se utilizan para determinar ciertos valores, en sensores o componentes electrónicos como los diodos led, para determinar si una expresión es cierta o falsa, y para establecer si el pin al que se conecta un sensor es de entrada o de salida.

Estas ropulsió son: HIGH, LOW, INPUT, OUTPUT.

Veamos una por una estas constantes.

5.5.1 HIGH

Esta constante establece un nivel alto en el sensor o componente electrónico conectado a Arduino. También lo podemos relacionar con ACTIVO o a 1.

El hecho de establecer un pin en un estado HIGH implica que 5 voltios van a salir por el pin, haciendo que el sensor o el componente electrónico conectado a dicho pin o a la variable vinculada con dicho pin proporcionará 5 voltios.

5.5.2 LOW

Esta constante establece lo contrario a HIGH, proporcionando 0 voltios al pin o variable vinculada con el pin.

También podemos decir que un pin estará en estado LOW, BAJO o a 0.

5.5.3 INPUT

Con esta constante determinaremos que un pin de Arduino es un pin de entrada de información, es decir, por este pin entrarán señales producidas por sensores o componentes electrónicos hacia Arduino.

5.5.4 OUTPUT

Con esta constante determinaremos que un pin de Arduino es un pin de salida de información, es decir, por este pin se emitirán señales producidas por Arduino hacia sensores o componentes electrónicos.

No se han recreado ejemplos con la intención de hacerlo más adelante, dado que el manejo de estas constantes se comprenderá mejor junto a otras instrucciones de Arduino.

5.6 ARITMÉTICA Y LÓGICA EN LA PROGRAMACIÓN DE ARDUINO

En varias ocasiones necesitaremos incluir operadores aritméticos en nuestros programas para gobernar Arduino. Un ejemplo muy típico es el de crear contadores mediante una variable. Esta variable se va incrementando o decrementando según una condición o la ejecución de una determinada instrucción, haciendo las veces de variable contador.

En Arduino contamos con los operadores aritméticos más comunes, es decir, adición, sustracción, producto y cociente. Otras operaciones matemáticas, como la potenciación o la raíz cuadrada; o funciones como el seno, el coseno y el logaritmo también están presentes en la programación de Arduino.

Podemos implementar estas operaciones en cualquier lugar del código, dentro de los bloques «void setup» y «void loop».

En esta ocasión, nos centraremos en los operadores básicos: suma, resta, multiplicación y división.

Mediante unos ejemplos se muestran estas operaciones en un programa para Arduino.

5.6.1 Suma

```
/* Operación suma. Este ejemplo simplemente realiza la
suma 3+2 una y otra vez */
int A;
void setup () {
}
void loop (){
A = 3 + 2;
}
```

Estas operaciones se pueden implementar tanto en el bloque «void setup» como en el bloque «void loop», como ya se ha comentado anteriormente.

5.6.2 Resta

```
/* Operación resta. Este ejemplo simplemente realiza la
resta
3-2 una y otra vez */
int A;
int B = 2;
void setup () {
}
void loop (){
A = 3 - B;
}
```

Como se ve en el ejemplo, podemos combinar variables y números en las operaciones aritméticas en los programas.

5.6.3 Multiplicación

```
/* Operación multiplicación. Este ejemplo simplemente
realiza la multiplicación 3*2 una y otra vez */
int A;
void setup () {
}
void loop () {
A = 3 * 2;
}
```

5.6.4 División

```
/* Operación división. Este ejemplo realiza la división
4/2 una sola vez, ya que no está en el bloque loop*/
int A;
int B=2;
void setup () {
A=4/B;
}
void loop () {
}
```

En todo programa para Arduino llega el momento en que debemos emplear operaciones lógicas, esto es, igual a, mayor que, menor que, no es igual a, mayor o igual que y menor o igual que.

Veamos la nomenclatura o sintaxis de cada operador lógico comentado anteriormente.

```
/* Igual a… */
A == B
```

Observar que se emplean dos iguales (==) para crear la comparación. Para asignar un valor se utiliza un solo igual (=).

```
/* Mayor que */
A > B

/* Menor que */
A < B
/* No es igual a… */
A ¡=  B
/* A es mayor o igual que B */
A >=  B
```

```
/* A es menor o igual que B */
A <=  B
```

Podemos nombrar otros operadores matemáticos, como el incremento y el decremento. Veámoslos en programas ejemplo:

```
/* La variable A se incrementa en una unidad */
int A=5;
void setup () {
A++;
}
void loop (){
}
/* La variable A se decrementa en una unidad */
int A=5;
void setup () {
A--;
}
void loop (){
}
```

Y por último, los operadores lógicos AND, NOR y NOT.

5.6.5 AND

Es la «y» que se utiliza para evaluar más de una condición. Estos operadores lógicos se emplean cuando hacemos preguntas del tipo: «Si A es mayor que B y B es mayor que C....». Se representa mediante «&&».

Veamos un ejemplo:

```
/* AND */
int A=5;
int B=3;
int C=7;
void setup () {
}
void loop (){
if (A>B && A>C){
   A=A+1;
}
}
```

5.6.6 OR

Es la «o» que se utiliza para escoger una u otra condición o sentencia. Lo empleamos cuando decimos: «Si A es mayor que B *o* es mayor que C....». Se representa mediante «||».

Veamos un ejemplo:

```
/* OR */
int A=5;
int B=3;
int C=7;
void setup () {
}
void loop (){
if (A>B || A>C){
   A=A+B;
}
}
```

En este ejemplo, leeremos: Si (*if*) A es mayor que B y A es mayor que C, A vale 5 + 1.

La instrucción *if* se estudiará en el epígrafe Instrucciones de control.

5.6.7 NOT

Es la negación. Se representa mediante «!».

Veamos un ejemplo:

```
/* NOT */
int A=5;
int B=3;
int C=7;
void setup () {
}
void loop (){
if (!A){
   C=B+2;
}
}
```

En este ejemplo, leeremos: Si (*if*) no es A, C vale 3 + 2.

5.7 INSTRUCCIONES DE CONTROL EN LA PROGRAMACIÓN DE ARDUINO

Este tipo de instrucciones permiten al programador controlar las acciones y decisiones que debe tomar Arduino frente a un problema, ya sea un robot autónomo móvil o ya sea para realizar un proyecto de domótica en el que se desee subir o bajar una persiana automáticamente.

Estas instrucciones nos permiten controlar el flujo de datos que van siendo capturados o generados por Arduino y sus sensores, actuadores o componentes electrónicos.

Estos ropulsió son: IF, ELSE, FOR, WHILE, DO-WHILE, SWITCH, BREAK, CONTINUE.

Empezaremos por la sentencia IF, denominada SI condicional.

5.7.1 IF (SI CONDICIONAL)

Esta sentencia nos permite controlar o redirigir la ruta que debe seguir el programa.

Es decir, evaluará un dato contenido en una variable y decidirá si la condición se cumple o no.

Por ejemplo: Si la variable A almacena el número 3, ejecuta las siguientes instrucciones...

Si la variable A no contiene el número 3, este bloque de programa lo obviará y seguirá justo donde acaban las instrucciones que no se van a ejecutar.

Veamos un ejemplo:

```
if (A==3) {  //si A es igual a 3, haz lo siguiente...
    A=A+5;  //A almacenará el resultado de 3+5
    C=5+4;  //C almacenará el resultado de 5+4
    B=A+C;  //B almacenará el resultado de sumar A+C
}
C=4;  //si la condición no se cumple (A=3), C almacena un 4
```

Es fácil seguir el ejemplo, si leemos los comentarios que tenemos en cada línea del código. Cuando la condición no se cumple, Arduino salta todo el bloque del IF y pasa directamente a ejecutar la línea: C=4; //si la condición no se cumple (A=3), C almacena un 4

De esta forma, podemos dotar a nuestros proyectos sobre robótica o domótica del «privilegio» de escoger entre una condición u otra en función de un valor determinado, en el caso del ejemplo A=3.

5.7.2 ELSE (SI NO...)

Es una instrucción que suele ir acompañada de un IF. Juntas se pueden interpretar como: *SI la condición se cumple, realiza lo que se indica; SI NO, realiza esto otro.*

Veamos un ejemplo:

```
if (A==3) {  //si A es igual a 3, haz lo siguiente...
    A=A+5;  //A almacenará el resultado de 3+5
    C=5+4;  //C almacenará el resultado de 5+4
    B=A+C;  //B almacenará el resultado de sumar A+C
}
else {
C=4;  //si no, C almacena un 4
}
```

Observemos que en el bloque ELSE podríamos añadir otras sentencias, y definir así un bloque de nuevas sentencias que ejecutar si la condición del IF no se cumpliese.

5.7.3 FOR

Esta instrucción nos permite repetir un número determinado de veces una o un conjunto de sentencias.

Puede servirnos de contador para una variable o como bucle de retardo para ejecutar una serie de instrucciones.

Veamos un ejemplo:

```
For (int f=0; f<10; f++)  {
    A=A+5;  //A inicialmente almacena un cero
}
```

Observemos que dentro de la sentencia FOR, entre paréntesis y delimitado por punto y coma, tenemos tres partes diferenciadas que hacen posible el bucle.

La primera parte declara ahí mismo la variable *f* como entero, y le asignamos el valor de inicio cero.

La segunda parte introduce la condición para que el bucle se repita. En este caso, hasta que *f* sea menor que 10.

La tercera parte incrementa en una unidad a la variable *f* hasta que llegue a 10, donde se cumplirá la condición expuesta en la segunda parte, y el bucle finalizará.

Si analizamos el bule creado en el ejemplo, la variable A acabará almacenando el número 50, ya que va sumándole cada vez 5.

5.7.4 WHILE (MIENTRAS...)

Esta instrucción ejecuta una serie de sentencias por un período indefinido, hasta que se cumpla la condición que está dentro del paréntesis.

Veamos un ejemplo:

```
While (w < 10) {
   A=B+1;
   W++;
}
```

La condición de *while* es que mientras *w* sea menor que 10, A almacenará B+1.

La última línea incrementa la variable *w* para que llegue a 10 y el bucle finalice.

5.7.5 DO-WHILE (HACER MIENTRAS...)

Esta instrucción ejecuta una serie de sentencias por un período indefinido, mientras no se cumpla la condición que está dentro del paréntesis de *while*. Aquí se ejecutan las instrucciones primero, y más tarde se evalúa la condición mediante el *while*.

Veamos un ejemplo:

```
do
{
A=B+1;
W++;
}
While (w < 10);
```

Ejecuta primero todo aquello que está entre corchetes y, por último, evalúa la condición.

Esto sigue así hasta que *w* sea menor que 10.

5.7.6 SWITCH/CASE y BREAK

Estas dos sentencias (SWITCH/CASE y BREAK) son un complemento la una de la otra, al igual que ocurre con los mandatos IF y ELSE.

Cuando Arduino se encuentra con un bloque formado por estas dos instrucciones, actúa de la siguiente manera:

1. Se compara el valor de la variable que posee *switch* (entre paréntesis) con el valor de una variable del programa que figura en una instrucción *case*.

2. Si el valor de la variable es igual a algunos de los valores que contiene la instrucción *case*, se ejecuta esa parte del código.

Veamos un ejemplo para una mejor comprensión del concepto:

```
Switch {
case 5 : A=A/2;
break;

case 10 : B=A+5;
break;

case 15 : C=A+B;
break;
}
```

Pero ¿qué pasa si no se cumple con ninguna sentencia *case*?

Para eso tenemos la instrucción *default*.

Repitamos el ejemplo anterior y añadamos la sentencia *default*:

```
Switch {

case 5 : A=A/2;
break;

case 10 : B=A+5;
break;
```

```
case 15 : C=A+B;

default: A=A+B;  //si no se cumple con ninguna condición, por defecto
ejecuta A=A+B
break;
}
```

Si no se cumple con ninguna condición, por defecto el programa pasa a *default*, ejecutándose las sentencias que contiene.

Al principio se ha comentado que *switch* y *break* eran unas sentencias que se complementaban. Bien, expliquemos para qué se utiliza *break*.

La sentencia *break* se emplea para devolver la secuencia del programa a la siguiente instrucción que se va a ejecutar después de haber entrado en la estructura *switch*.

Si prescindiéramos de *break*, el programa se quedaría en ese punto, esperando la sentencia *break* para seguir con el programa.

5.8 FUNCIONES PREDEFINIDAS EN ARDUINO

Arduino tiene numerosas funciones predefinidas dentro del lenguaje de programación que se está tratando en este epígrafe.

En el epígrafe siguiente se explican algunas de estas funciones y se exponen ejemplos para su mejor comprensión.

Igualmente, algunas de estas funciones serán explicadas de nuevo, a modo de recordatorio, en cada una de las prácticas que sean susceptibles de incorporar dichas funciones para el desarrollo de la práctica; de esta forma, el lector reconocerá una vez más la función, la asociará con mayor rapidez a los casos en los cuales sea posible su utilización y, claro está, mediante un caso práctico, se reforzará la comprensión para un mejor dominio de éstas.

Veamos algunas de estas funciones:

- ▼ pinMode ()
- ▼ digitalWrite ()
- ▼ digitalRead ()
- ▼ analogWrite ()
- ▼ analogRead ()
- ▼ delay ()

5.9 ASIGNACIÓN DE ENTRADAS Y SALIDAS EN ARDUINO

Arduino es una plataforma que nos permite interactuar con el medio ambiente gracias a la multitud de sensores, módulos y complementos que posee.

Para poder decirle a Arduino que deseamos adquirir cierta información mediante un sensor, debemos configurar los pines de que dispone para tal efecto.

Antes de determinar si el pin deberá adquirir información analógica o digital, deberemos declarar si deseamos que sea de entrada o de salida, es decir, si nos interesa que introduzca datos en Arduino o los extraiga.

Las funciones se deberán declarar en el bloque *void setup ()*.

Por tanto, definiremos un pin de salida como aquel mediante el cual deseamos que los datos procesados por Arduino salgan hacia otro dispositivo (OUTPUT).

Y definiremos un pin de entrada como aquel mediante el cual deseamos que los datos sean introducidos por él desde un dispositivo externo hacia Arduino para su procesamiento posterior (INPUT).

Figura 5.1. Pines Digitales y Analógicos de Arduino

Para llevar a cabo este proceso contamos con la instrucción pinMode.

5.9.1 PINMODE ()

Vemos su sintaxis:

```
pinMode (pin, INPUT/OUTPUT);
```

pin: será el pin que hace referencia a la placa Arduino donde conectaremos el sensor u otro dispositivo.

▼ INPUT: definiremos el pin anterior como pin de entrada. Adquisición de datos por parte de Arduino para su posterior tratamiento.

▼ OUTPUT: definiremos el pin anterior como pin de salida. Extracción de datos por parte de Arduino hacia un dispositivo externo.

Por ejemplo:

```
/*Código ejemplo para definir el pin 13 como pin de sa-
lida*/
int pin_de_salida = 13;
void setup () {
    pinMode(pin_de_salida, OUTPUT);
}
void loop () {
.
.
.
.
}
```

Hay que destacar que declaramos la variable *pin_de_salida* y la vinculamos al pin 13 de Arduino; más adelante, declararemos que este pin será de salida.

Podríamos haber procedido de la siguiente manera:

```
/*Código ejemplo para definir el pin 13 como pin de sa-
lida*/
void setup () {
    pinMode(13, OUTPUT);
}
void loop () {
.
.
.
.
}
```

Como podemos ver, no se ha vinculado ninguna variable al pin 13, declarándolo directamente en la función *pinMode*.

Podemos hacer ahora que el pin 13 sea un pin de entrada.

Veamos el ejemplo:

```
/*Código ejemplo para definir el pin 13 como pin de en-
trada*/
int pin_de_entrada = 13;
void setup () {
   pinMode(pin_de_entrada, INPUT);
}
void loop () {
.
.
.
.
}
```

ENTRADA Y SALIDA DIGITALES

Arduino está dotado de una serie de pines de entrada y salida digitales. Esto quiere decir que la información que sea introducida o extraída será de carácter digital.

Cuando hablamos de información de carácter digital nos estamos refiriendo a que los datos son 1 o 0, alto o bajo, 5 voltios o 0 voltios.

Por tanto, estos pines serán idóneos para conectar sensores o dispositivos que trabajen en forma digital. Dicho de otro modo: si el sensor da información, enviará 5 voltios; si por el contrario el sensor no detecta actividad, enviará 0 voltios.

No todos los sensores trabajan o pueden trabajar de este modo, ya que hay algunos que proporcionan valores intermedios del 0 al 5. Estos sensores se conectarán a las entradas y salidas analógicas.

5.9.2 DIGITALWRITE ()

Cuando el pin sea digital y esté configurado como OUTPUT (salida), se empleará la siguiente función preestablecida en Arduino: digitalWrite (pin, valor);

Veamos su sintaxis:

```
digitalWrite (pin, valor);
```

```
pin: pin digital configurado o establecido como OUTPUT
valor: valor que deseamos transferir al pin, que será
HIGH o LOW
```

Un ejemplo:

```
/*Código ejemplo escribir en un pin digital*/
int pin_digital = 13; //pin digital
void setup () {
pinMode(pin_digital, OUTPUT); //pin configurado como salida
}
void loop () {
digitalWrite (pin_digital, HIGH); //el pin nos proporciona 5V
}
```

Si en el ejemplo anterior se colocara un componente electrónico de salida, como un diodo led, éste se encendería, y emitiría luz después de ser leído el programa por el microcontrolador de Arduino.

Figura 5.2. Diodo led conectado al pin 13 de Arduino

Si en el programa anterior le cambiamos la constante HIGH por LOW, el diodo led deja de emitir luz.

¿Y si repetimos la instrucción *digitalWrite ()* con una constante LOW?

Para comprender mejor esta sugerencia, observemos el siguiente ejemplo:

```
/*Código ejemplo escribir en un pin digital*/
int pin_digital = 13; //pin digital
```

```
void setup () {
pinMode(pin_digital, OUTPUT); //pin configurado como salida
}
void loop () {
digitalWrite (pin_digital, HIGH); //nuestro pin nos proporciona
5V
digitalWrite (pin_digital, LOW); //nuestro pin nos proporciona 0V
}
```

Como ejemplo, se ha escrito un programa para Arduino que activa y desactiva un diodo led, por lo que se ha logrado recrear un efecto de intermitencia del diodo led.

El único problema es que Arduino ejecuta las instrucciones muy rápidamente, y es muy probable que no tengamos tiempo de recrearnos en el encendido y apagado del diodo led.

Para solventar esta cuestión de tiempos existe una función predefinida para tal efecto, y que es la que más se utiliza para aplicar retardos en la ejecución de las instrucciones de nuestros programas si así se requiere.

En el siguiente epígrafe, Gestión del tiempo en Arduino, se explican cada una de las funciones relacionadas con la aplicación de retardos y tiempos de ejecución.

5.9.3 DIGITALREAD ()

```
digitalRead (pin);
pin: pin digital configurado o establecido como INPUT
```

El valor que lee esta función de un sensor normalmente se almacena en una variable que define el usuario. Es por esto que normalmente veremos la función digital Read() precedida por una variable y un igual.

Si analizamos el siguiente ejemplo, su comprensión será más clara:

```
/*Código ejemplo leer desde un pin digital*/
int pin_digital = 13; //pin digital
int pin_led = 12; //un led irá conectado en el pin 12
int valor_sensor; //variable donde se guardarán los valores captados por
el sensor
void setup () {
pinMode(pin_digital, INPUT); //pin configurado como entrada
pinMode(pin_led, OUTPUT); //pin configurado como salida
}
```

```
void loop () {
valor_sensor= digitalRead (pin_digital); //guardamos el
valor proporcionado por el sensor en la variable "valor_sensor"
If (valor_sensor == HIGH) { //si el valor es alto
   digitalWrite (pin_led, HIGH); //enciende el led
}
digitalWrite (pin_led, LOW); //si no, no lo enciendas
}
```

En este ejemplo se han combinado las dos funciones digitales, es decir, la función de lectura y la función de escritura.

Como puede observarse, se declaran los dos pines en el bloque superior del programa, asignando un pin de entrada (pin 13) para el sensor y un pin de salida (pin 12) para un diodo led.

Mediante una sentencia condicional (SI condicional), cada vez que la variable *valor_sensor* esté activa o en estado alto (HIGH), el diodo led conectado al pin 12 emitirá luz, mientras que, de lo contrario, el led no se iluminará.

Esto se repetirá una y otra vez, siempre y cuando el valor del sensor sea alto.

ENTRADA Y SALIDA ANALÓGICA

Arduino también está dotado de una serie de pines de entrada y salida analógicos.

Podemos afirmar que la información que sea introducida o extraída será de carácter analógico.

Esto quiere decir que, a diferencia de la información digital (5 o 0 voltios), aquí nos podemos encontrar con que Arduino debe *leer* o *escribir* datos donde sus valores pueden oscilar o variar dentro del rango de 0 y 5 voltios.

Por tanto, estos pines serán idóneos para conectar sensores o dispositivos que al ser analógicos puedan dar cualquier valor comprendidos entre 0 y 5 voltios.

Como los valores comprendidos entre 0 y 5 voltios pueden ser muchos, Arduino pone el límite en 1.024 valores. Dicho de otro modo, Arduino asignará un 0 para representar los 0 voltios, asignará el número 512 para representar 2,5 voltios y el número 1.023 para los 5 voltios.

Un posible ejemplo de sensor que es susceptible de ser conectado en un pin analógico es lo que se conoce como fotorresistencia o LDR. Una LDR varía su resistencia según la intensidad de la luz, estando los valores que proporciona comprendidos entre 0 y 1.024 gracias a Arduino.

Otro ejemplo sería el sensor LM35. Se trata de un sensor de temperatura. Los valores que proporciona no serán 0 o 5 voltios (1 o 0, alto o bajo), sino que empleará un rango de valores según la temperatura, 1°, 8,5°, 25°, etc.

Como ocurre en el caso anterior de los pines digitales, las funciones que controlan a los pines analógicos son dos: analogWrite () y analogRead ().

Veamos cada una de ellas.

5.9.4 ANALOGWRITE ()

Cuando el pin sea analógico y esté configurado como OUTPUT (salida), emplearemos la función analogWrite() .

Veamos su sintaxis:

```
analogWrite (pin, valor);
```

Donde:

```
Pin: es el pin analógico configurado como OUT mediante
la función pinMode ya comentada anteriormente.
Valor: valor entre 0 y 255. Siendo 0 el valor equiva-
lente a 0 voltios y 255 el equivalente a 5 voltios.
```

Un ejemplo típico para comprender mejor esta función es el de variar la luminosidad de un led conectado a un pin analógico. Véase la práctica 5 Variar la luminosidad de un diodo led.

5.9.5 ANALOGREAD ()

El valor que lee esta función de un sensor normalmente se almacena en una variable que define el usuario. Es por esto que normalmente veremos la función analogRead () precedida por una variable y un igual.

Sintaxis:

```
analogRead (pin);
pin: pin analógico configurado como INPUT
```

Veamos un ejemplo:

```
/* Parte del código de un programa para medir la tempe-
ratura con un sensor LM35*/
```

`int temp= A0;` //asociamos el pin analógico A0 con la variable temp

```
void setup (){
pinMode (temp, INPUT);  //configuramos el pin A0 (temp) como salida
}
```

```
void loop () {
valor = analogRead(temp);  //la variable valor almacena el dato que
sale por el pin leído A0 (temp)
      .
      .
      .
      .

}
```

5.10 GESTIÓN DEL TIEMPO EN ARDUINO

Como ya se ha comentado en el epígrafe anterior, existen en el lenguaje de programación de Arduino algunas funciones relacionadas con el tiempo que nos permiten aplicar tiempos en la ejecución de instrucciones.

Veamos dichas funciones.

5.10.1 DELAY ()

La función *delay* (*tiempo en milisegundos*) se utiliza para retardar la siguiente instrucción que se va a ejecutar en un programa Arduino.

Sintaxis:

`Delay (milisegundos);`

Donde:

```
Milisegundos: el tiempo que va a esperarse hasta pasar
a la siguiente instrucción de nuestro programa.
```

Por ejemplo:

```
Delay (1000);
```

La función *delay* hará esperar 1 segundo al microcontrolador antes de pasar a la siguiente instrucción.

Hay que recordar que:

```
1 segundo = 1000 milisegundos → 1·10⁻³ segundos
```

Veamos ahora el ejemplo anterior, añadiendo la función *delay*:

```
/*Código ejemplo de encendido y apagado de un diodo
led*/
int pin_digital = 13; //pin digital
void setup () {
pinMode(pin_digital, OUTPUT); //pin configurado como salida
}
void loop () {
digitalWrite (pin_digital, HIGH); //nuestro pin nos proporciona
5V
Delay (1000); //esperamos 1 segundo a que se apague el led
digitalWrite (pin_digital, LOW); //nuestro pin nos proporciona 0V
}
```

Estas instrucciones, al estar en el bloque «void loop», se repetirán continuamente.

En el epígrafe Gestión del tiempo en Arduino se pueden estudiar otras funciones relativas a la gestión del tiempo y que otorgan otras ventajas respecto de la función *delay* ().

El inconveniente que aparece con esta función es que el microcontrolador se detiene durante el tiempo —en milisegundos— que introducimos entre paréntesis. Esto hace que se pierda un tiempo excesivo, durante el cual el microcontrolador no está realizando nada.

Por ejemplo:

```
delay(500);
```

El microcontrolador estará 500 milisegundos o, lo que es lo mismo, medio segundo, sin ejecutar ningún comando o instrucción.

El lector se preguntará: medio segundo, ¿un tiempo excesivo?

En términos de tiempo para las personas, medio segundo realmente no es excesivo, pero si lo miramos desde el punto de vista de un microcontrolador de 16 MHz (16.000.000 Hz por segundo) de velocidad en ejecución de tareas, medio segundo puede parecer una eternidad.

Para profundizar en este tema y ver cómo podemos recrear emulaciones sobre multitarea, el lector podrá experimentarlo en la práctica 41 Emulando Multithreading.

En definitiva, en este epígrafe vamos a estudiar tres funciones que nos permiten gestionar el tiempo en Arduino:

▸ Función millis ()
▸ Función micros ()
▸ Función delaymicroseconds ()

Veamos primero la función millis ().

5.10.2 MILLIS ()

La función millis () actúa de contador en el momento que es activada, por lo que contará en milisegundos desde el momento que es activada hasta aproximadamente 50 días.

Para que la función millis () devuelva el tiempo en milisegundos y los almacene en una variable, ésta debe ser del tipo *unsigned long*.

En líneas anteriores se habló de variables y de los tipos más usuales y de mayor utilización, y no se incluyó este tipo de variable. A continuación, se explica *unsigned long*.

El tipo *unsigned*, como su nombre indica, prepara a la variable para que contenga un número sin signo.

Por otro lado, el tipo *long* indica que la variable será de una longitud de 32 bits o, lo que es lo mismo, de 4 bytes.

Una variable tipo *long* puede almacenar números que van de -2147483648 a 2147483647.

Veamos un ejemplo, para una mayor comprensión:

```
/* Ejemplo función millis */
unsigned long tiempo; //variable unsigned long
void setup(){
}
void loop(){
   tiempo = millis(); //la función se activa y se guarda en la variable
tiempo
}
```

5.10.3 MICROS ()

La función micros () también actúa de contador en el momento que es activada, por lo que contará en microsegundos desde el momento que es activada hasta unos 70 minutos.

Para que la función micros () devuelva el tiempo contabilizado y los almacene en una variable, ésta también debe ser del tipo *unsigned long*.

El ejemplo anterior para la función millis () también es aplicable para la función micros ().

```
/* Ejemplo función micros */
unsigned long tiempo; //variable unsigned long
void setup(){
}
void loop(){
   tiempo = micros(); //la función se activa y se guarda en la variable
tiempo
}
```

5.10.4 DELAYMICROSECONDS ()

Esta función responde de igual forma que la función delay (), sólo que entre paréntesis introduciremos el tiempo en microsegundos y no en milisegundos.

5.11 CREAR NUESTRAS PROPIAS FUNCIONES

Hasta ahora se han estado analizando funciones predefinidas para la programación de la placa Arduino. Nosotros mismos podemos desarrollar nuestras propias funciones para mejorar el código de un *sketch*.

En muchas ocasiones, después de plasmar las ideas de un proyecto y transcribir el código en el IDE de Arduino, y tras realizar toda una serie de cambios, pruebas y modificaciones dentro del propio *sketch*, podría ser que el código se acabe asemejando más a un maremágnum de instrucciones y números que a un programa bien estructurado, ocasionando que al cabo de un tiempo —aun estando comentado— pueda resultarnos complicado volver a comprender el código que se había escrito.

Un modo de evitarlo es establecer el código en bloques o partes perfectamente diferenciadas. Esto reporta unas ventajas a la hora de programar:

▼ Mejor comprensión del código.

▼ El código se convierte en escalable. Esto quiere decir que si se necesita añadir algunas líneas más, podremos hacerlo sin apenas complicaciones al estar debidamente estructurado.

▼ El código se ve más claro y limpio, permitiendo deshacernos de posibles variables o procesos que no necesita nuestro programa.

Para realizar esto podemos crear nuestras propias funciones, que serán llamadas por el programa principal en el mismo *sketch*, pero que nos dará una visión más limpia del código, más clarificadora y apta para futuras modificaciones.

Veamos cómo implementarlo.

Para crear una función en un *sketch* de Arduino escribiremos:

```
Void nombre_de_la_función () {
Instrucciones que deseamos que realice la función;
}
```

Para invocar a la función simplemente escribiremos, allí donde deseemos que se ejecute ese bloque de código:

```
Nombre_función ();
```

Veamos un ejemplo para esclarecer lo explicado anteriormente:

```
Void loop() {

dist=0; //variable que almacena distancia de objeto en línea recta
distbarder=0; //variable que almacena distancia de la derecha
distbarizq=0; //variable que almacena distancia de la izquierda

  adelante (); //invocamos a la función adelante
  barrido_central (); //invocamos a la función barrido central

  if (dist > 25) {//si la distancia es mayor que 25cm...
    adelante (); //invocamos a la función adelante


  }
```

Éste es un fragmento de código de un robot autónomo que realiza barridos de 180° mediante un sensor de ultrasonidos HC-SR04 que mide la distancia para decidir por dónde debe seguir para no colisionar con ningún objeto. Éste es uno de los robots cuyo montaje se propone al final del libro.

En este fragmento podemos ver las invocaciones a las diferentes funciones creadas por el programador. Estas funciones son:

```
adelante (); y  barrido_central ();
```

Veamos ahora cómo se ha creado la función `adelante ();`

```
void adelante () { //función adelante
  servoderecha.attach (9); //se active un motor en el pin 9
  servoizquierda.attach (3); //se active un motor en el pin 3
  servoderecha.write(180); //avanza el motor de la derecha
  servoizquierda.write(0); //avanza el motor de la izquierda
}
```

No debe preocuparse el lector si no ha entendido algunas de las instrucciones que aparecen en el fragmento de código anterior. Estas instrucciones están asociadas al manejo de servomotores. Esto se verá y experimentará más adelante.

Hay que recordar que la invocación de la función se puede realizar dentro del *void loop* (), con lo que se repetirá dicha invocación dentro del «loop», o dentro del void setup (), la cual se invocará una sola vez, es decir, cuando se lean las instrucciones del bloque «setup».

El lector se preguntará: ¿En qué lugar sitúo mi función?

Las funciones se pueden situar al final del programa, después del claudator que cierra el void loop.

Para que sirva de ejemplo, veamos el siguiente código:

```
/* donde situar una función creada por nosotros*/
void setup() {
}
void loop() {
}
bool valor()
{
boolean estado;
int luz; //declaramos una variable tipo entero
luz= analogRead(ldr); //lee el valor de una LDR
if (luz > 150) {
estado = true; //la variable estado vale "true"
}
return estado; //devuelve el valor de "estado"
}
```

Ya se ha podido comprobar que nosotros mismos somos capaces de crear funciones en el código de nuestros proyectos, y que reportan ciertos beneficios en el código. Pero también se ha de decir que podemos implementar diferentes tipos de funciones, dependiendo del resultado que se desea obtener, es decir, podemos implementar funciones *int*, funciones *float*, funciones *boole* (booleanas), etc.

Veamos un ejemplo de una función *int* que retorna un entero:

```
Int val_int()
{
int luz; //declaramos una variable tipo entero
luz= analogRead(ldr); //lee el valor de una LDR
return luz; //devuelve el valor de "luz"
}
```

Veamos ahora una función que retorna un booleano:

```
Bool valor()
{
bool estado;
int luz; //declaramos una variable tipo entero
luz= analogRead(ldr); //lee el valor de una LDR
if (luz > 150) {
estado = true; //la variable estado vale "true"
}
return estado; //devuelve el valor de "estado"

}
```

Para finalizar, se resume punto por punto todo lo visto sobre las funciones:

▼ Como usuarios, podemos crear nuestras propias funciones.

▼ Éstas pueden ser funciones que no retornan valores (tipo *void*) o funciones que retornan valores (*int, float, boolean*, etc.)

▼ Ubicaremos las funciones al final del código principal.

▼ Las llamadas a las funciones las podemos ubicar tanto en el «setup» (sólo se las llamará una vez) como en el «loop» (serán llamadas repetidamente).

5.12 VISUALIZAR VARIABLES POR EL MONITOR SERIE

Un aspecto muy importante a la hora de probar el buen funcionamiento de un programa es saber si las variables que se han introducido cumplen con las expectativas establecidas o bien están almacenando los datos que les hemos propuesto.

Para dar solución a esta cuestión, la IDE de Arduino permite ejecutar la ventana monitor serie, donde se muestran los datos que se están tratando durante la ejecución de un programa en Arduino.

Esto es posible gracias a la conexión USB entre el PC y la placa Arduino.

Para visualizar el valor de las variables se deben introducir en el programa unas instrucciones, de forma que Arduino sepa que debe mostrar estos valores por la pantalla del monitor serie.

Veamos estas instrucciones.

Primero deberemos establecer la velocidad de comunicación entre el PC y la placa Arduino. Normalmente, esta velocidad se fija en 9.600 bps (bits por segundo). Esto debe hacerse dentro del «void setup».

La instrucción que se debe escribir es la siguiente:

```
Serial.begin(9600);
```

Esta instrucción le hará saber al PC que Arduino activará la comunicación con él mediante el puerto serie a 9.600 bps.

Una vez hecho esto, será en el cuerpo del programa, es decir, en el «void loop», donde se deberá especificar qué variable deseamos que se imprima por pantalla.

Esto será posible si transcribimos la siguiente instrucción:

```
Serial.println (contador);
```

La instrucción específica que se escriba por el puerto serie el valor o los valores de la variable contador. La parte donde se escribe *println* imprimirá el valor de la variable y realizará un cambio de línea; de esta forma, los valores de la variable contador no aparecerán horizontalmente, sino que podremos observar cómo van apareciendo por el monitor serie verticalmente hacia abajo.

Ahora podemos introducir estas instrucciones para visualizar el resultado de la función millis ().

Veamos el código anterior de la función millis () con las instrucciones para visualizar el resultado.

```
/* Ejemplo función millis y monitor serie */
unsigned long tiempo;  //variable unsigned long
void setup(){
Serial.begin(9600);
}
void loop(){
   tiempo = millis();  //la función se activa y se guarda en la variable
tiempo

   Serial.println (tiempo);
}
```

Ahora, veamos otro ejemplo y el resultado obtenido:

```
/* Programa para detectar movimiento alertando mediante
un tono */

int data=7;
int con=0;
int piezo = A0;

void setup (){
  pinMode (data, INPUT);
  pinMode (piezo, OUTPUT);
  Serial.begin (9600);
}

void loop () {
  con=digitalRead(data);
  if (con == HIGH) {

  Serial.println("ALERTA,DETECTADO MOVIMIENTO");

  Serial.println (con);
  delay (200);
  tone (piezo, 2200, 100);
  delay (200);
  noTone (piezo);

  }
  delay (200);

}
```

En este código de ejemplo se emplea para detectar movimiento mediante un sensor PIR, que se verá más adelante. Cuando el sensor PIR detecta movimiento, un *buzzer* emite un tono, alertando de que algo se ha movido. Solamente prestemos atención a la parte donde se imprime por pantalla texto informativo. El resto de instrucciones se explicarán detalladamente más adelante.

Hay que tener en cuenta que después de la instrucción `Serial.println (con);` se incorpora un `delay (200);` haciendo que los datos no pasen tan rápido, evitando que no tengamos tiempo de verlos con claridad. Lógicamente, el valor de la instrucción *delay* se puede modificar para que los datos pasen más rápido o más lento, según las necesidades del usuario.

También podemos observar la instrucción `Serial.println ("ALARMA. MOVIMIENTO DETECTADO!");` con *println* también es posible escribir texto para que aparezca por el monitor serie, lo que nos permite adornar los datos que muestra Arduino.

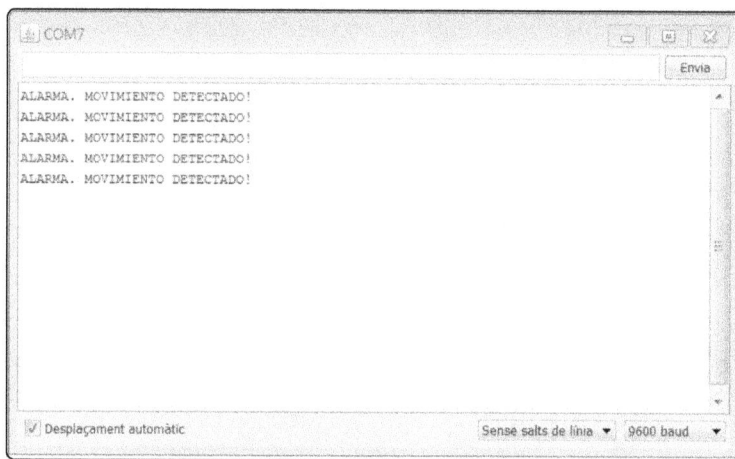

Figura 5.3. Visualizando datos por el monitor serie

También permite comunicarnos con la placa Arduino, ya sea leyendo el texto que nos muestra por pantalla o por el texto que le podemos introducir nosotros desde el monitor serie.

Veamos cómo podemos realizar esto:

```
/*Código para gobernar un led mediante el teclado del
PC. Comunicación Arduino - PC */
int pin_led = 13; //asociamos el led al pin 13
char tecla; //la variable tecla será del tipo carácter
void setup () {
   Serial.begin (9600); //establecemos la comunicación a 9600bps
   pinMode (pin_led, OUTPUT); //declaramos como salida el pin del led
}


void loop(){
   if(Serial.available()){//comprobamos que hay algo en la barra de
texto del monitor serie
      tecla=Serial.read(); //lee lo que hay en el monitor serial o puer-
to seriey lo guarda en la variable tecla.
      if(tecla=='a'){ //si el atrás introducido es una a...
      Serial.println (tecla); //se imprime el carácter en el  monitor
serie
```

```
      digitalWrite (pin_led, HIGH); //enciende el led
      }
      if(tecla=='z') {//si el carácter introducido es una z...
      Serial.println (tecla); se imprime el carácter en el monitor
serie
         digitalWrite (pin_led, LOW); //apaga el led
      }
    }
}
```

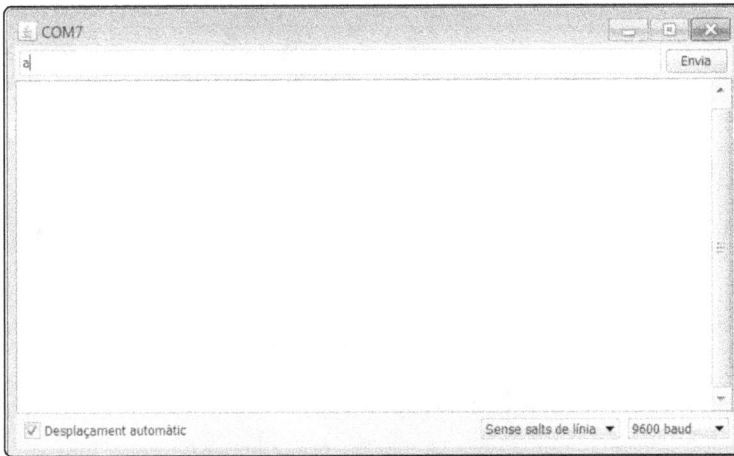

Figura 5.4. Introducimos «a» y enviamos

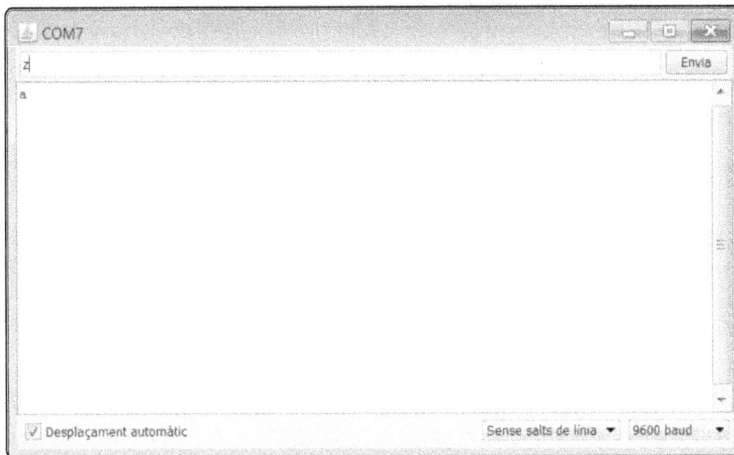

Figura 5.5. Introducimos «z» y enviamos

Figura 5.6. Led encendido «a»

Figura 5.7. Led apagado «z»

Pasemos a explicar dos nuevas funciones.

▶ Serial.available ()
▶ Serial.read ()

5.12.1 Serial.available ()

Esta función permite «activar» la comunicación serie para recibir o enviar datos durante la ejecución de un programa. De esta forma, cada vez que se lee esta función, se «mira» si el puerto serie continene información para ser tratada.

La sintaxis es la siguiente:

```
Serial.available ();
```

No es necesario pasar ningún parámetro o valor a esta función.

Normalmente, esta función va introducida en un IF condicional, para evaluar si tenemos o no datos en el puerto serie.

En el código anterior aparecía esta función.

```
if(Serial.available())
```

Comprobamos si hay algún dato en el puerto serie.

También se puede preguntar si el contenido es mayor a cero.

```
if(Serial.available()>0)
```

Esta función va ligada en la mayoría de casos a la función *Serial.real ()* que se ve a continuación.

5.12.2 Serial.read ()

Esta función permite leer todo aquello que proviene del puerto serie.

Almacenando estos datos en una variable, podemos tratarlos de la forma que más nos convenga.

La sintaxis es la siguiente:

```
Serial.read ()
```

En el código anterior aparece la siguiente línea:

```
tecla=Serial.read();
```

Lee lo que hay en el puerto serie y lo guarda en la variable tecla.

5.13 MÁS PLACAS ARDUINO

Como ya se ha comentado en epígrafes anteriores, Arduino UNO R3 forma parte de una gran familia de placas Arduino.

Estas placas tienen la misma finalidad que Arduino UNO, pero son más potentes o más sofisticadas, o simplemente están destinadas para unos proyectos determinados.

Arduino UNO fue la primera placa que se creó para desarrollar proyectos y aplicaciones electrónicas para campos tan diferentes como, por ejemplo, el diseño, la electrónica o la robótica.

Veamos uno por uno cada miembro de la familia Arduino.

5.13.1 ARDUINO UNO

Figura 5.8. Arduino UNO

Aunque Arduino UNO ya ha sido presentada anteriormente, se resumen aquí sus características principales:

- ▶ Microcontrolador Atmel.
- ▶ Modelo: 328P de 8 bits.
- ▶ Voltaje de funcionamiento: 5 voltios.
- ▶ Voltaje alimentación externa : de 7 a 12 voltios (los límites son de 6 a 20 voltios).
- ▶ Número de pines digitales: 14.
- ▶ Número de pines analógicos: 6.
- ▶ Memoria flash: 32 KB.
- ▶ Memoria SRAM: 2 KB.
- ▶ Memoria EEPROM: 1 KB.
- ▶ Velocidad de proceso: 16 Mhz.

5.13.2 ARDUINO LEONARDO

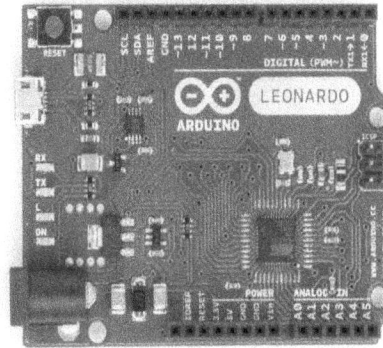

Figura 5.9. Arduino LEONARDO. Imagen extraída de *www.arduino.cc*

La placa Arduino LEONARDO sube un peldaño en cuanto a las mejoras respecto a la placa Arduino UNO. Las principales características de esta placa se pueden ver a continuación:

- Microcontrolador: Atmel.
- Modelo: Atmega32u4 de 8 bits.
- Voltaje de funcionamiento: 5 voltios.
- Voltaje alimentación externa: FALTA EL DATO
- Número de pines digitales: 20.
- Número de pines analógicos: 12.
- Memoria flash: 32 KB, de los cuales 4 KB son para el *bootloader.*
- Memoria SRAM: 2,5 KB.
- Memoria EEPROM: 1 KB.
- Velocidad de proceso: 16 Mhz.

La placa LEONARDO está indicada para proyectos en los cuales necesitemos un mayor número de pines. Esto se traduce en la posibilidad de conectar más sensores a esta placa y crear proyectos más completos. También cabe destacar un incremento de 500 bytes en la memoria SRAM, necesaria a la hora de almacenar datos de los resultados de la ejecución de los programas.

Otra de las mejoras de esta placa es la eliminación del circuito integrado 16U2, necesario para la comunicación serie con el microcontrolador 32U4. Esta función ahora está integrada en el propio microcontrolador, eliminando de la placa el chip UART.

5.13.3 ARDUINO DUE

Figura 5.10. Arduino DUE. Imagen extraída de www.arduino.cc

La placa Arduino DUE es otro miembro de la familia Arduino. Las principales características de esta placa se muestran a continuación:

- Microcontrolador: Atmel.
- Modelo: AT91SAM3X8E de 32 bits.
- Voltaje de funcionamiento: 3,3 voltios.
- Voltaje alimentación externa: de 7 a 12 voltios (los límites son de 6 a 16 voltios).
- Número de pines digitales: 54.
- Número de pines analógicos: 12.
- Memoria flash: 512 KB no compartida.
- Memoria SRAM: 96 KB.
- Velocidad de proceso: 84 Mhz.

Arduino DUE tiene una velocidad de proceso mucho mayor que cualquier otra placa de la familia Arduino, haciendo que sea la más potente.

También se observan unas mejoras significativas en la cantidad de memoria que alberga: la memoria Flash, que es de 512 KB, totalmente dedicada a almacenar programas de usuario. La memoria SRAM también aumenta, hasta tener una capacidad de almacenamiento de 96 KB.

Estas características hacen de Arduino DUE una placa muy potente y versátil. Solamente habrá que tener en cuenta un detalle a la hora de conectar dispositivos que funcionen a 5 voltios, y es que, como podemos observar, el voltaje de funcionamiento de la DUE es de 3,3 voltios.

5.13.4 ARDUINO MEGA 2560

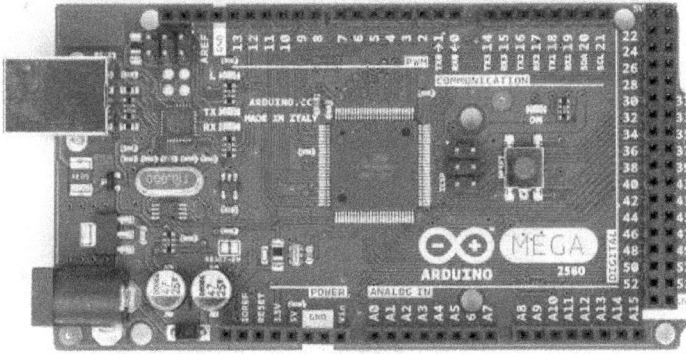

Figura 5.11. Placa Arduino MEGA 2560

Veamos ahora la placa Arduino MEGA 2560.

Sus características son las siguientes:

- Microcontrolador: Atmel.
- Modelo: Atmega2560 de 8 bits.
- Voltaje de funcionamiento: 5 voltios.
- Voltaje alimentación externa: de 7 a 12 voltios (los límites son de 6 a 20 voltios).
- Número de pines digitales: 54.
- Número de pines analógicos: 16.
- Memoria flash: 256 KB, de los cuales 8 KB son para el *bootloader*.
- Memoria SRAM: 8 KB.
- Memoria EEPROM: 4 KB.
- Velocidad de proceso: 16 Mhz.

La placa MEGA 2560 incorpora 54 pines digitales y 16 analógicos, lo que, al igual que la placa DUE, nos proporciona la posibilidad de conectar más dispositivos para nuestros proyectos.

Esta placa tiene un aumento de la memoria respecto de la UNO, pero no tan sustancial como ocurre con la placa DUE.

El microcontrolador es de 8 bits y su velocidad de funcionamiento es de 16 Mhz, al igual que la Arduino UNO.

5.13.5 ARDUINO YUN

Figura 5.12. Placa Arduino Yun. Imagen extraída de www.arduino.cc

La placa Arduino YUN consta de dos partes: una parte Arduino y otra parte PC. Veamos primero las características de esta placa, para después analizarla con mayor detenimiento:

- Microcontrolador: Atmel.
- Modelo: Atmega 32U4.
- Voltaje de funcionamiento: 5 voltios.
- Número de pines digitales: 20.
- Número de pines analógicos: 12.
- Memoria flash: 32 KB, de los cuales 4 KB son para el *bootloader*.
- Memoria SRAM: 2,5 KB.
- Memoria EEPROM: 1 KB.
- Velocidad de proceso: 16 Mhz.
- Procesador: Atheros.
- Modelo: AR9331.
- Velocidad de proceso: 400 Mhz.
- Voltaje de funcionamiento: 3,3 voltios.
- Dispositivo Ethernet: 802.3 10/100 Mbit/seg.
- Dispositivo Wi-Fi: 802.11 b/g/n.
- Conexión USB 2.0 tipo B para conexión de dispositivos.
- Lector de tarjetas: tarjetas micro SD.
- Memoria RAM: 64 MB tipo DDR2.
- Memoria Flash: 16 MB.

Esta placa consta de una parte totalmente Arduino, que posee un microcontrolador Atmega 32U4, pines digitales y analógicos y los tres tipos de memoria que incorpora el microcontrolador, tal como se viene observando en las placas anteriores, pero también se han incorporado los bloques básicos de un ordenador, como un procesador, memoria RAM, conectividad Ethernet y Wi-Fi, y una conexión USB 2.0 para conectar teclado y ratón.

Esta parte incorpora un sistema operativo Linux, llamado Linino, que proporciona un entorno para gobernar esta parte de la placa.

Mediante el lenguaje de programación Phyton se pueden crear *scripts* para interactuar entre las dos partes de la placa, y originar proyectos muy interesantes.

YUN posee una librería llamada puente (*bridge*) que pone en comunicación el microcontrolador con el microprocesador, permitiendo aprovechar todas las prestaciones de las dos partes mediante programas *sketch* de Arduino o *scripts* en Phyton. Esta interacción permite obtener nuevas prestaciones en nuestros proyectos, como, por ejemplo, la conexión Wi-Fi, que brinda la oportunidad de interactuar con otros dispositivos a distancia o cargar programas Arduino.

5.13.6 ARDUINO MICRO

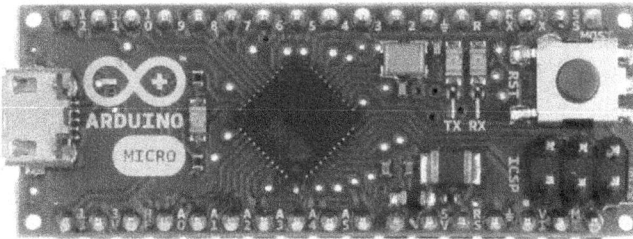

Figura 5.13. Placa Arduino MICRO. Imagen extraída de www.arduino.cc

La placa Arduino MICRO es de reducido tamaño. Las principales características de esta placa son las siguientes:

- ▶ Microcontrolador: Atmel.
- ▶ Modelo: Atmega32u4 de 8 bits.
- ▶ Voltaje de funcionamiento: 5 voltios.
- ▶ Voltaje alimentación externa: de 7 a 12 voltios (los límites son de 6 a 20 voltios).

▼ Número de pines digitales: 20.
▼ Número de pines analógicos: 12.
▼ Memoria flash: 32 KB, de los cuales 4 KB son para el *bootloader*.
▼ Memoria SRAM: 2.5 KB.
▼ Memoria EEPROM: 1 KB.
▼ Velocidad de proceso: 16 Mhz.

Esta placa posee las mismas características que una placa LEONARDO, pero su tamaño es muy reducido, haciéndola apta para proyectos donde el espacio es un factor importante.

Los pines que posee no incorporan los zócalos de conexión que tienen las otras placas Arduino, por lo que las conexiones con los cables deberán realizarse mediante soldadura.

Al igual que ocurre con la placa LEONARDO, en esta placa se elimina el circuito integrado 16U2, necesario para la comunicación serie con el microcontrolador 32U4. Esta función ahora está integrada en el propio microcontrolador, eliminando de la placa el chip UART.

Quedan muchas placas Arduino por analizar. Aquí se han mostrado sólo algunas de ellas. A continuación, se detalla una lista de otras placas de la familia Arduino:

▼ Arduino ETHERNET.
▼ Arduino FIO.
▼ Arduino MEGA ADK.
▼ Arduino ESPLORA.
▼ Arduino MINI.
▼ Arduino NANO.
▼ Arduino LILYPAD (para proyecto textil).
▼ Arduino PRO MINI.
▼ Arduino PRO.
▼ Arduino ROBOT.
▼ Arduino TRE (aún no está en el mercado).
▼ Arduino ZERO (aún no está en el mercado),

Como puede observarse, la lista es bastante larga. Es muy posible que, debido al éxito de esta pequeña placa, en los próximos años, el equipo de desarrollo de Arduino diseñe nuevas y mejores placas.

5.14 MÓDULOS Y SHIELDS PARA ARDUINO

Los *shields* de Arduino son unas placas de circuitería electrónica complementaria a Arduino. De este modo dotamos a nuestra placa de diferentes funcionalidades, pudiendo así crear proyectos más completos y potentes.

Por otro lado, también tenemos los denominados módulos.

En muchas ocasiones, al intentar conectar un sensor a la placa Arduino debemos conectar a su vez este conector mediante unos componentes electrónicos adicionales (resistencias, condensadores, potenciómetros, transistores…) para su correcto funcionamiento con Arduino.

Estos sensores se pueden adquirir individualmente, y después el usuario crea el circuito de conexión con ellos, o bien los puede adquirir ya montados.

Estas pequeñas placas normalmente poseen los pines de conexión serigrafiados para facilitar la conexión con Arduino, por lo que el usuario sólo tiene que conectar el módulo mediante cables de conexión a Arduino, y listo. Después, como es lógico, deberá crear un programa para que el sensor interactúe con Arduino.

Veamos ahora una relación de los *shield* que podemos encontrar para Arduino:

- Conexión Wi-Fi.
- Comunicación Bluetooth Xbee.
- Controlador de motores CC.
- Adaptador para display TFT.
- Comunicación GPS/GPRS.
- Comunicación GSM.
- Reconocimiento de voz.
- Conexión con tarjeta SD.

Relación de módulos para Arduino:

- Sensores por ultrasonidos.
- Sensores infrarrojos.
- Sensor infrarrojo TSOP 3848 para mandos a distancia.
- Sensor de movimiento.
- RTC, reloj de tiempo real.
- Brújula digital.
- Acelerómetro.
- Sensores de sonido.

Aquí se exponen unos cuantos *shields* y módulos, siendo consciente el autor de que ahora mismo se pueden estar desarrollando nuevos *shields* y módulos para Arduino.

Para que el lector se haga una idea, aquí podemos observar algunos de los *shields* y módulos mencionados anteriormente.

Figura 5.14. Shield tarjeta SD y Shield Comunicación GSM. Imagen extraída de www.arduino.cc

Figura 5.15. Módulo Bluetooth y Shield Display TFT. Imágenes extraídas de www.arduino.cc

Figura 5.16. Módulo sensor ultrasonidos y Módulo sensor PIR

5.15 SOFTWARE PARA ESQUEMAS CON ARDUINO. FRITZING

Arduino nos permite hacer proyectos *hardware* bastante complejos, y en un momento determinado los esquemas de conexionado pueden llegar a ser caóticos. Por eso surge la necesidad de realizar los esquemas de conexión de una forma que se reconozcan de forma clara cada una de estas conexiones, los dispositivos electrónicos y la placa Arduino.

En este epígrafe se presenta una vista general del *software* FRITZING.

Este *software* libre es una excelente herramienta para generar todos aquellos esquemas que precisemos para documentar proyectos no sólo de Arduino, sino de electrónica en general.

Como ya se ha comentado en líneas anteriores, FRITZING es un programa que se puede descargar gratuitamente, y, al igual que Arduino, tiene una licencia GPL.

No es intención del autor mostrar todas y cada una de las características de este *software*, ya que sería muy extenso. Por lo tanto, aquí solamente se explican algunas partes del programa y lo que se puede desarrollar con éste. En la figura 5.17 se muestra la interfaz principal cuando iniciamos el programa.

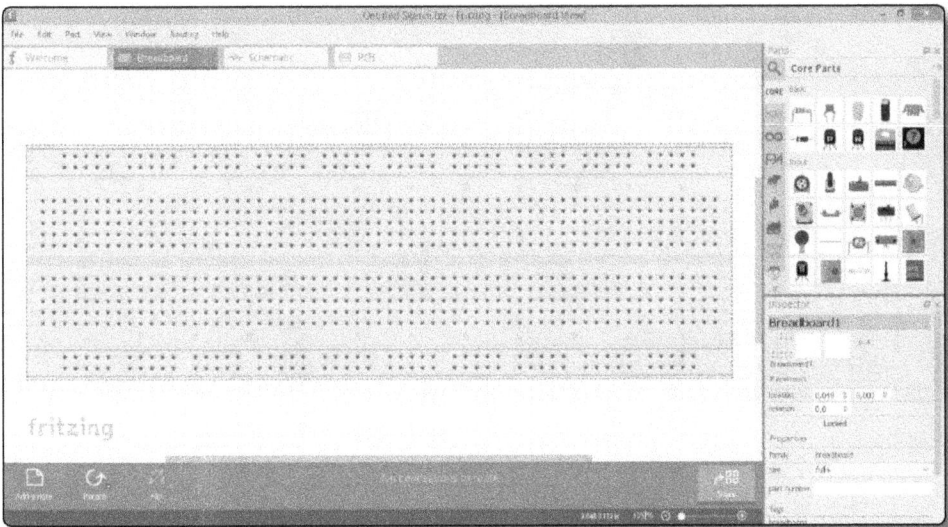

Figura 5.17. Interfaz principal del software Fritzing

Esta aplicación nos muestra una interfaz donde podemos arrastrar y soltar en una placa protoboard una serie de componentes electrónicos y, por supuesto, placas de la familia Arduino.

En la parte derecha de la interfaz vemos un cuadro (pestaña «core») en el que podemos elegir cualquier tipo de componente electrónico. En el mismo cuadro tenemos varias pestañas.

Estas pestañas contienen diferentes tipos de dispositivos electrónicos. Si la pestaña «core» incorpora los dispositivos semiconductores más comunes, como resistencias, diodos, transistores, etc., la pestaña con el símbolo de Arduino incorpora todas o casi todas las versiones de Arduino, como Arduino Leonardo, Arduino Micro, Arduino Pro, etc.

Una vez que tenemos todos los componentes de nuestro proyecto sólo necesitamos unirlos mediante cable de conexión. Sólo con arrastrar el puntero del ratón —con el botón izquierdo pulsado— se creará cable, que podemos llevar de un terminal a otro de cada componente.

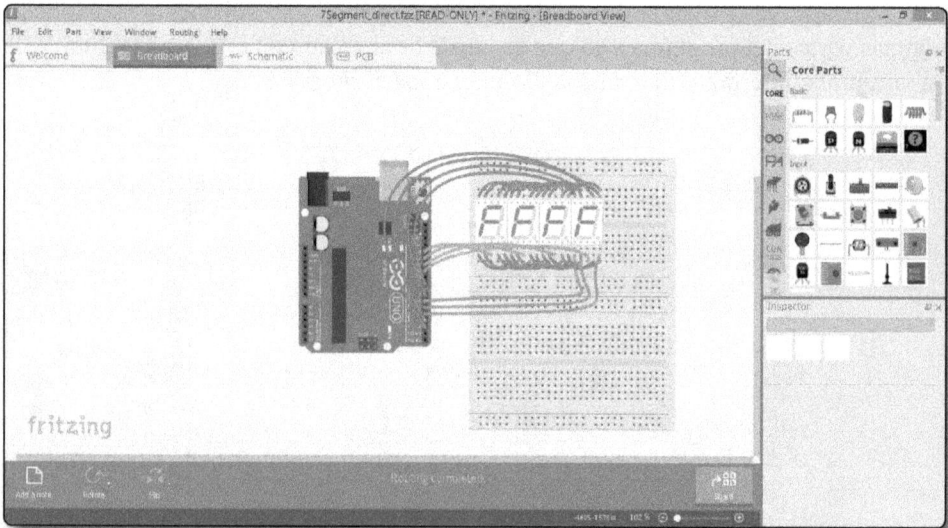

Figura 5.18. Diagrama de conexión

En la parte superior podemos observar otras pestañas, que nos servirán para ver nuestro montaje en diferentes formas, es decir, de forma esquemática, o un esquema fotolito para poder desarrollar el circuito en una placa de baquelita.

En la imagen de abajo podemos ver el circuito anterior en modo esquemático.

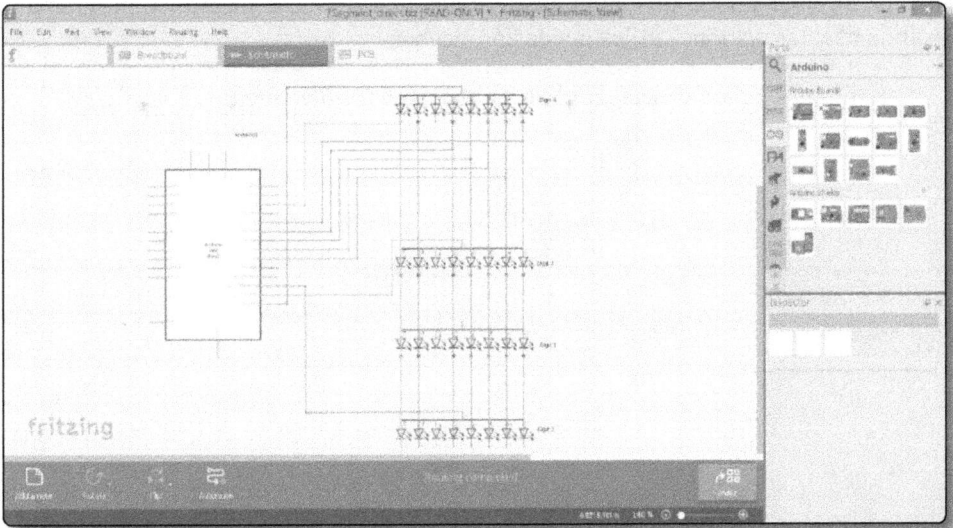

Figura 5.19. Modo esquemático

Ahora, en la imagen de abajo podemos ver nuestro proyecto en forma topográfica o fotolito.

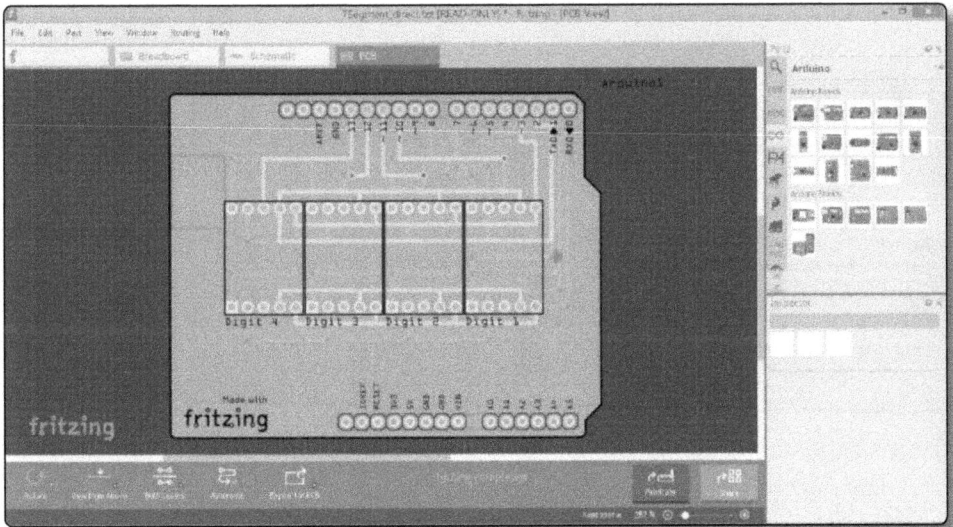

Figura 5.20. Modo topográfico

Se trata, ahora, de que el lector ponga a prueba este magnífico programa y asimile cuántas opciones útiles puede aprovechar.

El enlace para descargar el programa es: *http://fritzing.org/home/.*

PRÁCTICAS CON ARDUINO

PRÁCTICA 1.
EL LED INTERMITENTE

6.1 INTRODUCCIÓN

Esta práctica la podemos calificar como la primera por excelencia que realiza todo iniciado para empezar a dar los primeros pasos en el aprendizaje de Arduino. Esta práctica es la llamada Blink (led parpadeante).

Figura 6.1. Led conectado al pin 13 de Arduino

6.2 COMPONENTES ELECTRÓNICOS

En esta primera práctica utilizaremos uno de los componentes más comunes y más conocidos en el mundo de la robótica y la electrónica: el diodo led.

A continuación, se explica su funcionamiento y características.

6.3 EL DIODO LED

Un diodo led es un componente semiconductor empleado para emitir luz a bajas tensiones.

Un diodo rojo (según el color, varía sus requisitos de alimentación) necesita entre 1,2 y 1,7 voltios y entre 5 y 22 miliamperios para emitir luz. Los led de alta luminosidad, en cambio, necesitan a partir de 2,5 voltios para que trabajen a pleno rendimiento.

Puesto que Arduino proporciona 5 voltios para activar sensores y otros dispositivos, éstos pueden resultar excesivos para un diodo led.

Para reducir a 1,2 o 1,7 voltios la tensión que recae sobre el diodo led, necesitamos emplear un componente muy común llamado resistencia.

En esta práctica, no es necesaria una resistencia, ya que al utilizar el pin 13 ésta va incorporada en la placa base.

En la práctica siguiente, sí que será necesario la utilización de resistencias, y será ahí donde se explique con más detalle este componente.

En la figura 6.2 podemos ver las partes de que se compone un diodo led normal.

Un aspecto que se debe tener en cuenta es que el diodo, a diferencia de la resistencia, sí posee polaridad, es decir, a la hora de conectar el diodo en un circuito, deberemos advertir que el terminal largo es el positivo y el terminal corto, el negativo.

Hay que recordar que es necesario conectar una resistencia en serie para evitar que se funda, ya que si sometemos al diodo a una tensión de más de 5 voltios por un período prolongado, se fundirá.

1 Filamento

2 Lente

3 Yunque

4 Ánodo (+)

5 Cátodo (-)

6 Recubrimiento
plástico

Figura 6.2. Esquema del diodo led

Podemos encontrar diodos led de diferentes tamaños y colores.

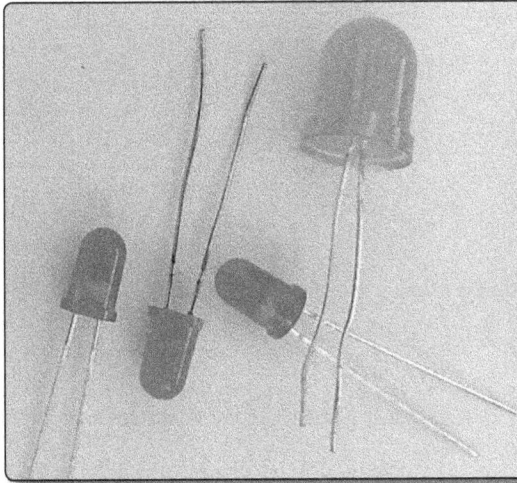

Figura 6.3. Leds de diferentes colores

Dependiendo del color, las tensiones necesarias para alimentar a estos leds cambian.

En la siguiente tabla se muestran unas tensiones aproximadas para diodos leds de diferentes colores:

Diodo Led	Tensión (voltios)
Rojo	1,7
Verde	2
Amarillo	2
Azul	2,4
Blanco	2,4

Un posible esquema de conexión de un diodo led junto con una resistencia y un voltaje dado se puede ver en la siguiente imagen:

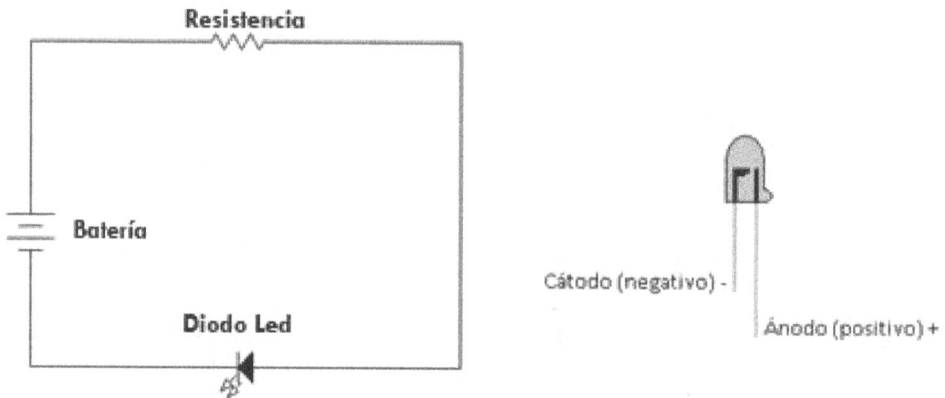

Figura 6.4. Esquema de conexión y terminales del diodo led

Hay que recordar que es necesario colocar una resistencia en serie para evitar que el led se estrese a causa de una tensión mayor de 1,7 voltios y llevarlo al extremo de fundirlo.

Como ya hemos visto anteriormente, si Arduino nos proporciona 5 voltios, con una resistencia de unos 220–330 Ω, ya estamos protegiendo el led.

Así mismo, cuando el led vaya a estar conectado en el terminal 13, no será necesaria ninguna resistencia, ya que Arduino incorpora una asociada a dicho pin soldada en la placa.

6.4 ESQUEMA DE CONEXIÓN

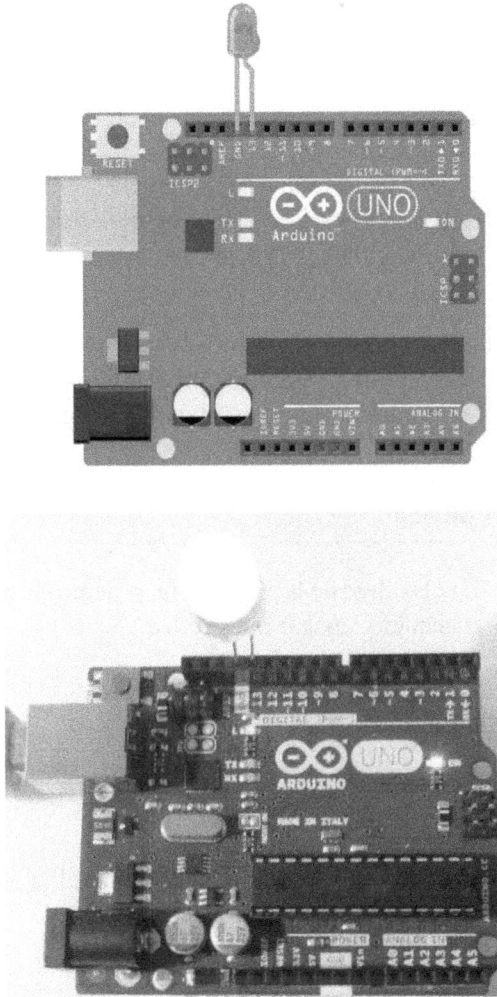

Figura 6.5. Led intermitente

El montaje es sencillo: sólo se deberá conectar un led en un pin de salida, que deberá ser digital por aquello de los pulsos.

Para ello introduciremos el terminal positivo del led directamente sobre la entrada del pin 13, y el terminal negativo del led lo colocaremos en un GND o masa.

Todo esto lo podríamos haber hecho con una placa protoboard, pero, tratándose de una práctica tan sencilla de ejecutar, obviamos la placa de prototipos o protoboard.

Después de conectar el diodo led en el pin digital de salida, debemos empezar a pensar cómo hacemos para que parpadee.

Empezamos, pues, a escribir el programa.

Personalmente, me gusta escribir los programas primero en papel y después pasarlos al compilador, ya que de este modo se adquiere destreza en la comprensión de las instrucciones y se asimilan mejor las estructuras a la hora de programar Arduino.

Una vez configurada la placa, y sabiendo que tenemos plena comunicación entre el PC y ésta (ver el epígrafe Comunicación Arduino – PC y Configuración del IDE), podemos incluir el programa en un archivo nuevo de la aplicación IDE.

6.5 CÓDIGO DEL PROGRAMA

Antes de mostrar el código de la práctica, recordemos la función digitalWrite, que nos va a permitir encender y apagar nuestro led.

6.5.1 Recordando digitalWrite ()

Puesto que, a continuación, en el código de la práctica, aparece la función digitalWrite, vale la pena recordar su cometido y sintaxis.

Esta función nos permite escribir de forma digital ($1 \rightarrow 5$ voltios; $0 \rightarrow 0$ voltios) por el pin configurado para tal efecto.

Recordemos su sintaxis:

```
digitalWrite (pin, valor);
pin: pin digital configurado o establecido como OUTPUT
valor: valor que deseamos transferir al pin, que será
HIGH o LOW
```

Aquí tenemos el código:

```
/* Código led parpadeante */
int led = 13; //asociamos la variable led con el pin 13 de Arduinovoid
```

```
void setup() {
                          pinMode(led, OUTPUT); //establecemos el
pin 13 como salida    }

void loop() {
  digitalWrite(led, HIGH); //entregamos 5 voltios al diodo, éste se
enciende
  delay(1000); //esperamos 1 segundo con el led encendido
  digitalWrite(led, LOW); //entregamos 0 voltios al diodo, éste se
apaga
  delay(1000); //esperamos 1 segundo con el led apagado
}
```

Este código es un código de ejemplo que trae consigo el IDE de Arduino, escrito por los responsables de Arduino para que empecemos rápidamente a probar lo que podemos hacer con una placa Arduino.

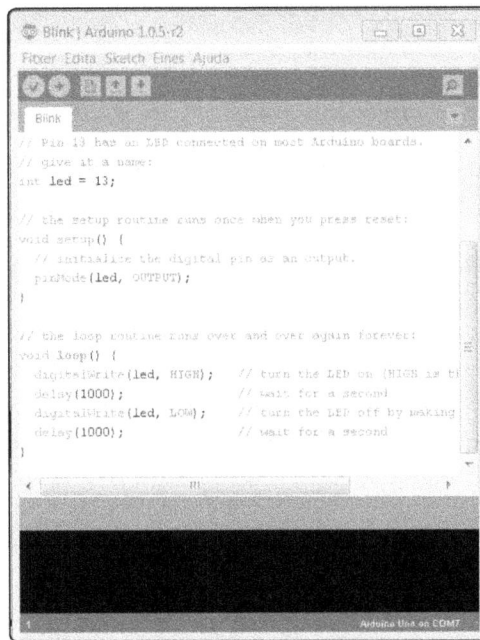

Figura 6.6. Código en el IDE, listo para su compilación

El IDE de Arduino incorpora un gran número de códigos de ejemplo para que el usuario pueda experimentar con ellos.

Al instalar una librería, podemos encontrar también ejemplos que vienen con ésta, por la misma razón explicada anteriormente.

Para acceder a los ejemplos, y concretamente al ejemplo del programa Blink, veamos la siguiente imagen:

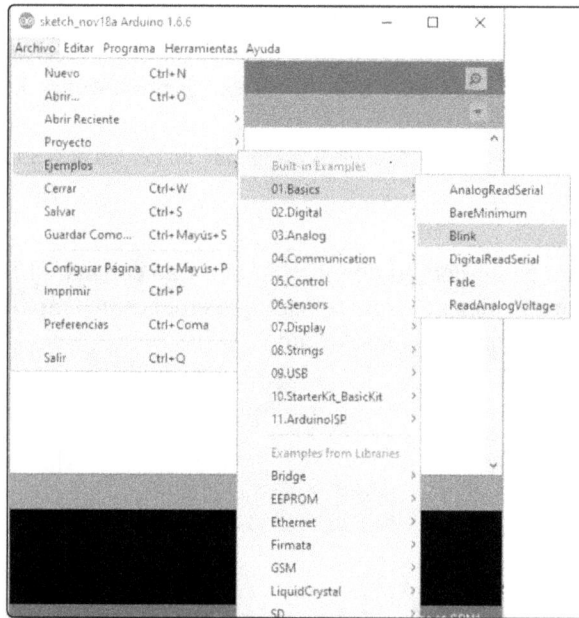

Figura 6.7. Lista de ejemplos incorporados en el IDE de Arduino

Una vez que tenemos el código escrito en el IDE de Arduino, seguimos los siguientes pasos:

1. Verificaremos que la sintaxis del programa es la correcta (clicar en el botón verificar).

2. Cargamos el programa en el microcontrolador de Arduino (clicar en el botón cargar).

Cuando el programa esté cargando parpadeará un led indicador en la placa, y luego, en la zona mensajes, nos aparecerá una indicación escrita de que la carga ha sido correcta.

Una vez que el programa ha sido verificado e introducido correctamente en el microcontrolador, el led que tenemos en el terminal 13 debería empezar a parpadear en intervalos de 1 segundo.

Si nos fijamos con atención, el pin 13 también tiene asociado un diodo led que se enciende y se apaga al mismo tiempo que lo hace el led que acabamos de conectar en el montaje.

Por tanto, el pin número 13 incorpora un led y una resistencia soldados en la placa Arduino.

Si se desea conectar el diodo led en un pin diferente del pin número 13, deberemos asociar una resistencia al diodo led y cambiar el pin de salida declarado en el código.

Comentemos el código con mayor detenimiento para comprender qué función desempeña cada una de las instrucciones de éste.

```
/*
  Blink
  Turns on an LED on for one second, then off for one
second,
repeatedly.

   This example code is in the public domain.
*/
//Pin 13 has an LED connected on most Arduino boards.
//give it a name:
```

Todo el bloque que podemos ver arriba está dedicado a los comentarios y a la descripción del programa. Por tanto, todos estos comentarios no serán tenidos en cuenta por el compilador.

```
int led = 13;
```

Mediante esta instrucción declaramos la variable led y le asignamos el valor 13. Este valor posteriormente se asociará con el pin 13 de la placa.

```
Void setup () {
  pinMode(led, OUTPUT);
}
```

Esta instrucción es la que asocia a la variable led con el pin número 13 de Arduino.

Podríamos traducirla de la siguiente manera: «Asocia el valor de la variable led al pin del mismo valor (en este caso 13) y conviértelo en un pin de salida».

```
void loop() {
```

Entre los corchetes iniciamos el bucle que se irá repitiendo continuamente.

```
digitalWrite(led, HIGH);
delay(1000);
digitalWrite(led, LOW);
delay(1000);
}
```

Como ya hemos recordado anteriormente, las líneas donde aparece la instrucción digitalWrite nos permitirá activar o desactivar el diodo led.

Una posible forma de traducirla sería: «Escribe en el pin digital 13 (led) un estado Alto (HIGH, 5 voltios) o un estado bajo (LOW, 0 voltios)».

La instrucción *delay* proporciona un lapso de tiempo en microsegundos, en el que el pin está proporcionando 5 voltios (led encendido) o 0 voltios (led apagado).

6.6 MATERIAL PARA DESARROLLO DE LA PRÁCTICA

En esta práctica el material utilizado es:

▶ Placa Arduino.
▶ Cable USB.
▶ Un led.
▶ Resistencia de 220 Ω (si el pin no es el 13).

7

INTERMITENCIA DE DOS LEDS

7.1 INTRODUCCIÓN

Seguimos con el tipo de prácticas que se suelen realizar para adquirir un poco de experiencia y tener un primer contacto con Arduino.

En este caso, es una práctica con dos diodos led.

La sencillez y, a la vez, la claridad del código que se emplea en un tipo de práctica como es la de encender y apagar un led es de gran valor didáctico para afrontar prácticas más complejas en un futuro.

7.2 COMPONENTES ELECTRÓNICOS

En esta práctica utilizaremos el diodo led —ya explicado en la práctica anterior—, cable para el cableado del montaje, la reistencia eléctrica y la placa de prototipos o protoboard. Se pasa a explicar el material que se utilizará en esta práctica y en la mayoría de las siguientes.

7.3 CABLES DE CONEXIÓN

Los cables de conexión son un material indispensable para poder realizar montajes en nuesta placa protoboard. Los cables nos van a permitir conectar cada uno de los componentes que forman nuestro montaje.

Estos cables están formados por metal conductor, como, por ejemplo, cobre o similar.

Podemos encontrar cables ya preparados para la conexión de nuestros circuitos y que disponen de una punta metálica idónea para insertar en placas protoboard. De este tipo de cables preparados podemos encontrar del tipo macho–macho, hembra–macho o hembra–hembra, utilizándose estos últimos como cables alargo.

Pero también podemos encontrar cable de tipo rígido, unifilar, de 0,5 mm de diámetro, que se utiliza para conexiones en placas protoboard. Estos cables no disponen de puntas metálicas en sus extremos, pero retirándoles el plástico protector se pueden insertar en la placa igualmente.

En la siguiente figura podemos ver un ejemplo de estos tipos de cable.

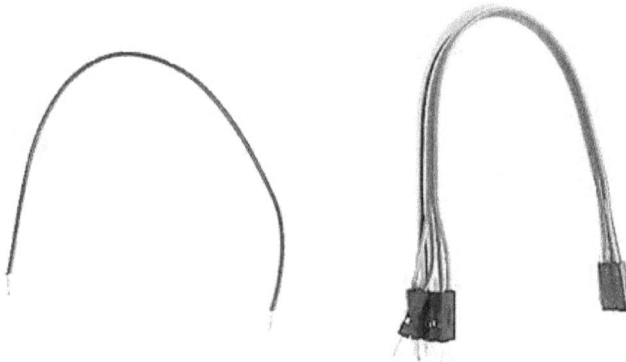

Figura 7.1. Cables de conexión

7.4 LA PROTOBOARD O PLACA DE PROTOTIPO

Esta placa nos permite realizar un circuito de prueba sin necesidad de soldar de forma permanente la conexión entre los componentes de un circuito o montaje;

de este modo, podemos conectar y desconectar tanto cables como componentes entre sí de forma fácil.

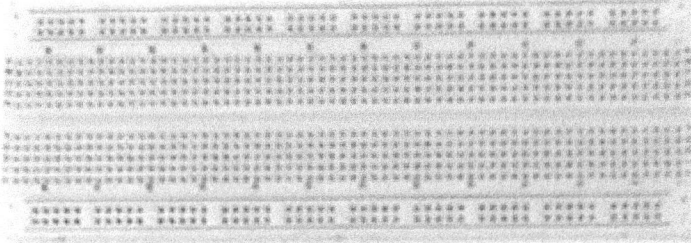

Figura 7.2. Placa de prototipado o protoboard

Podemos encontrar placas protoboard de diferentes tamaños y colores.

También debemos prestar atención al número de contactos (orificios) de la placa; así, podemos encontrar placas de 170 contactos, 400 contactos, 830 contactos, etc.

Figura 7.3. Placas protoboard de diferente número de contactos

¿Cómo conectamos los componentes y el cableado en una protoboard?

Para realizar una correcta conexión de componentes y cables entre sí, debemos tener en cuenta cuál es la conexión interna de todos esos agujeritos existentes en la placa.

Todas esas perforaciones van unidas internamente de forma horizontal, mediante unas bases metálicas, tal como podemos ver en la siguiente imagen.

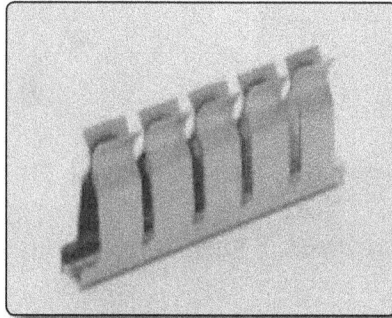

Figura 7.4. Contactos internos metálicos de una placa protoboard

Los cables se introducen por el orificio y quedan «cogidos» por el contacto metálico, tal como podemos ver en la siguiente imagen.

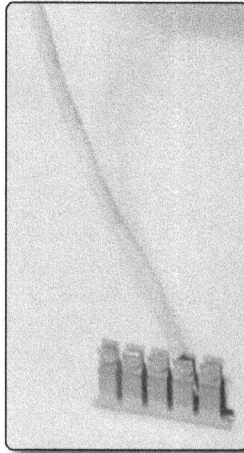

Figura 7.5. Contacto interno con cable de conexión

Por lo tanto, a la hora de conectar un componente, como puede ser un led, debemos hacerlo de una forma similar a como se muestra en la siguiente imagen.

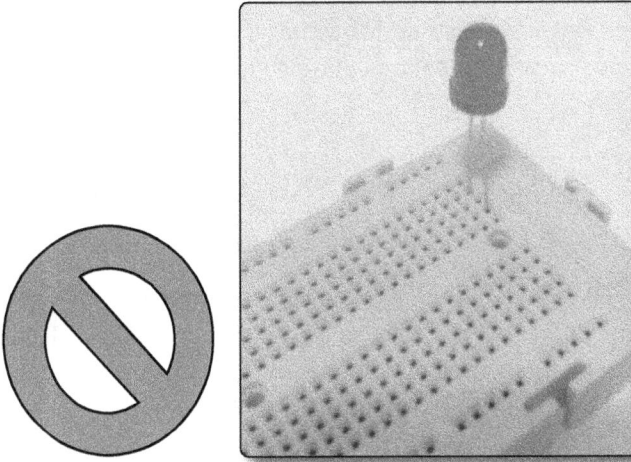

Figura 7.6. Conexión errónea en una protoboard

Si conectamos el led tal como muestra la figura 7.6, éste queda cortocircuitado.

Podemos ver la conexión correcta en la imagen de abajo, donde cada terminal del led queda en placas internas separadas.

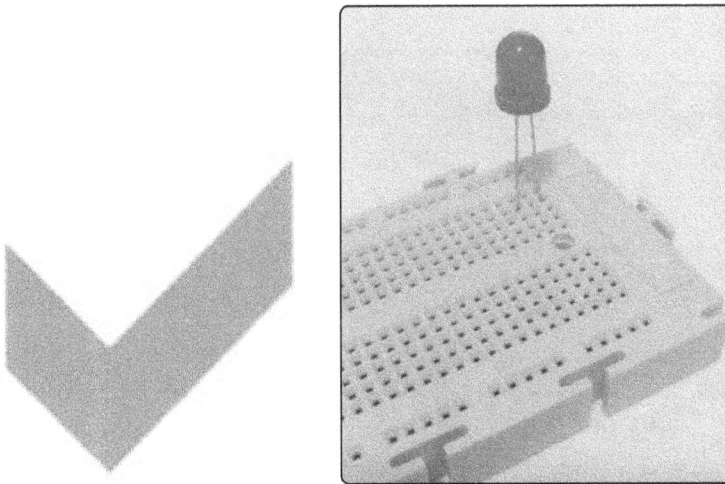

Figura 7.7. Conexión correcta en una protoboard

Cuando se diseña un sistema, primero se prueban los posibles circuitos en una placa de este tipo; de ahí el nombre de placa de prototipos o protoboard.

Una vez comprobado que el circuito funciona correctamente y es óptimo, éste se suele pasar a una placa de baquelita, donde todos los componentes y los cables de conexión se sueldan para proporcionar estabilidad de conexión al sistema.

7.5 LA RESISTENCIA

Las resistencias son dispositivos que, debido al material con el que están hechas, se oponen al paso de la corriente.

Podemos encontrar resistencias de diferentes valores, dependiendo de la resistencia ofrecida a la corriente. Esto quiere decir que cuanto mayor sea el valor numérico de la resistencia, mayor será la resistencia ofrecida. Este valor recibe el nombre de valor nominal de la resistencia.

La resistencia se mide en ohmios, y se representa con la letra griega Ω (omega).

Por tanto, es habitual utilizar múltiplos de la unidad, como, por ejemplo: Kilo ohmio, Mega ohmio, etc. Estos dos múltiplos son los más utilizados en los valores resistivos de las resistencias.

Recordar que: 1 KΩ = 1000 Ω o $10^3\,\Omega$ y 1 MΩ = 1.000.000 Ω o $10^6\,\Omega$.

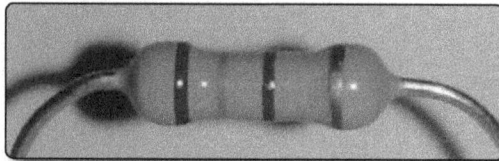

Figura 7.8. Resistencia típica para montajes electrónicos

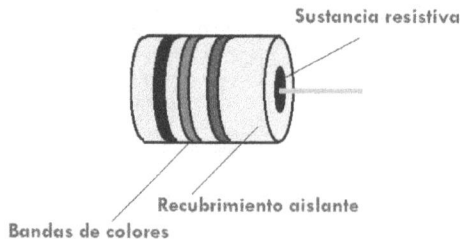

Figura 7.9. Partes de una resistencia eléctrica

Para saber el valor en ohmios o valor nominal de una resistencia se ha establecido un código de colores, donde según cada color y según su posición se debe interpretar y asignar un valor determinado. Veamos el código de colores.

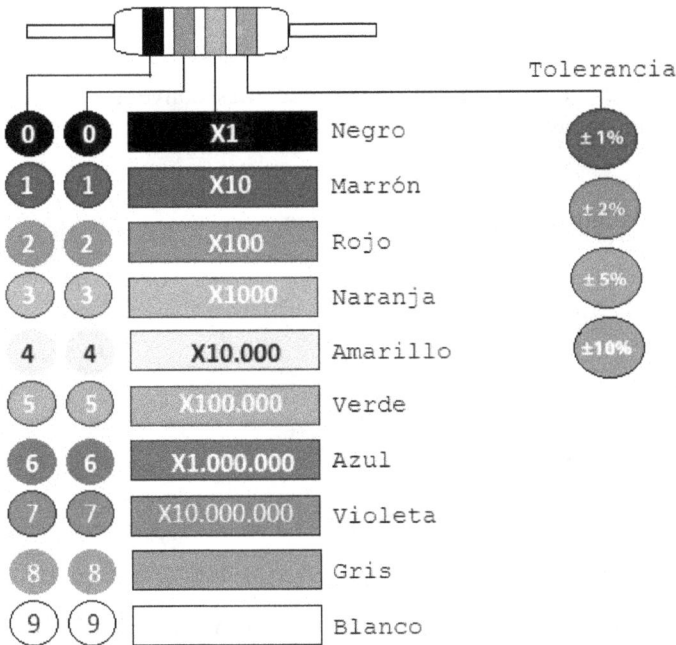

Figura 7.10. Con el código de colores conoceremos el valor de una resistencia

Por ejemplo: Marrón–Negro–Naranja será una resistencia de 10 KOhmios.

Recordar también que las resistencias no tienen polaridad, es decir, no importa cuál de sus extremos conectamos a + 5 v o a masa.

Otro aspecto que se debe tener en cuenta cuando utilizamos resistencias en nuestros circuitos es el de la tolerancia.

La tolerancia nos indica en qué porcentaje puede variar el valor de la resistencia en cuestión. Esto quiere decir que si, por ejemplo, tenemos una resistencia de 5 Ω y una tolerancia de ± 5 %, su valor puede ser un 5 % superior o un 5 % inferior, es decir, 5,25 Ω o 4,75 Ω.

Hay diferentes valores de tolerancia para las resistencias, aunque los más típicos son: ± 5, ± 10 y ± 20.

Para identificar el valor de la tolerancia en una resistencia debemos observar la última banda de la derecha, tal como podéis ver en la imagen anterior del código de colores.

7.6 CÁLCULO DE RESISTENCIAS

Para poder calcular la resistencia que más convenga a nuestro proyecto debemos emplear la ley de Ohm.

Esta ley se resume en una sencilla fórmula que relaciona la resistencia, la intensidad y el voltaje existentes en un circuito.

La fórmula es la siguiente:

$$R = \frac{V}{I}$$

Donde:

R: Resistencia. La unidad es el ohmio → Ω

V: Voltaje (tensión). La unidad es el voltio → V

I: Intensidad (corriente). La unidad es el amperio → A

Para recordar esta fórmula se emplea a menudo la siguiente regla mnemotécnica:

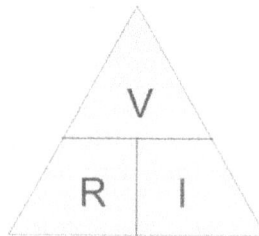

Estableciendo la fórmula en un triángulo, con sólo tapar la variable que se va a «despejar» obtenemos la transformación de ésta.

Éste es un truco muy útil para todos aquellos que se inician en el mundo de la electrónica.

En este libro se emplean resistencias de 220 Ω o 330 Ω, dependiendo del montaje.

7.7 ENUNCIADO DE LA PRÁCTICA

Esta práctica trata de realizar un circuito en el que dos leds se enciendan y se apaguen de forma síncrona.

Es decir, cuando un led esté encendido, el otro deberá estar apagado, y viceversa. La duración de la posición encendido y apagado deberá ser de un segundo.

7.8 ESQUEMA DE CONEXIÓN

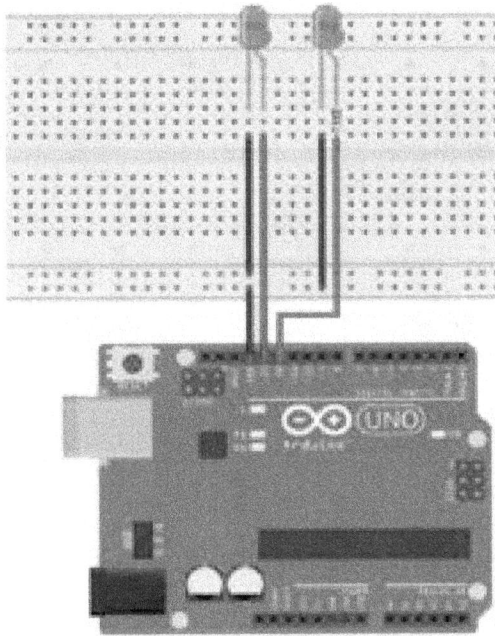

Figura 7.11. Conexión de los leds

En este caso, los leds van conectados a una placa de prototipos, y de ahí, a los pines de entrada de Arduino, tal como se muestra en la figura 7.11. Aquí se han utilizado el pin 13 y el 12.

Resaltar que el diodo led que va conectado al pin 13 no dispone de resistencia.

7.9 CÓDIGO DE LA PRÁCTICA

A continuación, se expone el código de la práctica propuesta:

```
/*Código para la práctica 2. Intermitencia de dos
led's*/

int pin_rojo_1 = 13;  //asignamos el pin digital 13 al led rojo 1
int pin_rojo_2 = 12;  //asignamos el pin digital 12 al led rojo 2

void setup () {

   pinMode (pin_rojo_1, OUTPUT);  //declaramos que el pin 13 será
de salida
   pinMode (pin_rojo_2, OUTPUT);  //declaramos que el pin 12 será
de salida
   digitalWrite (pin_rojo_1, LOW);  //nos aseguramos de que el led
rojo 1 empezará apagado
   digitalWrite (pin_rojo_2, LOW);  //nos aseguramos de que el led
rojo 2 empezará apagado

}

void loop () {

   digitalWrite (pin_rojo_1, HIGH);  //empezamos la secuencia de
intermitencia activando el led 1
   delay (1000);  //esperamos 1 segundo con el led 1 activado
   digitalWrite (pin_rojo_1, LOW);  //desactivamos el led rojo 1
   digitalWrite (pin_rojo_2, HIGH);  //activamos el led rojo 2
   delay (1000);  //esperamos 1 segundo con el led 2 activado
   digitalWrite (pin_rojo_2, LOW);  //desactivamos el led rojo 2
   delay (1000);  //esperamos 1 segundo con el led rojo 2 desactivado

   //el proceso vuelve a comenzar

}
```

Figura 7.12. Montaje de la práctica

7.10 MATERIAL PARA EL DESARROLLO DE LA PRÁCTICA

En esta práctica se necesita:

- Placa Arduino.
- Protoboard.
- Cable USB.
- Dos leds.
- Una resistencia de 220 Ohms para el led en el pin 12.
- Cable conexión.

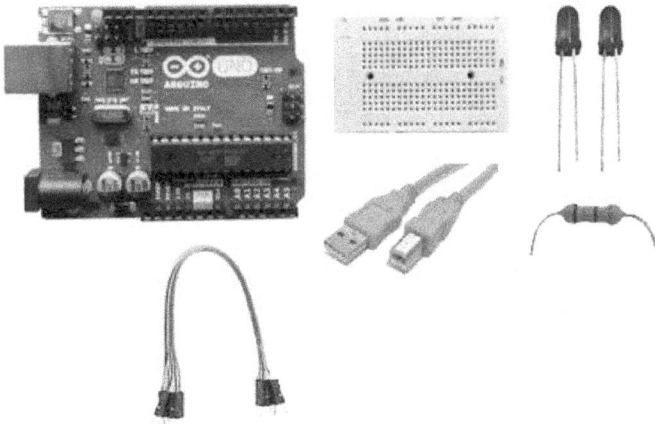

8

SECUENCIA CON SIETE LEDS

8.1 INTRODUCCIÓN

Continuamos con este tipo de prácticas para adquirir experiencia e ir asimilando los conceptos necesarios para llegar a dominar este *hardware*.

Se trata de afianzar los conceptos de programación adquiridos en las dos últimas prácticas, así como de seguir acumulando destreza con los dos componentes electrónicos que ya hemos utilizado.

8.2 COMPONENTES ELECTRÓNICOS

En esta práctica utilizaremos resistencias y el diodo led, dos componentes ya explicados anteriormente.

8.3 ENUNCIADO DE LA PRÁCTICA

Se realizará un circuito en el que los leds se enciendan y se apaguen simulando el efecto de una estela de luz.

Es decir, se programará una secuencia de encendido y apagado para cada led, uno después del otro, para recrear tal efecto.

Una vez que la estela llegue al final, deberá volver, haciendo el recorrido inverso.

8.4 ESQUEMA DE CONEXIÓN

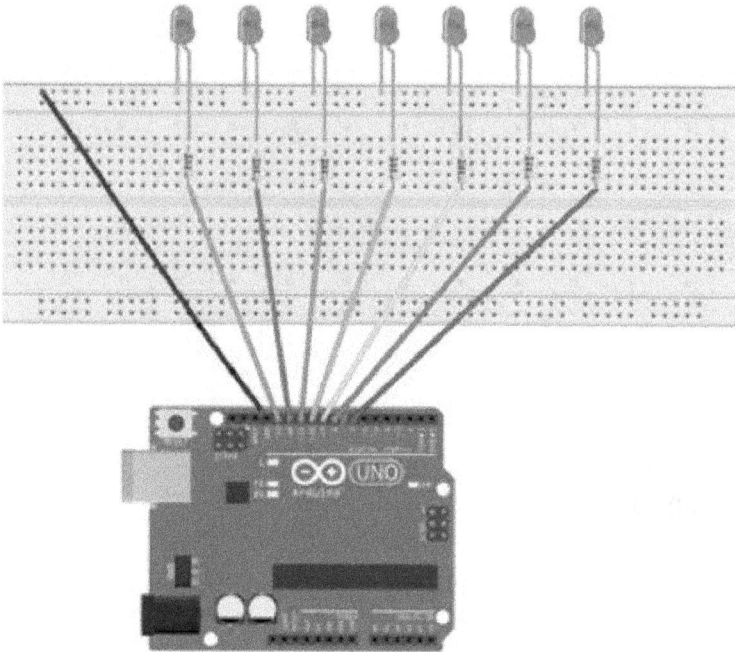

El esquema no tiene mayor complicación, y no deja de ser una ampliación de las dos prácticas anteriores.

Veamos a continuación el código de la práctica.

8.5 CÓDIGO DE LA PRÁCTICA

```
/*Código para la práctica 3. Secuencia de 7 leds*/

int pin_rojo_1 = 13; //asignamos el pin digital 13 al led rojo 1

int pin_rojo_2 = 12; //asignamos el pin digital 12 al led rojo 2

int pin_rojo_3 = 11; //asignamos el pin digital 11 al led rojo 3

int pin_rojo_4 = 10; //asignamos el pin digital 10 al led rojo 4

int pin_rojo_5 = 9; //asignamos el pin digital 9 al led rojo 5
```

```
int pin_rojo_6 = 8; //asignamos el pin digital 8 al led rojo 6
```

```
int pin_rojo_7 = 7; //asignamos el pin digital 7 al led rojo 7
```

```
void setup () {
pinMode (pin_rojo_1, OUTPUT); //declaramos que el pin 13 será de salida
```

```
pinMode (pin_rojo_2, OUTPUT); //declaramos que el pin 12 será de salida
```

```
pinMode (pin_rojo_3, OUTPUT); //declaramos que el pin 11 será de salida
```

```
pinMode (pin_rojo_4, OUTPUT); //declaramos que el pin 10 será de salida
pinMode (pin_rojo_5, OUTPUT); //declaramos que el pin 9 será de salida
```

```
pinMode (pin_rojo_6, OUTPUT); //declaramos que el pin 8 será de salida
```

```
pinMode (pin_rojo_7, OUTPUT); //declaramos que el pin 7 será de salida
```

```
digitalWrite (pin_rojo_1, LOW); //nos aseguramos de que el led rojo 1
empezará apagado
```

```
digitalWrite (pin_rojo_2, LOW); //nos aseguramos de que el led rojo 2
empezará apagado
```

```
digitalWrite (pin_rojo_3, LOW); //nos aseguramos de que el led rojo 3
empezará apagado
```

```
digitalWrite (pin_rojo_4, LOW); //nos aseguramos de que el led rojo 4
empezará apagado
```

```
digitalWrite (pin_rojo_5, LOW); //nos aseguramos de que el led rojo 5
empezará apagado
```

```
digitalWrite (pin_rojo_6, LOW); //nos aseguramos de que el led rojo 6
empezará apagado
```

```
digitalWrite (pin_rojo_7, LOW); //nos aseguramos de que el led rojo 7
empezará apagado
}
```

```
void loop () {
//********Iniciamos la secuencia de ida******
```

```
digitalWrite (pin_rojo_1, HIGH); //empezamos la secuencia de intermitencia
activando el led 1
```

```
delay (1000); //esperamos 1 segundo con el led 1 activado
```

```
digitalWrite (pin_rojo_1, LOW); //desactivamos el led rojo 1

digitalWrite (pin_rojo_2, HIGH); //activamos el led rojo 2

delay (1000); //esperamos 1 segundo con el led 2 activado

digitalWrite (pin_rojo_2, LOW); //desactivamos el led rojo 2

delay (1000); //esperamos 1 segundo con el led rojo 2 desactivado

digitalWrite (pin_rojo_3, HIGH); //activamos el led rojo 3

delay (1000); //esperamos 1 segundo con el led 3 activado

digitalWrite (pin_rojo_3, LOW); //desactivamos el led rojo 3

digitalWrite (pin_rojo_4, HIGH); //activamos el led rojo 4

delay (1000); //esperamos 1 segundo con el led 4 activado

digitalWrite (pin_rojo_4, LOW); //desactivamos el led rojo 2

delay (1000); //esperamos 1 segundo con el led rojo 4 desactivado

digitalWrite (pin_rojo_5, HIGH); //activamos el led rojo 5

delay (1000); //esperamos 1 segundo con el led 5 activado
digitalWrite (pin_rojo_5, LOW); //desactivamos el led rojo 5

digitalWrite (pin_rojo_6, HIGH); //activamos el led rojo 6

delay (1000); //esperamos 1 segundo con el led 6 activado

digitalWrite (pin_rojo_6, LOW); //desactivamos el led rojo 6

delay (1000); //esperamos 1 segundo con el led rojo 6 desactivado

digitalWrite (pin_rojo_7, HIGH); //activamos el led rojo 7

delay (1000); //esperamos 1 segundo con el led 7 activado

//******Iniciamos la secuencia de vuelta ********

digitalWrite (pin_rojo_7, LOW); //desactivamos el led rojo 7

digitalWrite (pin_rojo_6, HIGH); //activamos el led rojo 6

delay (1000); //esperamos 1 segundo con el led 6 activado
digitalWrite (pin_rojo_6, LOW); //desactivamos el led rojo 6
```

```
delay (1000); //esperamos 1 segundo con el led rojo 6 desactivado

digitalWrite (pin_rojo_5, HIGH); //activamos el led rojo 5

delay (1000); //esperamos 1 segundo con el led 5 activado

digitalWrite (pin_rojo_5, LOW); //desactivamos el led rojo 5

digitalWrite (pin_rojo_4, HIGH); //activamos el led rojo 4

delay (1000); //esperamos 1 segundo con el led 4 activado

digitalWrite (pin_rojo_4, LOW); //desactivamos el led rojo 2

delay (1000); //esperamos 1 segundo con el led rojo 4 desactivado

digitalWrite (pin_rojo_3, HIGH); //activamos el led rojo 3

delay (1000); //esperamos 1 segundo con el led 3 activado

digitalWrite (pin_rojo_3, LOW); //desactivamos el led rojo 3

digitalWrite (pin_rojo_2, HIGH); //activamos el led rojo 2
delay (1000); //esperamos 1 segundo con el led 2 activado

digitalWrite (pin_rojo_2, LOW); //desactivamos el led rojo 2

delay (1000); //esperamos 1 segundo con el led rojo 2 desactivado

digitalWrite (pin_rojo_1, HIGH);//empezamos la secuencia de intermitencia
activando el led 1

delay (1000); //esperamos 1 segundo con el led 1 activado

digitalWrite (pin_rojo_1, LOW); //desactivamos el led rojo 1

//el proceso vuelve a comenzar
}
```

Como se observa, este código es demasiado largo, y el lector seguramente se formule la siguiente pregunta: ¿Y si en vez de siete leds son doscientos los que deseamos incorporar a nuestro circuito? La respuesta es obvia: sería una tarea muy dura de realizar.

A continuación, se propone una nueva versión del código para esta práctica, en la que se ha utilizado una instrucción FOR.

```
/*Código para la práctica 3. Secuencia de 7 leds simplificado
mediante sentencias FOR*/

int pin_rojo_1 = 13; //asignamos el pin digital 13 al led rojo 1

int pin_rojo_2 = 12; //asignamos el pin digital 12 al led rojo 2

int pin_rojo_3 = 11; //asignamos el pin digital 11 al led rojo 3

int pin_rojo_4 = 10; //asignamos el pin digital 10 al led rojo 4

int pin_rojo_5 = 9; //asignamos el pin digital 9 al led rojo 5

int pin_rojo_6 = 8; //asignamos el pin digital 8 al led rojo 6

int pin_rojo_7 = 7; //asignamos el pin digital 7 al led rojo 7

void setup() {

pinMode (pin_rojo_1, OUTPUT); //declaramos que el pin 13 será de salida

pinMode (pin_rojo_2, OUTPUT); //declaramos que el pin 12 será de salida

pinMode (pin_rojo_3, OUTPUT); //declaramos que el pin 11 será de salida

pinMode (pin_rojo_4, OUTPUT); //declaramos que el pin 10 será de salida

pinMode (pin_rojo_5, OUTPUT); //declaramos que el pin 9 será de salida

pinMode (pin_rojo_6, OUTPUT); //declaramos que el pin 8 será de salida

pinMode (pin_rojo_7, OUTPUT); //declaramos que el pin 7 será de salida
}

void loop() {

for (int i=7; i<=13; i++){
```

//indicamos que repita el siguiente proceso desde 7 hasta 13, que son los pines escogidos para los leds

```
digitalWrite(i,HIGH); //activamos los leds por orden según el buble FOR
```

```
delay (1000); //Cada led estará activo durante 1 segundo
```

```
digitalWrite(i,LOW); //desactivamos los leds por orden según el buble FOR
}
```

```
for (int i=13; i>=7; i--){
```

//indicamos que repita el siguiente proceso desde 13 hasta 7, que son los pines escogidos para los leds, pero ahora en sentido contrario.

```
digitalWrite(i,HIGH); //activamos los leds por orden según el buble FOR
```

```
delay (1000); //Cada led estará activo durante 1 segundo
```

```
digitalWrite(i,LOW); //desactivamos los leds por orden según el buble FOR
```

```
}
}
```

Mediante un bucle FOR también se podría declarar de forma más rápida los pines en la función pinMode.

Veamos cómo:

```
Void setup () {
for (int i=7; i<=13; i++){
   pinMode (i,OUTPUT);
}
}
```

El único inconveniente de esto es que perdemos el nombre asignado a los pines de Arduino y, por tanto, las líneas anteriores al «void setup» deberían eliminarse.

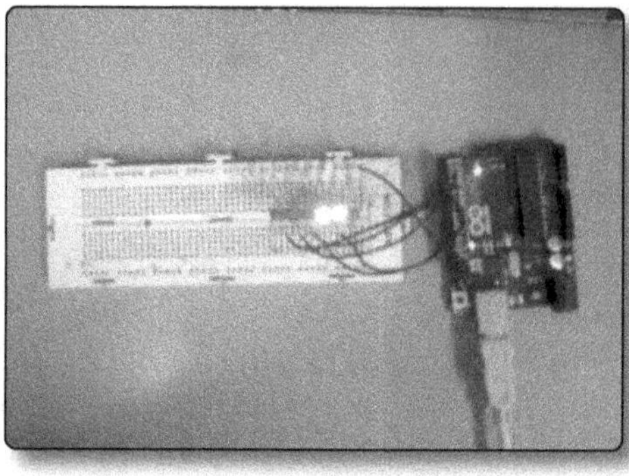

Figura 8.1. Estela de luz mediante diodos led

8.6 MATERIAL PARA EL DESARROLLO DE LA PRÁCTICA

En esta práctica se necesita:

- Placa Arduino.
- Protoboard.
- Cable USB.
- Siete resistencias de 220 Ohms.
- Siete leds.
- Cable conexión.

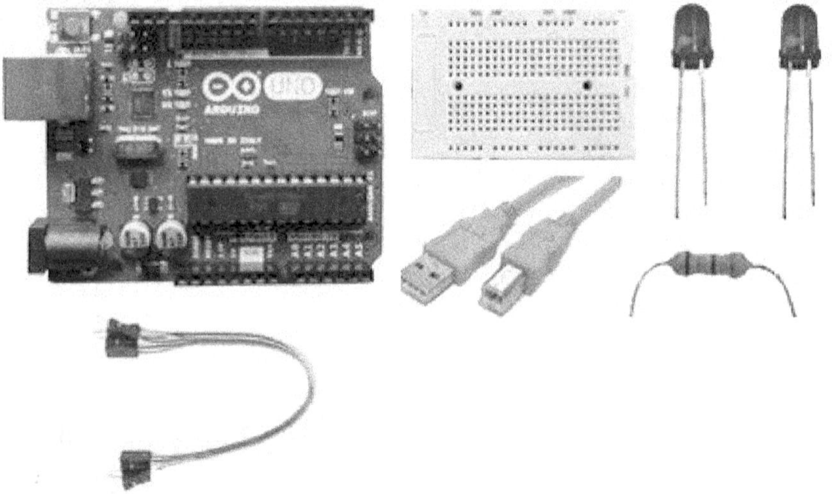

9

SEMÁFOROS EN UNA INTERSECCIÓN

9.1 INTRODUCCIÓN

¿Quién no se ha preguntado muchas veces cómo están programados los semáforos que nos podemos encontrar en nuestra localidad?

Arduino nos permite vislumbrar una posible forma de programar y gestionar los tiempos de un semáforo. Evidentemente, los semáforos reales que nos podemos encontrar en las calles poseen una circuitería más compleja que la que nos puede proporcionar Arduino, pero esto nos puede servir para tener una idea de cómo se pueden controlar los semáforos que podemos ver en nuestro día a día.

9.2 COMPONENTES ELECTRÓNICOS

Utilizaremos componentes ya explicados en prácticas anteriores, es decir, resistencias y diodos. Las conexiones serán idénticas, sólo que en esta práctica se deberán tener en cuenta el número de luces que tenemos en dos semáforos, es decir, tres luces para el semáforo 1 y tres luces más para el semáforo 2.

9.3 ESQUEMA DE CONEXIÓN

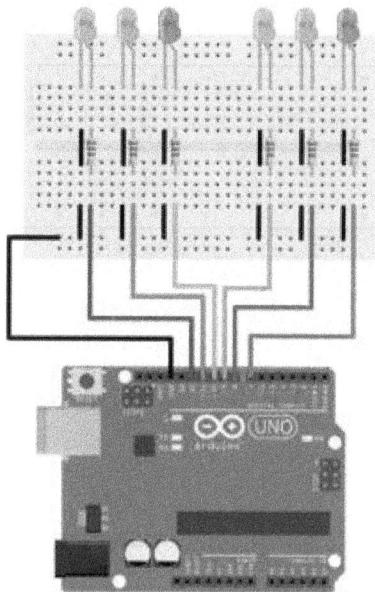

9.4 ENUNCIADO DE LA PRÁCTICA

En esta práctica crearemos un circuito en el que podamos gestionar de forma eficiente, y simulando lo más fielmente posible, un semáforo real.

Figura 9.1. Maqueta de la práctica

En la imagen anterior podemos ver dos calzadas que crean una intersección. En cada calzada encontramos un semáforo, en total, dos semáforos que controlar. Cuando un semáforo esté en verde, el otro deberá estar en rojo, y viceversa. Recordar que el paso de luz verde a roja va precedida por luz ámbar.

En esta práctica, como en muchas otras de este libro, se anima al lector a que realice maquetas o lleve a cabo simulaciones de éstas, aunque lógicamente no es algo indispensable para la correcta asimilación de la misma.

9.5 CÓDIGO DE LA PRÁCTICA

```
/* Código para intersección con dos semáforos */

int r1=7;  //rojo semáforo 1
int a1=8;  //ambar semáforo 1
int v1=9;  //verde semáforo 1
int r2=10; //rojo semáforo 2
int a2=11; //ambar semáforo 2
int v2=12; //verde semáforo 2

void setup (){
pinMode (r1, OUTPUT); //declaramos r1 como salida
pinMode (a1, OUTPUT); //declaramos a1 como salida
pinMode (v1, OUTPUT); //declaramos v1 como salida
pinMode (r2, OUTPUT); //declaramos r2 como salida
pinMode (a2, OUTPUT); //declaramos a2 como salida
pinMode (v2, OUTPUT); //declaramos v2 como salida

//estado incial de ambos semáforos
//El semáforo 1 está en rojo, mientras que el semáforo 2 está en verde.
digitalWrite (r1, HIGH);
digitalWrite (a1, LOW);
digitalWrite (v1, LOW);
digitalWrite (r2, LOW);
digitalWrite (a2, LOW);
digitalWrite (v2, HIGH);
delay (1000);
}

void loop () {
//rojo el semáforo 1 y en ámbar el semáforo 2
digitalWrite (r1, HIGH);
digitalWrite (a1, LOW);
```

```
digitalWrite (v1, LOW);
digitalWrite (r2, LOW);
digitalWrite (a2, HIGH);
digitalWrite (v2, LOW);
delay (1000);

//rojo semáforo 1 y rojo el semáforo 2
digitalWrite (r1, HIGH);
digitalWrite (a1, LOW);
digitalWrite (v1, LOW);
digitalWrite (r2, HIGH);
digitalWrite (a2, LOW);
digitalWrite (v2, LOW);
delay (1000);

//verde el semáforo 1 y rojo el semáforo 2
digitalWrite (r1, LOW);
digitalWrite (a1, LOW);
digitalWrite (v1, HIGH);
digitalWrite (r2, HIGH);
digitalWrite (a2, LOW);
digitalWrite (v2, LOW);
delay (1000);

//ámbar el semáforo 1 y rojo el semáforo 2
digitalWrite (r1, LOW);
digitalWrite (a1, HIGH);
digitalWrite (v1, LOW);
digitalWrite (r2, HIGH);
digitalWrite (a2, LOW);
digitalWrite (v2, LOW);
delay (1000);

//rojo el semáforo 1 y rojo el semáforo 2
digitalWrite (r1, HIGH);
digitalWrite (a1, LOW);
digitalWrite (v1, LOW);
digitalWrite (r2, HIGH);
digitalWrite (a2, LOW);
digitalWrite (v2, LOW);
delay (1000);

//rojo el semáforo 1 y verde el semáforo 2
digitalWrite (r1, HIGH);
digitalWrite (a1, LOW);
```

```
digitalWrite (v1, LOW);
digitalWrite (r2, LOW);
digitalWrite (a2, LOW);
digitalWrite (v2, HIGH);
delay (1000);
//el proceso vuelve a comenzar...
}
```

9.6 MATERIAL PARA EL DESARROLLO DE LA PRÁCTICA

En esta práctica se necesita:

- Placa Arduino.
- Protoboard.
- Cable USB.
- Seis resistencias de 220 Ohms.
- Seis leds (2 verdes, 2 ámbar, 2 rojos).
- Cartón, plástico, etc., para el montaje de los semáforos.
- Cable conexión.

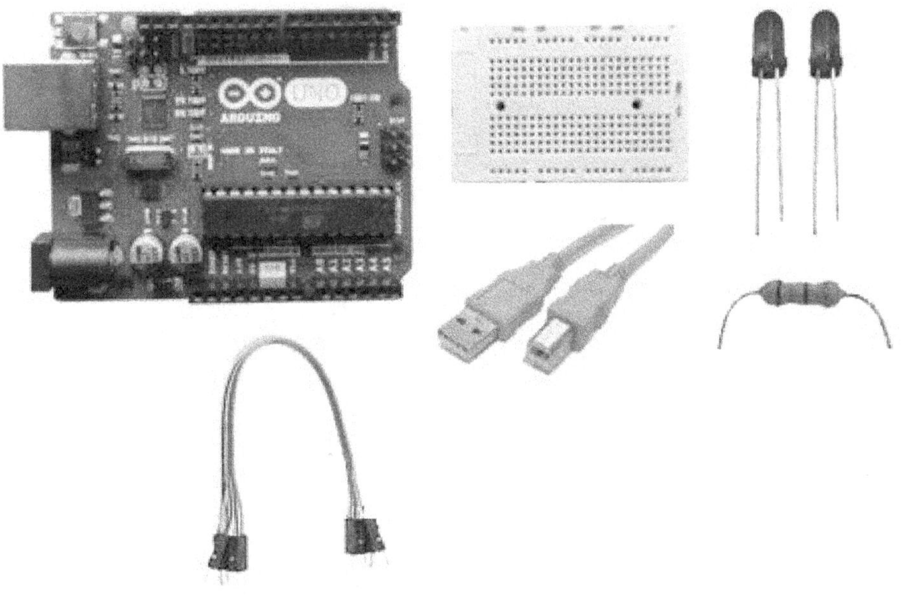

10

LUMINOSIDAD VARIABLE DE UN LED

10.1 INTRODUCCIÓN

La placa Arduino puede ser empleada en infinidad de proyectos. Estos proyectos, a veces, nos permiten simular objetos de nuestra vida diaria.

Con Arduino, podemos emular objetos o estados, como la variable luminosidad de una vela, una brújula para poder orientarnos o incluso saber si un líquido ha caído fuera de su recipiente.

10.2 COMPONENTES ELECTRÓNICOS

Una vez más, utilizaremos componentes ya explicados en prácticas anteriores, es decir, resistencias y diodos. Las conexiones serán las mismas que en las prácticas anteriores,aunque ahora sería conveniente explicar qué es una señal PWM y una función llamada AnalogWrite ().

10.3 LA SEÑAL PWM

Las siglas PWM provienen de la palabra en inglés *Pulse Wide Modulation*, modulación por amplitud de pulsos.

Es una forma de «simular» una señal analógica partiendo de una señal digital. Se envían 5 v y 0 v (1's y 0's) con cierta duración, simulando así una señal analógica.

Para utilizar la señal PWM, Arduino dispone de unos pines especiales: el pin 3, 5, 6, 9, 10 y 11. Estos pines llevan serigrafiada en la placa la señal o el símbolo «~».

Para gestionar este tipo de señal deberemos ajustar los valores entre 0 y 255, que corresponden a 0 v y 5 v, respectivamente.

De esta forma, la señal PWM generará, según lo que le especifiquemos, una señal cuadrada o pulso cuadrado con una duración y frecuencia establecidas.

Se muestra una imagen para poder observar lo que se denomina *duty cycle*, o ciclo de actividad, es decir, qué anchura tiene el pulso.

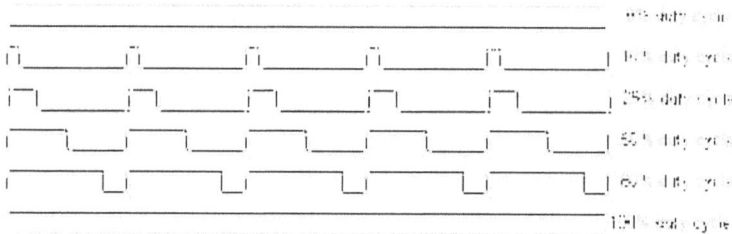

Figura 10.1. Duty cicle. Gráfico extraído de la página oficial de Arduino. www.arduino.cc

Con esta imagen se aclaran los conceptos antes comentados sobre la señal PWM.

10.4 RECORDANDO ANALOGWRITE ()

Para poder gestionar los pines de la señal PWM empleamos la función AnalogWrite (pin, valor), explicada en páginas anteriores.

Esta función nos permite enviar los valores que deseamos para generar una señal PWM.

Por ejemplo, si introducimos AnalogWrite (11, 255), la salida por el pin 11 sería una señal cuadrada con su máximo valor de trabajo, es decir 5 v. Si los valores fuesen AnalogWrite (11, 128), se genera una señal cuadrada con un valor de la mitad que la anterior, etc.

Por tanto, la variable «valor» determinará el *duty cicle* anteriormente comentado.

10.5 ENUNCIADO DE LA PRÁCTICA

En esta práctica se deberá realizar un circuito en el que un led cambie la intensidad de su brillo.

Para conseguir este efecto hay que recordar que se deberá utilizar la función AnalogWrite (pin, valor) y variar el *duty cicle*, obteniendo así un efecto de señal analógica y, por tanto, de brillo en el led.

Se puede ir aumentando el brillo y, una vez llegado al límite (valor 255), bajar hasta su apagado (valor 0). Una vez llegado a 0, deberá volver a comenzar y aumentar poco a poco el brillo.

10.6 ESQUEMA DE CONEXIÓN

El conexionado de un diodo a un pin PWM no tiene ninguna complicación. Veámoslo.

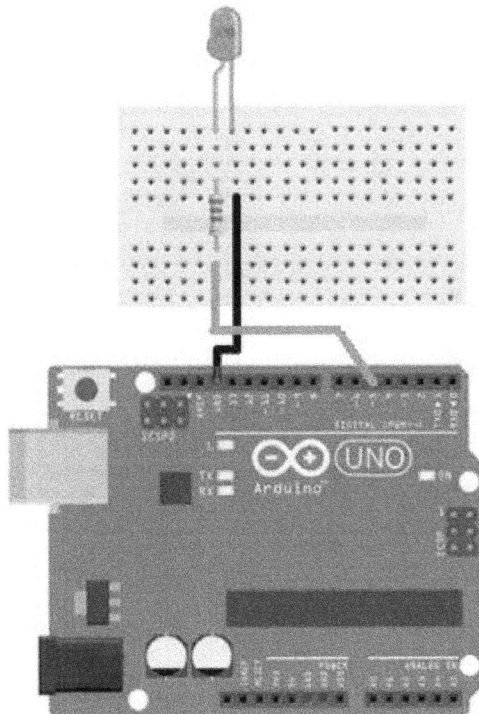

10.7 CÓDIGO DE LA PRÁCTICA

/* Luminosidad variable de un led mediante pulsos PWM*/

```
void setup () {
  pinMode (5, OUTPUT);
}

void loop () {
  analogWrite (5, LOW);
  brillo ();
}

void brillo (){
  for (int i=0; i<=255; i=i+10){
    analogWrite (5, i);
    delay (200);
  }
}
```

Variando el entero (en este caso, 10), podemos obtener un efecto interesante de apagado y encendido de un led.

En este código se ha creado una función llamada K *brillo ()*.

Expliquemos varias líneas de este código.

```
pinMode (5, OUTPUT);
```

En esta línea, declaramos al pin digital 5 como salida.

```
analogWrite (5, LOW);
```

Enviamos al pin 5 un estado bajo o 0 voltios, led apagado.

```
brillo ();
```

Llamamos a la función brillo para que genere el efecto.

```
void brillo (){
  for (int i=0; i<=255; i=i+10){
    analogWrite (5, i);
    delay (200);
  }
```

La función *brillo ()* está compuesta por una serie de instrucciones que se detallan a continuación:

```
for (int i=0; i<=255; i=i+10){
```

Creamos un bucle for, que incrementa de 10 en 10 a la variable *i* hasta llegar a un valor menor o igual a 255.

```
analogWrite (5, i);
```

El led empezará a encenderse, según el valor de la variable *i*.

```
delay (200);
```

Espera 200 milisegundos y realiza la siguiente pasada por el bucle for.

Una modificación de esta práctica podría consistir en recrear el efecto completo, es decir, hacer que el led, una vez encendido completamente, vaya disminuyendo su luminosidad hasta apagarse, y así sucesivamente.

10.8 MATERIAL PARA EL DESARROLLO DE LA PRÁCTICA

En esta práctica se necesita:

▶ Placa Arduino.
▶ Protoboard.
▶ Cable USB.
▶ Una resistencia de 220 Ohms.
▶ Un led.
▶ Cable conexión.

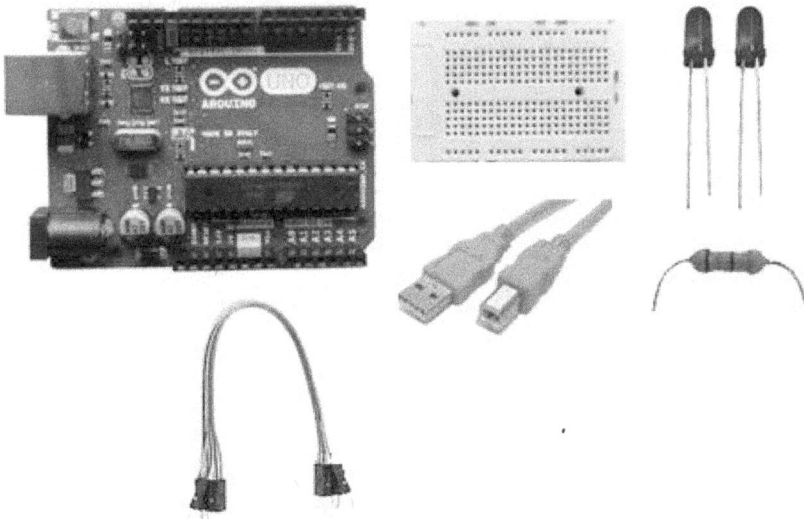

11

APLICANDO ALEATORIEDAD A UN LED

11.1 INTRODUCCIÓN

Seguimos empleando los diodos led como medio de aprendizaje de la placa Arduino. Como hemos comprobado en la práctica anterior, podemos recrear efectos de nuestra vida diaria, como variar la luminosidad o brillo de un led.

Esto se puede aplicar a la hora de generar un efecto, como, por ejemplo, la titilante luminosidad de una vela.

11.2 COMPONENTES ELECTRÓNICOS

Una vez más, utilizaremos componentes ya explicados en prácticas anteriores; lo mismo ocurre con las conexiones. Aunque ahora sería conveniente explicar la función llamada Ramdomseed () y Random (), que nos aportarán un poco de aleatoriedad a nuestros programas con Arduino.

11.3 FUNCIÓN RANDOMSEED ()

Para utilizar la función Random, primero debemos emplear la función Randomseed.

Esta función nos permite «inicializar», a partir de una variable o de otra función, una semilla para generar números aleatorios.

La sintaxis será:

Randomseed (valor),

donde «valor» es la semilla para generar la aleatoriedad.

Por ejemplo:

Randomseed (millis) generará números aleatorios a partir del valor de la función millis. Recordemos que esta función devuelve en milisegundos el tiempo desde que Arduino está ejecutando el programa actual.

Después de cincuenta días de funcionamiento, se produce un desbordamiento y vuelve a cero.

11.4 FUNCIÓN RANDOM ()

La función Random (aleatorio) genera números aleatorios en un rango de 0 a un máximo, o un rango preestablecido por el usuario con las variables max y min.

Random (max) devuelve un valor aleatorio entre 0 y max.

Random (min, max) devuelve un valor aleatorio entre min y max.

11.5 ENUNCIADO DE LA PRÁCTICA

En esta práctica se creará un circuito en el que un led emule la luz de una vela; es decir, deberá cambiar su intensidad lumínica de forma aleatoria.

Una vez realizado esto con un led, se pueden incorporar dos leds más para recrear un efecto más real.

Si se combinan los colores rojo y amarillo y se agrupan los leds dentro de alguna especie de cápsula transparente o papel celofán, el efecto puede ser interesante.

11.6 ESQUEMA DE CONEXIÓN

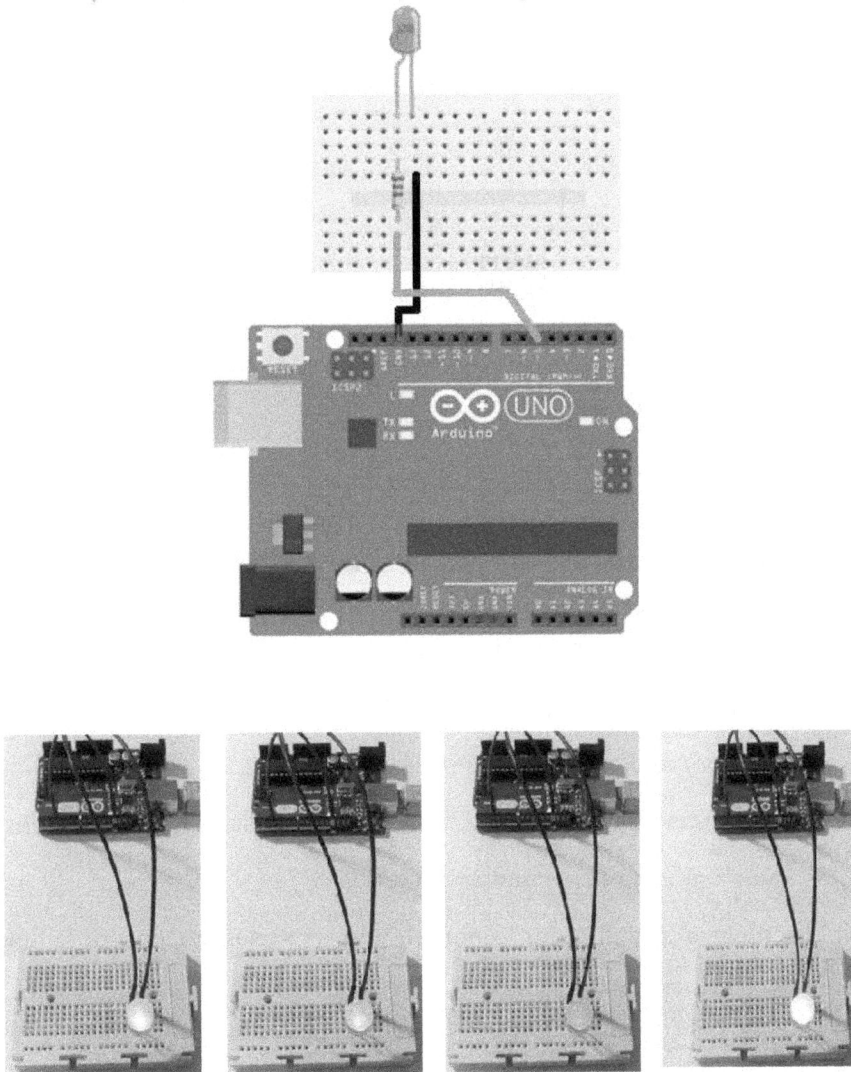

Figura 11.1. Montaje de la práctica y su resultado

Este tipo de circuitos se puede emplear en objetos navideños o en velas artificiales, simulando la típica vela de Navidad.

11.7 CÓDIGO DE LA PRÁCTICA

```
/* Aplicando aleatoriedad a un led*/

int máximo=255;

void setup () {
  pinMode (5, OUTPUT);
}

void loop () {
  randomSeed (millis());
  analogWrite(5, random(máximo));
  delay (50);
}
```

Comentemos el código.

```
int máximo=255;
```

Declaramos una variable de tipo entero, llamada *máximo*, y le asignamos el valor 255, que será el máximo valor para un pulso analógico, tal como se vio en la práctica anterior.

```
    pinMode (5, OUTPUT);
```

En esta línea, declaramos al pin digital 5 como salida.

```
    randomSeed (millis());
```

Creamos una semilla para aplicar aletoriedad mediante la función *millis ()*.

```
    analogWrite(5, random(máximo));
```

Escribimos en el pin 5 los valores aleatorios que nos proporciona la función *random ()*.

En este caso, los valores no serán mayores de 255.

```
    delay (50);
```

Mediante este *delay* hacemos que el valor tomado se mantenga durante 50 milisegundos.

11.8 MATERIAL PARA EL DESARROLLO DE LA PRÁCTICA

En esta práctica se necesita:

- ▶ Placa Arduino.
- ▶ Protoboard.
- ▶ Cable USB.
- ▶ Una resistencia de 220 Ohms.
- ▶ Un led.
- ▶ Cable conexión.

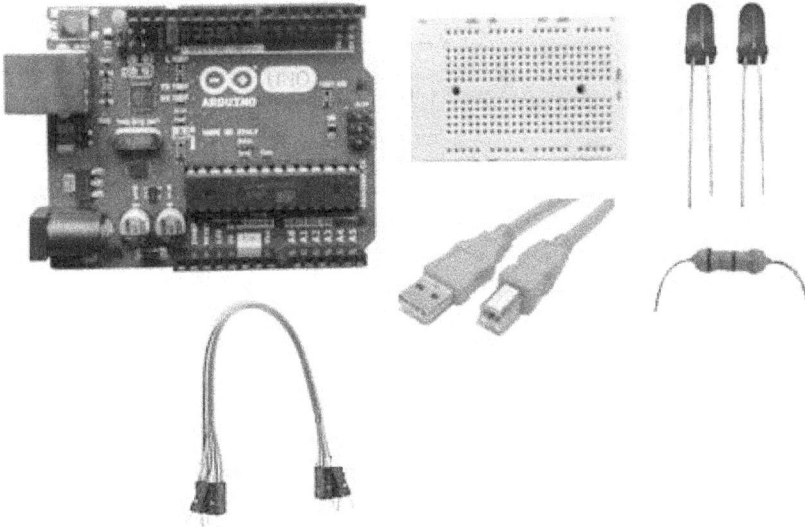

12

PRÁCTICA 7.
SONIDOS CON ARDUINO

12.1 INTRODUCCIÓN

Uno de los dispositivos que podemos conectar a Arduino, además de los ya mencionados anteriormente y los que se estudiarán en las siguientes prácticas, es el altavoz.

Un altavoz en sí no realiza ninguna acción, a no ser que por él circule una señal con una determinada frecuencia y éste la convierta en sonidos.

Arduino es capaz de generar señales, que pueden ser convertidas en sonidos por medio de un altavoz.

¿Para qué podemos querer generar sonidos con Arduino? La respuesta es bastante fácil: para la creación de alarmas o sirenas acústicas que nos avisen de algún cambio en el ambiente, como la temperatura, pero también nos pueden avisar alertando de la invasión de intrusos.

12.2 COMPONENTE ELECTRÓNICO

En esta práctica, el componente electrónico que describiremos es un altavoz. Además, veremos la función adecuada para que Arduino genere señales sonoras, reproducidas por el altavoz o *buzzer*.

Veamos su funcionamiento y configuración.

12.3 EL ALTAVOZ

Los sonidos audibles por el oído humano son aquellos que se generan en un rango de entre 20 hz y 20 Khz, aproximadamente.

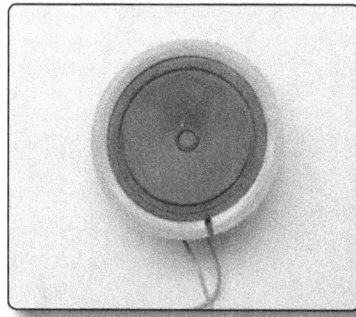

Figura 12.1. Altavoz

Por tanto, un altavoz deberá operar sin problemas en este rango de frecuencias.

El funcionamiento de un altavoz es el siguiente.

A un altavoz le llega por el cable una serie de señales eléctricas (sonidos que se van a reproducir), y éstas pasan a una membrana que vibra mediante la frecuencia de la señal que anteriormente ha pasado por un imán.

Al vibrar dicha membrana genera el sonido que llega a nuestros oídos.

Esquema interno de un altavoz:

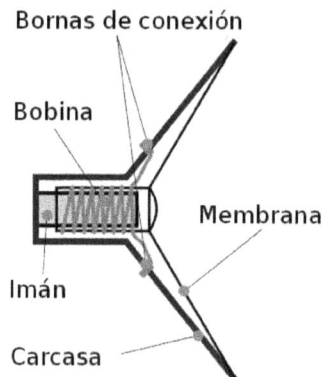

Figura 12.2. Esquema de un altavoz

«Loudspeaker side es» de Altavoz.png: Enciclopedia Librederivative work: Flappiefh (talk) - Altavoz.png.Disponible bajo la licencia CC BY-SA 3.0 vía Wikimedia Commons - *https://commons.wikimedia.org/wiki/File:Loudspeaker_side_es.svg#/media/File:Loudspeaker_side_es.svg*

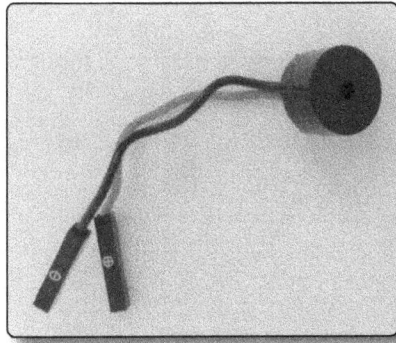

Figura 12.3. Zumbador o buzzer

Los zumbadores o *buzzers* están compuestos de una placa interior que, al igual que la membrana en un altavoz, vibra y transforma la señal en sonido.

Este dispositivo, como se muestra en el esquema de conexión, necesita una resistencia de 100 a 220 Ω. Al tratarse de un dispositivo analógico, la conexión del pin positivo deberá establecerse a un pin analógico en Arduino.

Para reproducir sonidos simplemente deberemos utilizar el comando AnalogWrite (pin, valor), donde valor es un número de 0 a 255, siendo cada número de éstos una frecuencia.

El altavoz solamente dispone de dos cables: el rojo es el positivo + 5 v (recordar la resistencia) y el negro, la masa o negativo.

Hay que tener en cuenta la resistencia que ofrece el altavoz, es decir, nos podemos encontrar altavoces con 2 Ω, 4 Ω, 8 Ω, etc.

La resistencia que se puede ver en el esquema anterior es de 100 Ω, y el altavoz es de 8 Ω. Con esta resistencia de 100 Ω, conectada a los 5 v de Arduino, se protege el altavoz.

Una cosa es generar sonidos con Arduino y un altavoz, es decir, simplemente «escribiendo» una señal analógica en el pin de entrada obtenemos un sonido constante y poca cosa más, pero otra cosa bien diferente es la generar tonos, jugando así con la frecuencia.

Los tonos implican introducir en Arduino una frecuencia y una duración.

Para llevar a cabo esto disponemos de una función llamada *tone ()*.

12.4 FUNCIÓN TONE ()

La función tone () nos permite generar más tonos y de una forma más fácil:

Su sintaxis es la siguiente:

▶ *tone (pin, frecuencia, duración)*, donde:

- *Pin*: aquí deberemos introducir el pin donde conectaremos el positivo del altavoz (no olvidar conectar una resistencia).

- *frecuencia*: frecuencia de la señal.

- *duración*: duración del tono. Si no se especifica nada, el tono sigue sonando hasta que el programa no encuentre la función noTone ().

12.5 FUNCIÓN NOTONE ()

▶ *noTone (pin)*, donde:

- *Pin*: aquí deberemos introducir el pin, con el que Arduino controla el altavoz.

La función noTone () hace «callar» el tono que se ejecuta en ese momento. Para volver a poder reproducir el tono o tonos se debe invocar la función tone () una vez más.

12.6 ENUNCIADO DE LA PRÁCTICA

En esta práctica se crearán diferentes tonos mediante la función tone. Es una práctica muy sencilla, pero nos dará una idea de los sonidos que podemos crear.

Con estos sonidos podemos hacer que un robot móvil autónomo emita sonidos cuando da marcha atrás o cuando un *bumper* (sensor de contacto) se tope con un obstáculo.

12.7 ESQUEMA DE CONEXIÓN

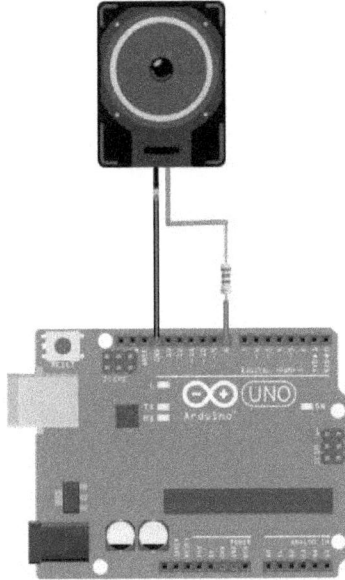

12.8 CÓDIGO DE LA PRÁCTICA

```
/*Emitir tonos con Arduino*/

int piezo = A0;

void setup(){
  pinMode (piezo, OUTPUT);
}

void loop (){
  delay (320);
  tone (piezo, 320, 100);
  delay (320);
  noTone (piezo);

}
```

Ahora, cambiemos el entero 320 por el entero 1.200. Después apliquemos un bucle FOR para que el altavoz vaya emitiendo las diferentes frecuencias durante un tiempo determinado.

Por ejemplo:

```
/*Emitir rango de tonos con Arduino*/

int piezo = A0;

void setup(){
  pinMode (piezo, OUTPUT);
}

void loop (){
  delay (100);

  for (int i=200; i<=1800;i=i+100){
  tone (piezo, i, 100);
  delay (100);
  noTone (piezo);
  }
}
```

Comentemos el código:

```
int piezo = A0;
```

En la primera instrucción declaramos una varialbe llamada *piezo*, que será la que representará al pin A0 (terminal analógico) de Arduino.

```
pinMode (piezo, OUTPUT);
```

La siguiente instrucción, como ya se ha comentado en prácticas anteriores, permite establecer el pin A0 como salida.

```
for (int i=200; i<=1800;i=i+100){
tone (piezo, i, 100);
delay (100);
noTone (piezo);
```

Mediante la instrucción *for* iremos recorriendo las diferentes frecuencias que proporciona la variable *i*, empezando por 200 y finalizando en 1.800, en incrementos de 100.

Para que el altavoz suene utilizamos la función *tone*, pasándole el pin A0 (representado por la variable *piezo*, la variable *i* que proporciona la frecuencia de sonido y el lapso de tiempo durante el cual la nota está sonando).

```
noTone (piezo);
```

Esta función pone el altavoz en silencio, deshabilitando la función *tone*.

Los *delay* permiten dejar un tiempo entre sonido y sonido.

12.9 MATERIAL PARA EL DESARROLLO DE LA PRÁCTICA

En esta práctica se necesita:

- Placa Arduino.
- Protoboard.
- Cable USB.
- Un altavoz de 4 u 8 Ω.
- Una resistencia de 100 o 220 Ω.
- Cable conexión.

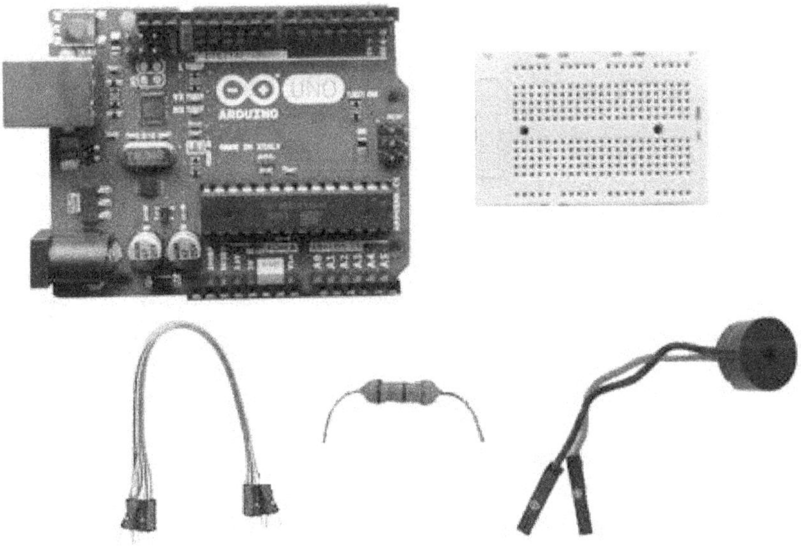

13

EL BOTÓN DEL PÁNICO

13.1 INTRODUCCIÓN

Como se ha comentado ya, la placa Arduino puede ser empleada en infinidad de proyectos y disciplinas. Una de estas disciplinas es la domótica. La domótica nos permite adecuar o configurar nuestro hogar para disfrutar de ciertas comodidades durante el transcurso de la vida diaria.

En este caso, Arduino nos puede servir para confeccionar una alama sencilla accionada mediante un botón.

13.2 COMPONENTES ELECTRÓNICOS

En esta práctica utilizaremos (aparte de los componentes explicados anteriormente) un dispositivo muy útil en ciertas circunstancias: el botón.

13.3 EL BOTÓN

Al botón, en el ámbito de la electrónica, se le conoce como pulsador o *switch* (interruptor).

Estos dispositivos se pueden emplear para desarrollar dos funciones:

▶ Adquirir datos mediante la pulsación – no pulsación.
▶ Actuar simplemente dejando pasar o no la corriente.

El caso en el que podremos utilizar un botón para crear proyectos más completos y complejos es el de configurarlo y programarlo para adquirir datos digitales. Con estos valores de entrada (pulsado – no pulsado), guardados en una variable, se abre un gran abanico de posibilidades a la hora de hacer que nuestro proyecto resulte más competitivo y atractivo.

El segundo caso no tiene secreto: si pasa la corriente, con lo cual nuestro circuito está alimentado y, por tanto, realiza aquello para lo que ha sido creado; o no pasa la corriente, con lo que el botón o interruptor deja el circuito en «circuito abierto».

Un circuito abierto es aquel por el que no puede circular la corriente de un extremo al otro, ya que una parte de este está cortada o abierta.

Veamos una imagen para aclarar el concepto.

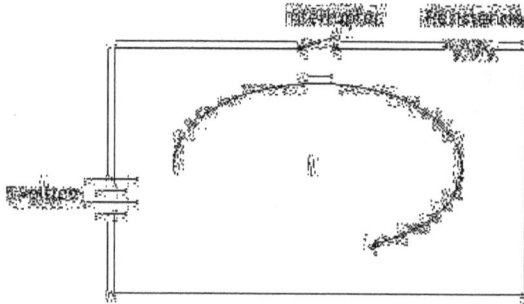

Figura 13.1. Circuito con interruptor, resistencia y batería

El funcionamiento de un botón es bien sencillo: cuando se pulsa el botón, el circuito se cierra, con lo que la corriente circula sin problema, alimentando así a todos los dispositivos.

Cuando el botón se vuelve a pulsar (o, según qué botones, al soltar el botón), el circuito vuelve a estar abierto.

En el siguiente esquema se puede ver el funcionamiento de un botón.

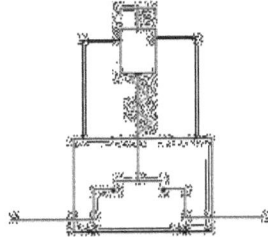

Figura 13.2. Esquema de un botón o pulsador

Cuando se pulsa el botón, el circuito se cierra, con lo que la corriente recorre todo el circuito.

Cuando el botón se vuelve a pulsar, el circuito vuelve a estar abierto.

A continuación, se muestran algunos tipos de botones – pulsadores – interruptores que nos podemos encontrar.

Pulsador   Botón   Interruptor

Figura 13.3. Imagen de un pulsador, botón e interruptor

¿Cómo conectar estos dispositivos en nuestro Arduino o en nuestra protoboard?

13.3.1 En el caso del botón

Aquí se conectará una resistencia a uno de los terminales del botón. Ésta es para mantener el estado en pull – down (a cero), que será así si la resistencia va del botón a masa. O en pull – up (a uno), si la resistencia va del botón a 5 v.

En el caso del esquema de abajo, la resistencia está configurada en modo pull-down. Así, si nuestro botón no se pulsa, estará a cero, y no se activa nada hasta pulsarlo.

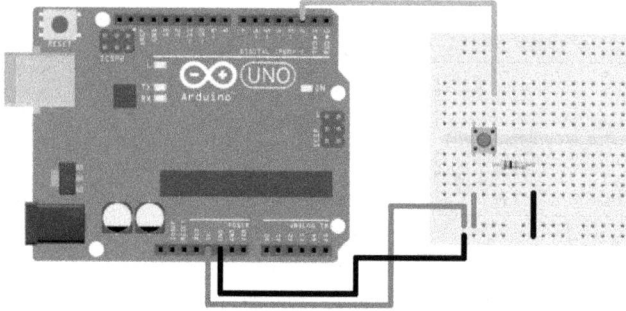

También es posible utilizar botones sin necesidad de incorporar una resistencia, aunque es preferible hacerlo con resistencia por las razones explicadas anteriormente.

13.4 EN EL CASO DEL PULSADOR

Los pulsadores son idénticos a los botones, pero un pulsador posee un muelle que hace que al dejar de pulsar vuelva a su estado inicial.

La resistencia también va a masa (pull – down), pero esta vez comparte el terminal del pulsador con la masa: terminal pulsador – resistencia – masa.

El otro terminal va a los 5 voltios.

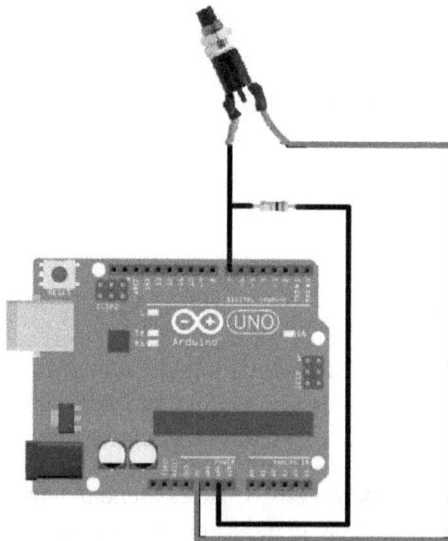

13.5 EN EL CASO DEL INTERRUPTOR

La configuración y conexión del interruptor sería la misma que hemos desarrollado con el pulsador.

Es posible que obtengamos interruptores que tienen tres terminales en vez de dos, como se muestra en la figura 13.4.

La conexión deberá ser igual, como hemos mostrado con el pulsador, dejando al «aire» uno de los terminales de los extremos.

Figura 13.4. Imagen de un interruptor de dos terminales

En el caso de terner tres terminales, sólo deberemos utilizar un terminal de cualquier extremo y el terminal central.

Al estar utilizando dos terminales, la conexión será igual a la del pulsador.

13.6 FUNCIÓN ANALOREAD () RECORDANDO DIGITALREAD ()

Esta función ya ha sido explicada en páginas anteriores, pero vale la pena volver a comentarla, ya que en esta práctica, esta función se utiliza de forma directa y clara para desarrollarla con éxito.

Sintaxis:

```
digitalRead (pin);
pin: pin analógico configurado como INPUT
```

Esta función leerá del pin especificado los valores digitales que vayan entrando, es decir, 1 o 0 (HIGH o LOW).

Normalmente, esta función va precedida de una variable, que almacena el valor leído por la función. Una vez hecho esto, es mucho más fácil tratar dicho valor contenido en una varible. Por ejemplo, someter el valor adquirido a un «SI» condicional…

Por ejemplo:

vb = digitalRead (boton); //la variable vb guarda mediante la función digitalRead los datos del botón, que será: pulsado (HIGH) o no pulsado (LOW).

```
if (vb == HIGH) {
Serial.println ("Botón activado");
}
//Si la variable vb alberga un «activado», se imprimirá por pantalla el texto.
```

13.7 ENUNCIADO DE LA PRÁCTICA

En esta práctica crearemos un circuito en el que al pulsar un botón, un *buzzer* emitirá un tono intermitente; además, para reforzar la señal de alarma, un led se encenderá y apagará a la vez que el *buzzer* emita el sonido.

Al pulsar dicho botón, la alarma sonará en diez ocasiones antes de detenerse.

13.8 ESQUEMA DE CONEXIÓN

En esta ocasión, el esquema de conexión hace referencia a la incorporación a nuestro circuito de un pulsador, un led rojo y un *buzzer*. Veamos el esquema:

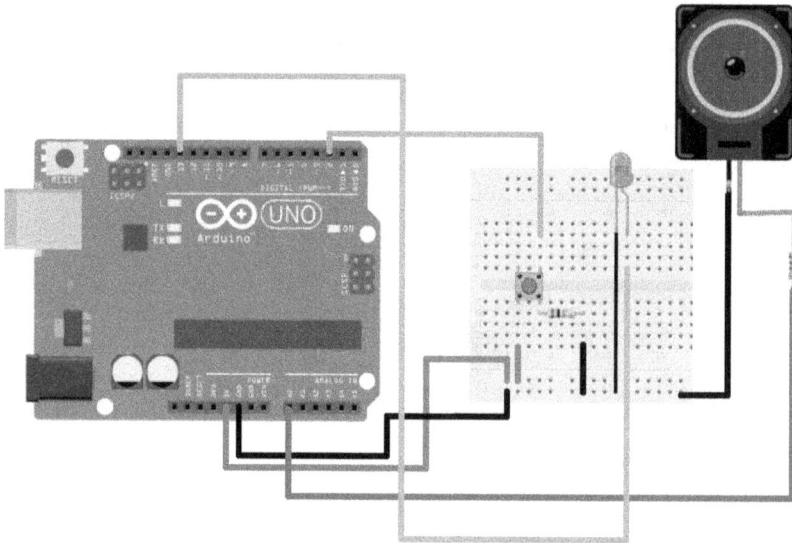

13.9 CÓDIGO DEL PROGRAMA

```
/* Código Alarma mediante botón. Botón del pánico */

int buzzer = A0;
int boton = 7;
int led=13;
int vb = 0; //variable que almacena el valor del botón

void setup () {
  pinMode (buzzer, OUTPUT);
  pinMode (boton, INPUT);
  pinMode (led, OUTPUT);
}

void loop () {
  vb = digitalRead (boton);
  if (vb == HIGH) {
    for (int i=0; i<10; i++) {//el buzzer sonará 10 veces
    delay (220);
    tone (buzzer, 220, 100);
    digitalWrite (led, HIGH);
    delay (220);
    noTone (buzzer);
    digitalWrite (led, LOW);
    }
  }
}
```

Pasemos a describir algunas líneas de código:

```
vb = digitalRead (boton);
```

En esta línea, la variable *vb* almacena el valor que adquiere de la variable *botón*.

Si el botón está pulsado, entraremos en la condición del IF, por lo que el altavoz sonará y el led se activará el número de veces determinado por el bucle FOR.

A continuación, podemos ver unas imágenes del montaje de la práctica.

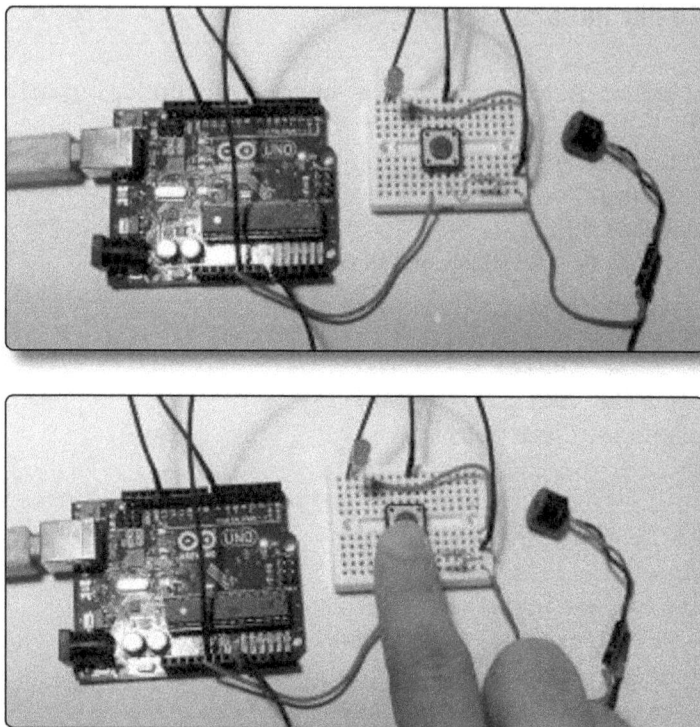

Figura 13.5. Montaje de la práctica

13.10 MATERIAL PARA EL DESARROLLO DE LA PRÁCTICA

En esta práctica se necesita:

- Placa Arduino.
- Protoboard.
- Cable USB.
- Una resistencia de 10 KOhms, o el valor más aproximado.
- Una resistencia de 220 Ohms para el zumbador.
- Un led.
- Un zumbador o *buzzer*.
- Un botón, o un pulsador.
- Cable conexión.

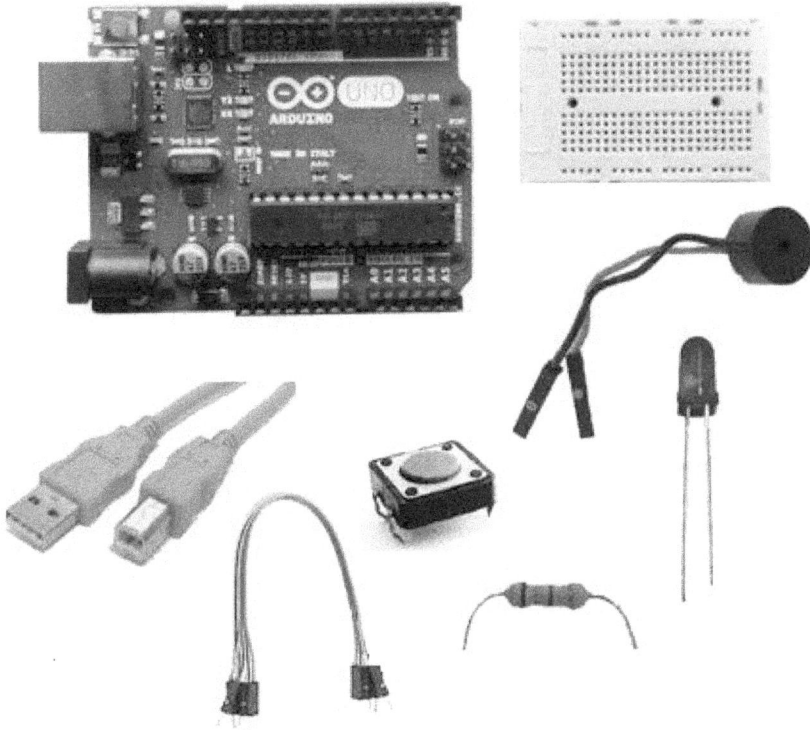

14

PRÁCTICA 9.
SENSOR POR CONTACTO O BUMPER

14.1 INTRODUCCIÓN

En esta práctica vamos a controlar un dispositivo que se activa por contacto: el *bumper*.

Un *bumper* es un microinterruptor que posee una lámina de metal u otro material que está en contacto con un pequeño interruptor. Así, cuando la lámina impacta con un objeto, ésta acciona el interruptor y se genera el cambio de posición en el microinterruptor.

14.2 COMPONENTES ELECTRÓNICOS

Todos los componentes aquí utilizados ya han sido explicados en prácticas anteriores.

Por tanto, el esquema de conexión, patillaje y configuración del *bumper* puede verse en el epígrafe correspondiente, así como ser consultado en la práctica referente al interruptor.

Un microinterruptor emplea el mismo principio de funcionamiento que un pulsador, sólo que el primero es más sensible y posee una lámina que hace que su perímetro de acción sea más amplio.

En la figura 14.1 podemos ver un *bumper* o microinterruptor.

Figura 14.1. Sensor por contacto, parachoques o bumper

14.3 ENUNCIADO DE LA PRÁCTICA

En esta práctica se controlará un diodo led mediante un *bumper*.

Cada vez que se presione la pestaña o lámina, se activará un led. Cuando la pestaña esté en su posición inicial, el led permanecerá apagado.

Este tipo de dispositivos se utilizan para dotar a los robots móviles autónomos de un sistema de detección de objetos mediante contacto. Al accionar el *bumper*, el robot experimenta un cambio de dirección, o inicia unos centímetros de marcha atrás, o realiza un giro de 180° para empezar a explorar de nuevo.

Una vez realizado esto, se puede sustituir el led por dos servomotores y emular el comportamiento del robot cuando el *bumper* impacte contra un objeto.

De este modo, ya se tendrá el código de programación de este dispositivo cuando se desee desarrollar una variante del proyecto Robot R.A.C., Robot R.O.B.U. o cualquier otro robot móvil autónomo.

En el apartado "código de la práctica" se incluye el código con la opción antes mencionada del servomotor. El autor es consciente de que este componente todavía no ha sido estudiado, pero se ha incluido con el ánimo de que, una vez comprendido el funcionamiento y programación del servomotor, el lector pueda completar esta segunda opción.

14.4 ESQUEMA DE CONEXIÓN

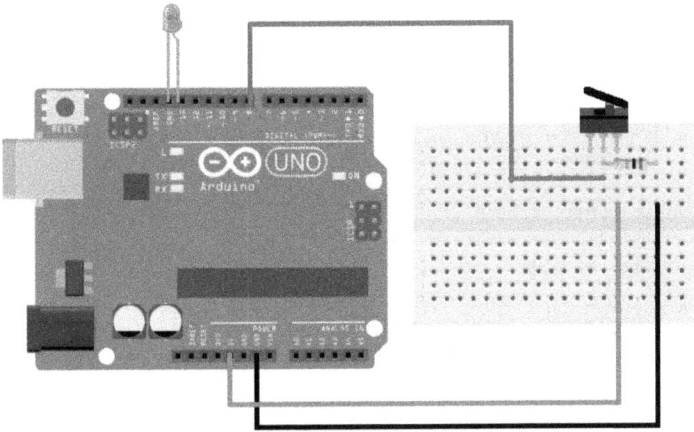

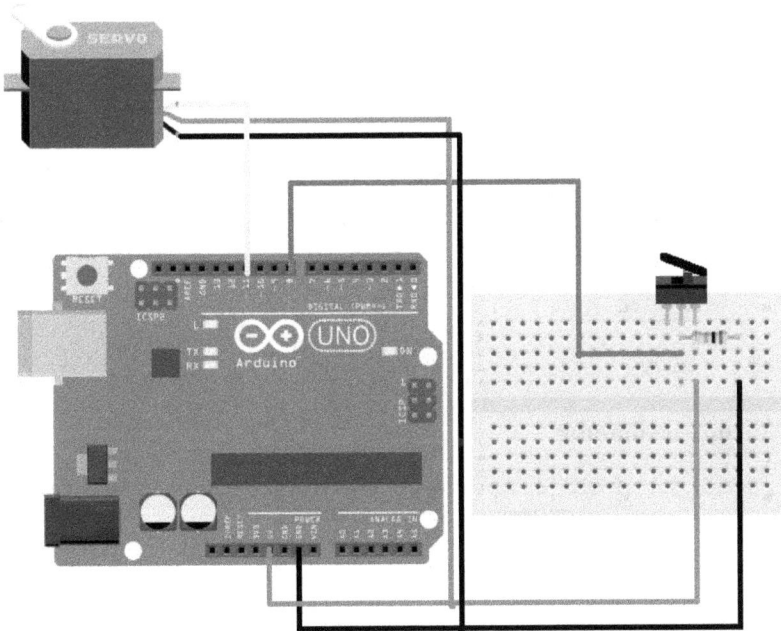

14.5 CÓDIGO DE LA PRÁCTICA

Código 1: con diodo led

```
/*Código de un sensor por contacto microinterruptor o
bumper*/

    int bumper= 8;
    int dato= 0;

    int led = 13;

    void setup()
    {
      pinMode (led, OUTPUT);
      pinMode(bumper, INPUT);

    }


    void loop()

    {
        dato=digitalRead (bumper);
        if (dato==HIGH){
        digitalWrite (led, HIGH);
      }
    dato=digitalRead (bumper);
    if (dato==LOW){
    digitalWrite (led, LOW);


        }

    }
```

Código 2: con servomotor

```
/*Código de un sensor por contacto microinterruptor o
bumper con servomotor*/

#include <Servo.h>
Servo propulsion;
int bumper= 8;
int dato= 0;

    void setup()
    {
      pinMode(bumper, INPUT);
```

```
    propulsion.attach (11);

}

void loop() {

  dato=digitalRead (bumper);
  if (dato==HIGH){
 propulsion.write (20);
  }

dato=digitalRead (bumper);
  if (dato==LOW){
   propulsion.write (90);

  }

}
```

Figura 14.2. Montaje de la práctica

Figura 14.3. Montaje de la práctica con servomotor

14.6 MATERIAL PARA EL DESARROLLO DE LA PRÁCTICA

En esta práctica se necesita:

- Placa Arduino.
- Protoboard.
- Cable USB.
- Sensor de contacto o *bumper*.
- Una resistencia de 220 o 330 Ohms
- Un servomotor de 360º.
- Un led.
- Cable conexión.

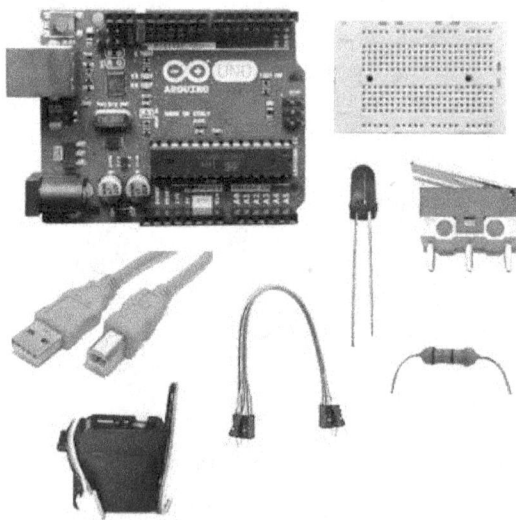

15

PRÁCTICA 10.
ALARMA MEDIANTE ULTRASONIDOS CON ARDUINO

15.1 INTRODUCCIÓN

Uno de los sensores más utilizados por su sencillez y utilidad es el de ultrasonidos.

Un sensor de ultrasonidos puede servir para medir distancias a objetos, utilizarlo como «sonar» en lugares poco accesibles y como detector de obstáculos para robots móviles.

En este caso, Arduino, junto a un sensor de ultrasonidos, nos puede servir para confeccionar una sencilla alarma accionada por la presencia de una persona o animal en un determinado lugar de una estancia.

15.2 COMPONENTES ELECTRÓNICOS

En esta práctica, el componente electrónico que describiremos es el sensor de ultrasonidos.

Veamos su funcionamiento y configuración.

15.3 SENSOR DE ULTRASONIDOS

Los ultrasonidos son aquellos sonidos que se generan en el rango de los 20 Khz hasta los 400 Khz, aproximadamente.

El funcionamiento de un sensor ultrasónico es el siguiente: estos sensores están formados por un emisor que emite un pulso corto en el rango de los ultrasonidos y un receptor. El pulso que emite el emisor choca contra un objeto, que a su vez es reflejado por el objeto que está en su campo de «visión», y es entonces cuando el sensor receptor captura el eco producido por medio del receptor.

Después, y mediante un circuito electrónico, se puede calcular la distancia a la que se encuentra el objeto de nuestro sensor de ultrasonidos.

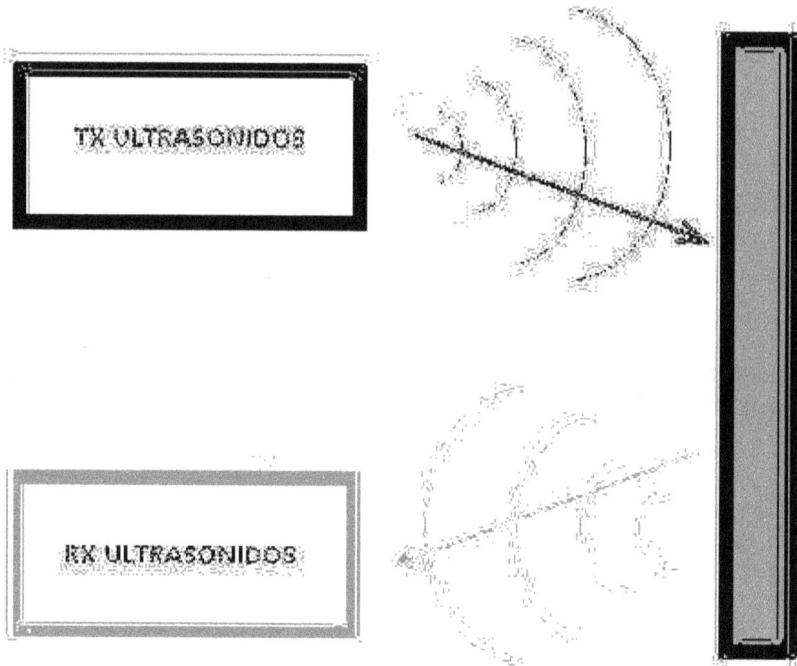

Figura 15.1. Esquema de funcionamiento de un sensor de ultrasonidos

Si observamos el esquema de arriba, se producen con cierto ángulo de reflexión.

Sí, pero ¿cómo podemos averiguar la distancia de un objeto aplicando ultrasonidos?

La respuesta a esta pregunta se resuelve mediante el empleo de la física.

$$d = \frac{v \cdot t}{2}$$

d= distancia
v= velocidad del sonido
t= tiempo del rebote

Si sabemos la velocidad a la que se desplaza el sonido (340 m/s), sabemos el tiempo que ha tardado en ir y volver el pulso de ultrasonido; de este modo, podemos saber la distancia a la que se encuentra este objeto.

15.4 EL SENSOR HC-SR04

En esta práctica utilizaremos el sensor de ultrasonidos HC-SR04, compatible con Arduino.

Figura 15.2. Sensor de ultrasonidos HC-SR04

Este dispositivo, que es uno de los sensores más utilizados en robótica, nos permite medir distancias o detectar objetos. Tanto su conexión como su programación son de fácil implementación.

Dispone de cuatro terminales perfectamente serigrafiados para su correcta conexión.

Veamos este dispositivo, enumeraremos sus pines de conexión y analizaremos cómo se utilizan.

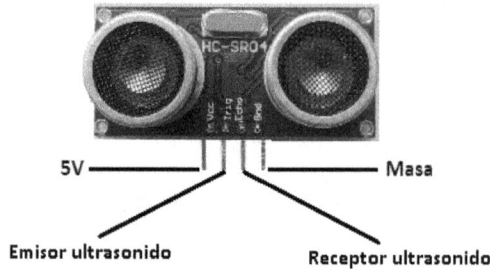

5V ————   ———— Masa

Emisor ultrasonido   Receptor ultrasonido

Los dos terminales de los extremos son para alimentar el dispositivo (+5 v y masa). El terminal *trig* será el encargado de emitir el ultrasonido, y el terminal *echo* será el encargado de recibir la información.

La conexión con Arduino es bastante sencilla: basta con asignar un pin al emisor y un pin para el receptor, y habilitar el puerto serie para ver los valores que obtenemos según la distancia a la que colocamos un objeto.

Existen unas líbrerías especiales para la programación de este sensor.

Estas liberías son: Newping y Ultrasonic.

Son librerías de terceros, es decir, programadores que escriben estas liberías para que las podamos utilizar en nuestros proyectos.

Al ser librerías que no están presentes cuando instalamos el IDE de Arduino, se consideran librerías de contribución o contributivas.

Éstas se pueden encontrar por Internet y están sujetas a licencias GPL, entre otras.

No es estrictamente necesario la utilización de librerías para programar nuestro sensor de ultrasonidos, es decir, podemos progamarlo sin éstas.

15.5 ENUNCIADO DE LA PRÁCTICA

Una alternativa a una alarma que se acciona mediante un botón puede ser una alarma que se acciona por ultrasonidos.

En esta práctica vamos a construir una alarma que se accione cuando detecte una presencia a una distancia determinada. La utilización de un led rojo o cualquier otro dispositivo que se accione cuando se detecte la distancia estimada puede hacer de alarma visual.

15.6 ESQUEMA DE CONEXIÓN

Una vez más, la conexión del sensor con Arduino es muy sencilla. Observemos el siguiente esquema:

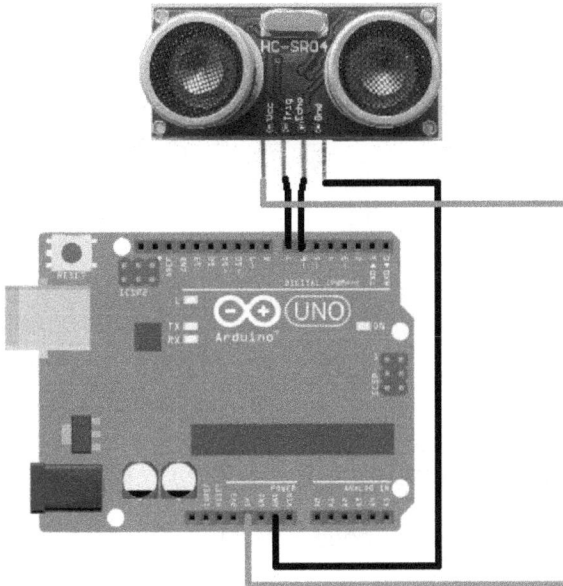

En él podemos ver cómo asignamos el terminal *trig* y el terminal *echo* a los pines 12 y 11 de Arduino, respectivamente.

El terminal *VCC* se conecta al terminal de 5 voltios de Arduino y el terminal *gnd* a cualquier pin *GND* de Arduino.

Veamos el código de la práctica.

15.7 CÓDIGO DE LA PRÁCTICA

```
/* Código medición distancias con sensor HC-04 ultraso-
nidos */

#define TRIGGER 12
#define ECHO 11
```

```
unsigned int tiempo;
unsigned int distancia;


void setup() {
  Serial.begin(9600);

  pinMode(TRIGGER, OUTPUT);

  pinMode(ECHO, INPUT);
}

void loop() {

  digitalWrite(TRIGGER, LOW);

  delayMicroseconds(2);

  digitalWrite(TRIGGER, HIGH);

  delayMicroseconds(10);
  digitalWrite(TRIGGER, LOW);

  tiempo = pulseIn(ECHO, HIGH);

  distancia= tiempo/58
  Serial.print(distancia);
  Serial.println(" cm");
  delay(200);
}
```

Procedemos a realizar una explicación detallada del código:

`#define TRIGGER 12`//pin para enviar el pulso de disparo o TRIGGER

`#define ECHO 11   `//pin para recibir el pulso de recepción o ECO

`unsigned int tiempo;` Variable integer sin signo para almacenar el tiempo en microsegundos

`unsigned int distancia;` Variable integer sin signo para almacenar la distancia en centímetros

`void setup() {`

`Serial.begin(9600);`Iniciamos la comunicación serie

`pinMode(TRIGGER, OUTPUT);` El pin de disparo de ultrasonidos lo establecemos como salida

`pinMode(ECHO, INPUT);` El pin de recepción de ultrasonidos lo establecemos como entrada

```
}
```

```
void loop() {
```

`digitalWrite(TRIGGER, LOW);` Empezamos con el pin de disparo en estado bajo o desactivado

`delayMicroseconds(2);` Esperamos 2 microsegundos antes de activar el pin de disparo

`digitalWrite(TRIGGER, HIGH);` Disparamos

`delayMicroseconds(10);` Esperamos 10 microsegundos antes de desactivar el disparo

`digitalWrite(TRIGGER, LOW);` Desactivamos el disparo

`tiempo = pulseIn(ECHO, HIGH);` Guardamos en la variable *tiempo* la duración entre el disparo y la recepción gracias a la función *pulseIn*

La velocidad del sonido es de 340 m/s. Realizando una simple regla de tres, podemos saber que 340 m/s son 29,4 microsegundos, pero como la variable sólo admite enteros (integer), serán 29 microsegundos.

`distancia= tiempo/58;`

Si se divide el tiempo medido por *pulseIn* entre 29 microsegundos, tenemos los centímetros, ya que los 29 microsegundos es el tiempo que tarda el sonido en recorrer un centímetro.

A esto hay que sumar los 29 microsegundos de ida más los 29 microsegundos de vuelta, obteniendo los 58 microsegundos.

Las líneas no explicadas, según entiende el autor, ya son de sobras conocidas por el lector.

15.8 MATERIAL PARA EL DESARROLLO DE LA PRÁCTICA

En esta práctica se necesita:

- ▶ Placa Arduino.
- ▶ Protoboard.
- ▶ Cable USB.
- ▶ Un sensor ultrasonidos HC-SR04.
- ▶ Un led rojo u otro dispositivo accionable.
- ▶ Cable conexión.

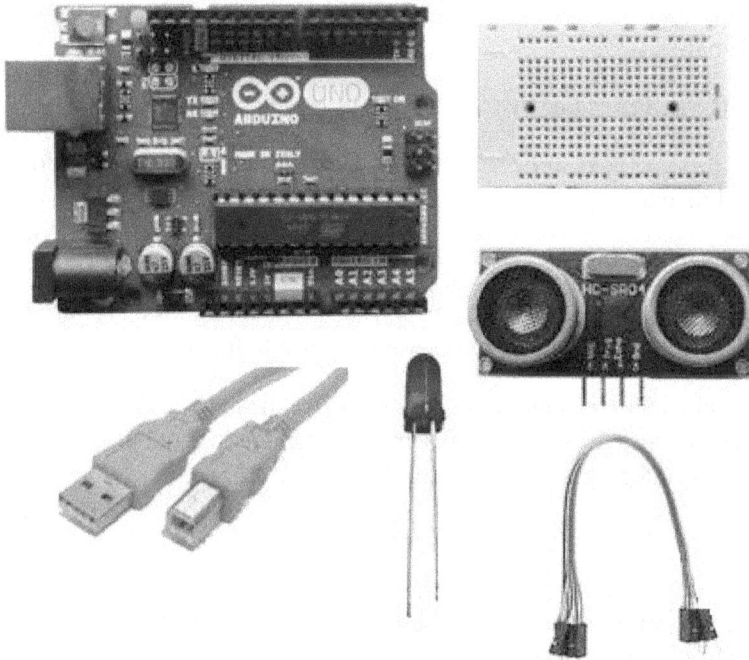

16

PRÁCTICA 11.
ALARMA POR MOVIMIENTO CON ARDUINO

16.1 INTRODUCCIÓN

En ocasiones, una de las mejores alarmas para detectar si alguien ha entrado en un determinado recinto o zona protegida es la de detección de movimiento. De esta forma podemos ser avisados acústicamente, o mediante una luz instalada en el otro lado de la instancia, avisándonos de la presencia de alguien en el espacio protegido.

En este caso, Arduino nos puede servir para confeccionar una alarma sencilla accionada mediante la detección de movimiento de algún ser vivo.

16.2 COMPONENTES ELECTRÓNICOS

En esta práctica, el componente electrónico que describiremos es un sensor de movimientos PIR.

Veamos su funcionamiento y configuración.

16.3 SENSOR DE MOVIMIENTO (PIR)

El sensor PIR (Sensor pasivo de infrarrojos) mide u «observa» constantemente la diferencia de calor que puede haber entre un cuerpo y la estancia en la que está ubicado.

Estos sensores están formados internamente por dos infrarrojos.

Al estar constantemente observando, cuando un cuerpo pasa por su campo de vigilancia, una de las partes detecta el calor del cuerpo y crea un diferencial entre el calor que detectaba anteriormente y el que detecta en ese instante.

Con estas «señales», el sensor es capaz de saber si algún cuerpo ha irrumpido en su campo de acción.

Al sensor le acompañan unas lentes de *fresnel*, que hacen que el sensor en su conjunto tenga un campo de «visión» mayor.

16.4 EL SENSOR HC-SR501

En esta práctica utilizaremos el sensor de movimiento HC-SR501, compatible con Arduino.

Figura 16.1. Sensor de movimiento HC-SR501

Este dispositivo nos permite detectar la presencia de un cuerpo en lugares como una habitación, un despacho o cualquier otro tipo de estancia. No requiere de ninguna librería extra por parte de Arduino. Este sensor da un 1 si detecta movimiento o 0 si no lo detecta, por lo tanto, es un sensor que podemos conectar en uno de los pines digitales de Arduino.

Pasemos a la descripción del dispositivo, la enumeración de sus pines de conexión y su utilización.

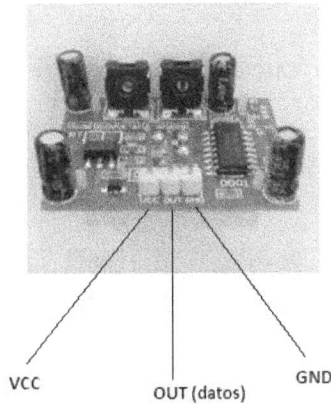

Los dos terminales de los extremos son para alimentar el dispositivo (+5 v y masa). El terminal OUT será el encargado de emitir la información al pin de Arduino.

La conexión con Arduino es bastante sencilla: basta con asignar un pin al terminal «datos» y, como se comenta más adelante, tratar el dispositivo como si fuese un botón, es decir, como un dispositivo de entrada.

El sensor modelo HC-SR501 viene con unos potenciómetros que nos van a permitir configurarlo mediante dos parámetros:

▼ El tiempo en el que la señal se va a mantener activa: unos 4 segundos por defecto.

▼ La sensibilidad: el sensor «salta» con mayor o menor facilidad.

Figura 16.2. Potenciómetros del sensor de movimiento HC-SR501

16.5 ENUNCIADO DE LA PRÁCTICA

Una alternativa a una alarma que se acciona por contacto (por botón) puede ser una alarma que se acciona por detección de movimiento.

En esta práctica se desarrollará una alarma que se accione cuando detecte movimiento a una distancia determinada.

Se utilizará un led rojo, que se accionará cuando se detecte la distancia estimada. También se deberá indicar mediante texto por el monitor serie de IDE de Arduino si hay o no movimiento en el perímetro de acción del dispositivo.

Aparecerá escrito: «MOVIMIENTO DETECTADO» cuando esto pase; en caso contrario, no se verá ningún texto.

También se incorporará un contador que vaya contabilizando el número de veces que nuestro sistema detecta movimiento. Esto se realizará también por el monitor serie.

16.6 ESQUEMA DE CONEXIÓN

La conexión del sensor con Arduino es muy sencilla. Observemos el siguiente esquema:

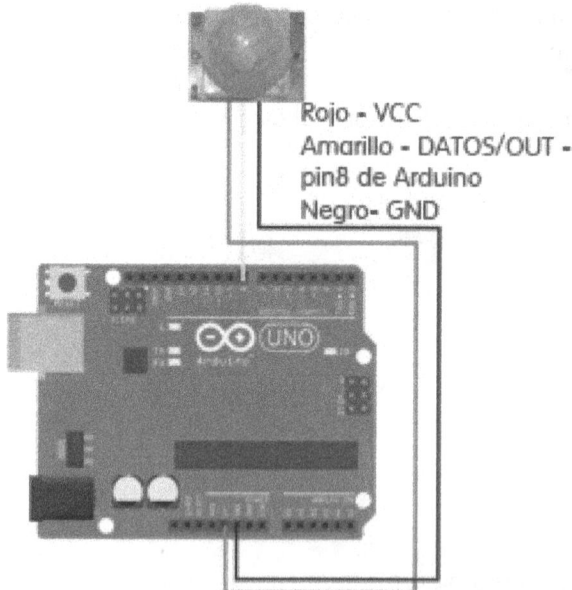

Rojo - VCC
Amarillo - DATOS/OUT -
pin8 de Arduino
Negro- GND

Para el correcto funcionamiento de esta práctica será imprescindible calibrar el tiempo de la señal activa y la distancia de detección. Normalmente, al adquirirlos, ya vienen con unos valores adecuados, pero sería cuestión de ir probando hasta adecuar estos valores a los intereses de cada uno.

Es aconsejable que el usuario pruebe a mover estos potenciómetros para estudiar los cambios que pueden producir sobre las mediciones del sensor.

Sensores PIR hay muchos, y nos podemos encontrar con sensores PIR de diferente modelo que el que se menciona en la práctica. Hay algunos PIR que son de colector abierto, esto quiere decir que cuando el sensor detecta un cuerpo, la señal de salida pasa a masa, por lo que se deberá incorporar al circuito de conexión una resistencia de unos 10 KΩ *pull-up*.

Recordar que el PIR utilizado aquí es el modelo HC-SR501.

Figura 16.3. Montaje de la práctica

16.7 CÓDIGO DE LA PRÁCTICA

```
/* Código Alarma por movimiento */


int led=13; //pin para el led

int sensor=8; //pin de entrada

boolean estado=false; //variable de estado

int valor=0 //guardamos el valor que lee el sensor


void setup() {

  pinMode(led, OUTPUT);

  pinMode(sensor, INPUT);

  Serial.begin (9600);
  }


  void loop(){
  valor = digitalRead(sensor); //leemos el sensor
  if (valor == HIGH) {//si el sensor está activo
  digitalWrite(led, HIGH); //se enciende el led
  while (estado == false) {//mientras la variable sigue con el valor
false...

    Serial.println("ALARMA.MOVIMIENTO DETECTADO!");
    //se imprime el mensaje por pantalla
        estado = true; //ponemos el valor de estado en true
      }
    } else {//si el sensor no está activo...
      digitalWrite(led, LOW); //led apagado
      if (estado == true){//si estado es true
          estado = false; //lo cambiamos a false
      }
    }
  }
```

Aquí tenemos algunas líneas de código que merece la pena comentar.

```
boolean estado=false; //variable de estado
```

La razón de introducir una variable booleana en el código es debido a que el funcionamiento del sensor sin ésta haría que apareciera repetidamente por el monitor serie el texto que se va a imprimir hasta que el sensor dejase de detectar movimiento.

Recordar que el sensor está durante un tiempo (que podemos variar mediante uno de los potenciómetros comentados anteriomente) enviando señal de movimiento para, pasado este tiempo, volver a su estado de observación.

Si no incluimos esta variable y tratamos su estado posteriormente, el mensaje se repite varias veces.

```
if (estado == true) {//si estado es true
        estado = false; //lo cambiamos a false
}
```

Este pequeño bloque de instrucciones con un IF nos sirve para tratar la variable de estado.

Si la variable de estado contine el valor *true*, significa que se ha impreso un mensaje por pantalla, y como sólo deseamos que aparezca un mensaje por pantalla por cada detección del sensor, volvemos a poner la variable de estado como *false*, para que cuando el sensor vuelva a detectar, se imprima un solo mensaje por el monitor serie.

16.8 MATERIAL PARA EL DESARROLLO DE LA PRÁCTICA

En esta práctica se necesita:

▼ Placa Arduino.
▼ Protoboard.
▼ Cable USB.
▼ Un sensor PIR HC-SR501.
▼ Un led rojo u otro dispositivo accionable.
▼ Cable conexión.

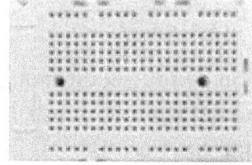

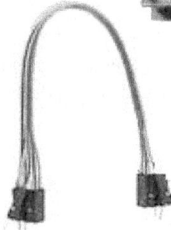

17

ADQUISICIÓN DE DATOS MEDIANTE RESISTENCIA VARIABLE

17.1 INTRODUCCIÓN

Como ya hemos visto en prácticas anteriores, las entradas y salidas analógicas también son importantes, dependiendo del sensor que se desee conectar y de cómo se desee controlar. Algunos componentes necesitan pulsos PWM para emular una señal analógica, y por eso deben ser controlados por la función Analog () y conectados en los pines analógicos o PWM de Arduino.

Uno de estos dispositivos que requieren un tratamiento analógico son los llamados potenciómetros o resistencias variables.

Un potenciómetro permite variar el valor nominal de la resistencia que lleva dentro. Esto puede servir para jugar con los diferentes valores captados por Arduino.

Con Arduino, con un potenciómetro y con un punto de luz es posible controlar la luminosidad de dicha luz.

En muchas ocasiones, según los ambientes en los que nos encontremos, interesa tener una luminosidad más o menos intensa. Por ejemplo, una iluminación mínima para no despertar a un bebé pero, al mismo tiempo, poder ver lo que se está haciendo. En estos casos, se necesita controlar la luminosidad de la bombilla que ilumina la estancia en cuestión.

Aquí emularemos dicho control para un diodo led.

Veamos cómo podemos hacerlo.

17.2 COMPONENTES ELECTRÓNICOS

En esta práctica, el componente electrónico que describiremos es el potenciómetro.

Veamos su funcionamiento y configuración.

17.3 EL POTENCIÓMETRO

El potenciómetro no es nada más que una resistencia en la que se puede ajustar su valor girando una ruedecita o manecilla de derecha a izquierda, aumentando la resistencia o disminuyéndola a nuestro gusto.

Cuando esto ocurre, si tenemos un led conectado a éste, la luminosidad de este led se verá afectada con más o menos intensidad.

Esto es debido a que creamos un divisor de tensión.

El divisor de tensión se puede reducir a la siguiente ecuación:

$$Vout = \frac{R_2}{R_1 + R_2} \cdot Vin$$

Donde:

▶ Vout: será la tensión de salida que obtendremos, dependiendo del valor de las resistencias.

▶ R: resistencias del divisor de tensión.

▶ Vin: tensión de entrada de nuestro circuito, por ejemplo 5 voltios que proporciona Arduino.

Si movemos la manilla del potenciómetro, la tensión en el diodo led será muy pequeña y, en consecuencia, el led no recibirá tensión y no se encenderá, ya que éste no recibirá los 1,7 voltios que necesita para lucir.

Si giramos la manecilla al lado contrario, la tensión será aproximadamente la tensión de entrada Vin y tendremos una tensión máxima, con lo que nuestro diodo led lucirá totalmente.

Lógicamante, si alimentamos al led con demasiada tensión podemos quemarlo, por lo que en el ejemplo anterior hay que añadir la resistencia de rigor para protegerlo.

La estructura interna de un potenciómetro es la siguiente:

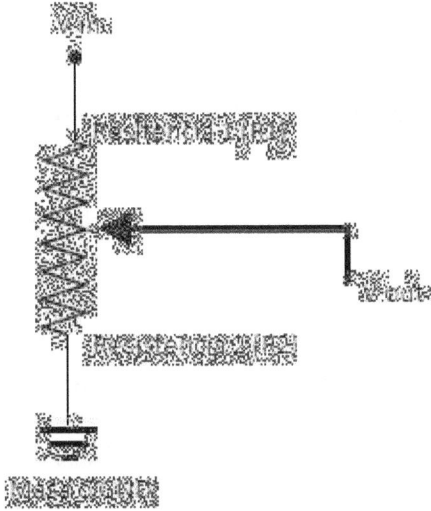

Figura 17.1. Esquema interno de un potenciómetro

Los potenciómetros tienen tres terminales; el que está en medio se utiliza para ajustar el valor de la resistencia en ese momento.

Si observamos el siguiente esquema, podemos ver la relación de terminales:

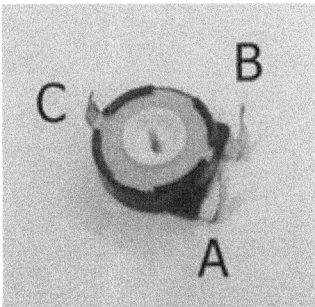

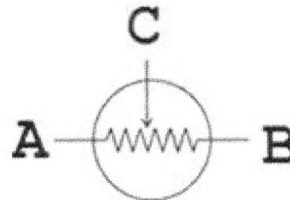

Figura 17.2. Relación de terminales del potenciómetro

La simbología que nos podemos encontrar para simbolizar un potenciómetro es la siguiente:

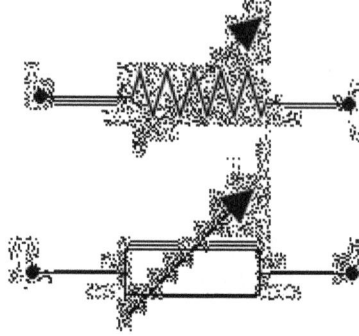

Figura 17.3. Simbología eléctrica del potenciómetro

Podemos encontrar varios tipos de potenciómetro. En la figura 17.4 podemos ver dos tipos de potenciómetro.

Mientras que nos podemos encontrar potenciómetros tipo «botón» o rotatorios, también podemos ver potenciómetros que tienen un cilindro o mando. Este mando es el terminal que gira para efectuar el aumento o disminución del valor de la resistencia.

En los potenciómetros de tipo rotatorios tenemos una muesca en la parte superior, que, con la ayuda de un destornillador, podemos girar para variar su valor resistivo.

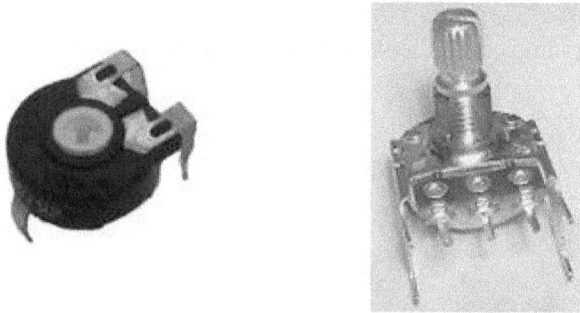

Figura 17.4. Tipos de potenciómetros

Podemos encontrar potenciómetros de diferentes valores, pero los que normalmente utilizamos en este trabajo son de 10 o 47 KΩ.

17.4 ENUNCIADO DE LA PRÁCTICA

En esta práctica activaremos un diodo led mediante un potenciómetro, dependiendo del valor que adquiera éste en un determinado momento.

Primero se deberá observar qué valores obtenemos al girar el potenciómetro a un lado y al otro del dial, recogiendo los valores en una variable y visualizándolos por el monitor serie.

Una vez que tengamos una idea de los valores, procedemos a encender el led según los siguientes valores:

- ▼ El led se activará cuando el potenciómetro marque un valor menor o igual a 100.

- ▼ El led se apagará cuando el potenciómetro marque un valor de entre 300 y 500.

- ▼ Deberá volver a encenderse cuando el potenciómetro adquiera un valor mayor de 900.

17.5 ESQUEMA DE CONEXIÓN

La conexión del potenciómetro con Arduino la podemos ver en el esquema siguiente:

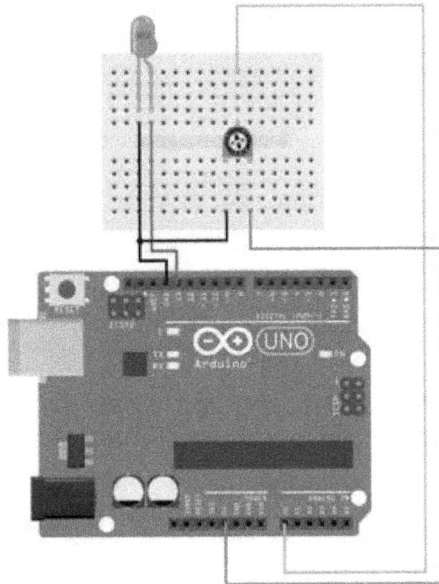

17.6 CÓDIGO DE LA PRÁCTICA

```
/* Código de utilización de un potenciómetro */
int pot =A0; //asignamos el pin A0 al terminal central del potenciómetro
int valor; //en esta variable almacenaremos los valores recogidos por el
potenciómetro
int led=13;
void setup() {

  Serial.begin (9600); //establecemos la comunicación serie
  pinMode (pot, INPUT); //pin de entrada de datos
  pinMode (led, OUTPUT); //pin de salida
}

void loop() {

  valor=analogRead (pot);Almacenamos los valores en la variable valor
    Serial.println(valor); //imprimimos por pantalla los valores para
determinar los rangos en las decisiones. Probamos accionando el potenciómetro y
observamos el cambio en los valores registrados

if (valor <= 100){//si valor es menor de 100
  digitalWrite (led, HIGH); //activamos el led

}

if (valor > 300 && valor < 500){//si el valor está entre 300 y 500
  digitalWrite (led, LOW); //desactivamos el led

}
if (valor > 900){//si el valor es mayor a 900
  digitalWrite (led, HIGH); //activamos el led
  }
}
```

A continuación se muestran algunas capturas de pantalla donde podemos observar los valores obtenidos al mover la manilla del potenciómetro.

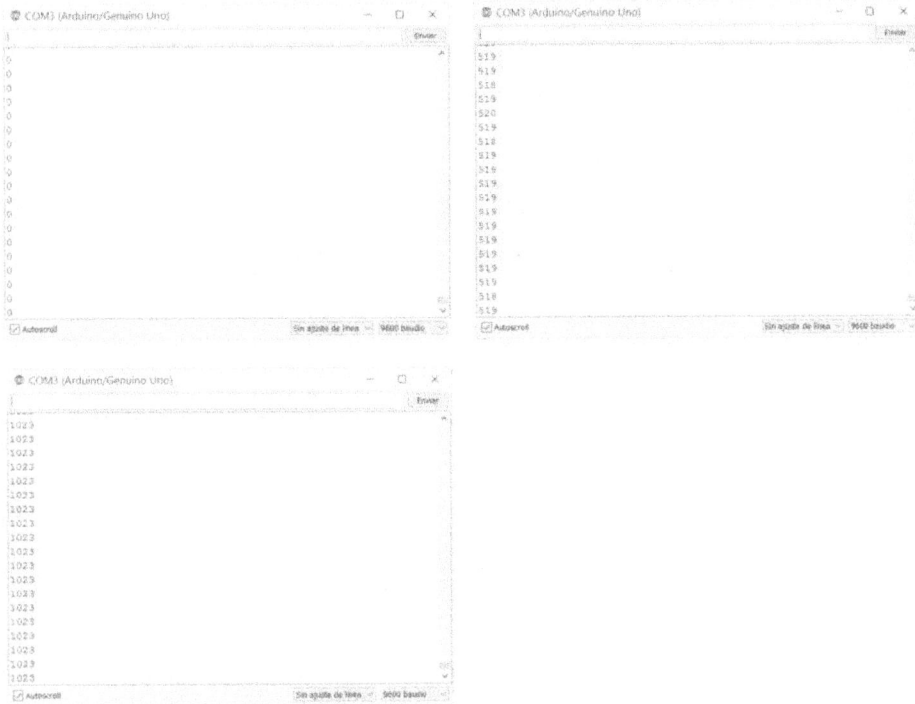

17.7 MATERIAL PARA EL DESARROLLO DE LA PRÁCTICA

En esta práctica se necesita:

- Placa Arduino.
- Protoboard.
- Cable USB.
- Un potenciómetro de 10 KΩ.
- Una resistencia de 220 Ω si el pin al que se conecta el diodo es diferente del pin 13.
- Un diodo led.
- Cable conexión.

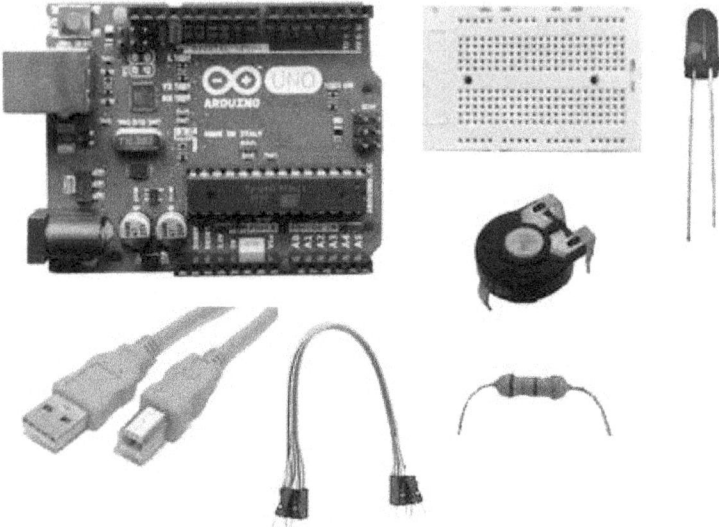

18

PRÁCTICA 13.
LDR CON ARDUINO

18.1 INTRODUCCIÓN

Una aplicación —entre las muchas aplicaciones de una LDR junto con Arduino— es la de accionar, por ejemplo, las luces de un jardín cuando empieza a oscurecer o que un robot móvil autónomo sepa en qué momento encender sus luces de posición cuando el umbral de luz del medio por el que se mueve ha caído y no podemos divisar dicho robot en la oscuridad.

Así mismo, mediante una LDR podemos diseñar y montar un robot móvil que se oriente por medio de la luz, como, por ejemplo, los llamados seguidores de luz.

Una LDR puede determinar cuándo accionar un determinado dispositivo, por ejemplo un servomotor, una bombilla, un *buzzer* o un aspersor en el momento en que detecta cierta cantidad de luz.

Un ejemplo claro de uso de una LDR se puede ver en los sistemas empleados en los coches, donde una LDR enciende o apaga los faros del vehículo en función de la luz ambiente que incide sobre éste.

18.2 COMPONENTES ELECTRÓNICOS

Veamos el funcionamiento y configuración de una LDR o fotorresistencia.

18.3 LDR O FOTORRESISTENCIA

Las siglas LDR provienen del inglés *Light Dependent Resistor* (resistencia que depende de la luz).

El valor que nos proporciona una LDR variará dependiendo de la cantidad de luz que incida sobre ella.

El valor de la resistencia será bajo cuando la luz incida sobre ella, y será alto cuando no incida luz sobre ésta.

Los valores de una LDR pueden ir de unos 50 Ohms a varios Mega Ohms.

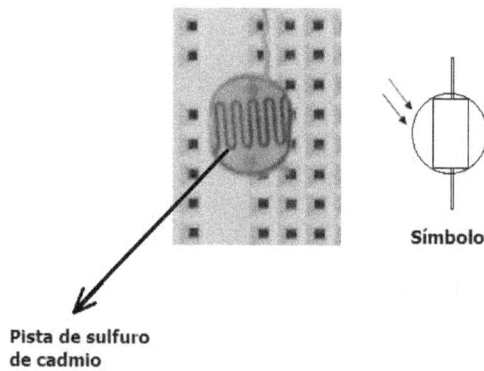

Símbolo

Pista de sulfuro de cadmio

Figura 18.1. Fotorresistencia o LDR y su símbolo eléctrico

Estos componentes se fabrican con sulfuro de cadmio, que es sensible a un rango de frecuencias de luz (del infrarrojo al ultravioleta).

El aspecto físico más común de una LDR es el que se puede apreciar en la siguiente imagen:

Figura 18.2. Fotorresistencia o LDR

A todo esto, podemos comprender el funcionamiento de una LDR como parte de un divisor de tensión resistivo. Observemos el siguiente esquema:

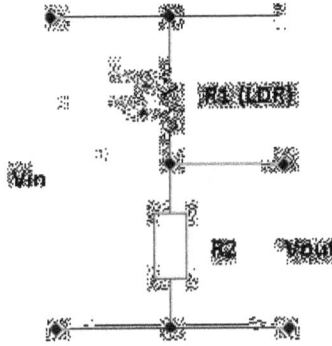

$$Vout = \frac{R_2}{R_1 + R_2} \cdot Vin$$

Como ya se ha explicado anteriormente, tal como está configurado este divisor de tensión, la tensión resultante o de salida será la R2 entre la suma de la LDR y la resistencia R2, y todo multiplicado por la tensión de entrada Vin.

Si la R1 es la LDR, obtendremos una tensión alta en la salida si incide luz en la LDR, mientras que obtendremos una tensión baja o aproximadamente cero cuando no incide luz en la LDR.

Estas condiciones se pueden cambiar de una forma bien simple. Si, por ejemplo, deseamos que la LDR actúe al revés de como se ha explicado anteriormente, sólo debemos intercambiar la LDR (R1) con la R2, quedando, de esta manera, la LDR abajo y la R2 arriba, con lo que cuando la luz incide, la tensión es baja, y cuando la luz no incide en la LDR, la tensión es alta.

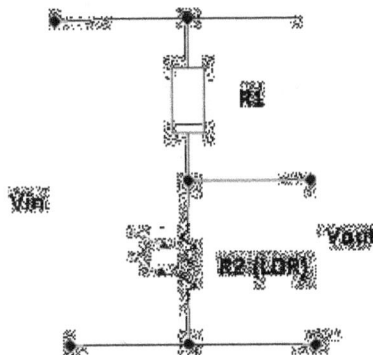

18.4 RECORDANDO LA FUNCIÓN ANALOGREAD ()

Esta función lee los valores que proporciona un sensor anlaógico y, normalmente, se almacena en una variable que define el usuario.

Sintaxis:

```
analogRead (pin);
pin: pin analógico configurado como INPUT
```

Se ha creído conveniente recordar esta función, ya que en esta práctica, como en muchas otras, es utilizada para adquirir valores de un sensor anaólogo.

La conexión de una LDR con Arduino la podemos ver a continuación:

La conexión es sencilla.

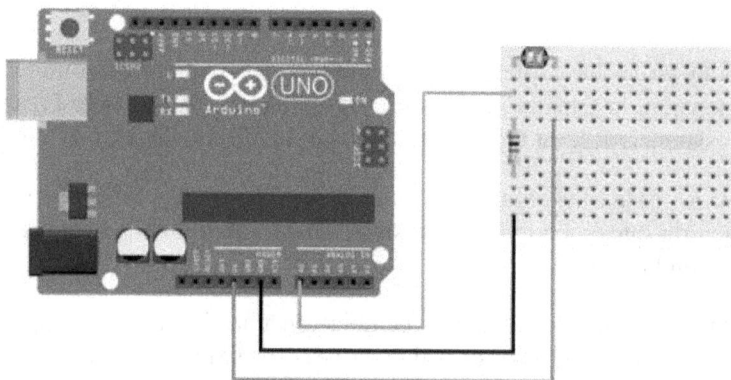

18.5 ENUNCIADO DE LA PRÁCTICA

En esta práctica se emulará un sistema de encendido y apagado de las luces de un jardín en función de la luz ambiente existente.

Cuando en el jardín la luz sea la adecuada (de día), las luces del jardín permanecerán apagadas.

Si la luz ambiente decae (tarde-noche), las luces deben encenderse para iluminar nuestro jardín.

18.6 ESQUEMA DE CONEXIÓN

La conexión de una LDR y los tres leds en Arduino se pueden ver en el siguiente esquema:

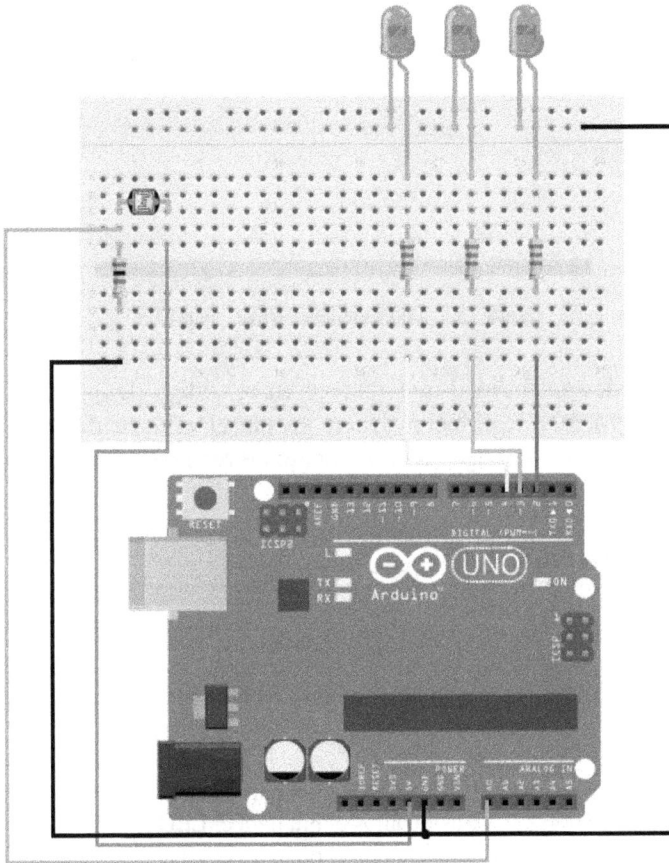

Si recordamos la explicación de las líneas anteriores referentes a una LDR, queda resuelto el porqué de la conexión de una resistencia con una LDR. Cabe decir que, dependiendo del valor de la resistencia, obtendremos diferentes rangos de valores cuando Arduino interactúe con la LDR.

En la figura 18.3 podemos observar los valores obtenidos mediante el monitor serie con una LDR:

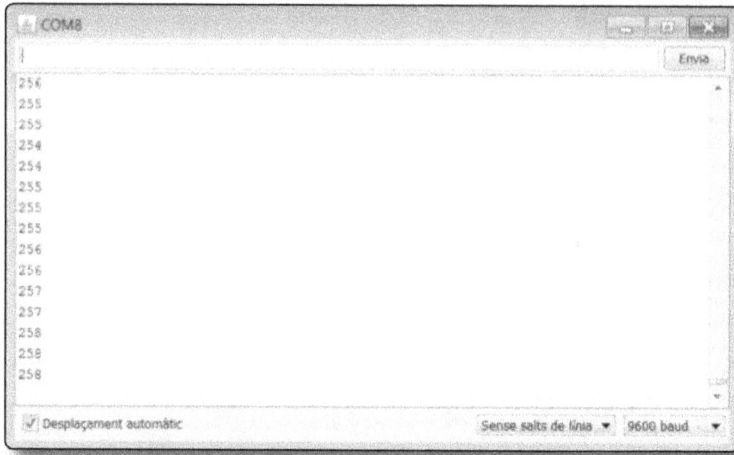

Figura 18.3. Valores leídos a través de la LDR

El valor de sensibilidad que aparece en el código de la práctica tiene sólo carácter orientativo, ya que el lector deberá ajustar el valor de dicha variable según la luz ambiente de que disponga en el momento de realizar la práctica.

18.7 CÓDIGO DE LA PRÁCTICA

```
/* Control luces jardín mediante LDR */

int ldr = A0; //asignamos el pin A0 como pin de entrada para el sensor de
luz
int sensibilidad = 95; //variable que contiene el valor umbral
int luz_1 = 2; //asignamos el pin para el LED 1
int luz_2 = 3; //asignamos el pin para el LED 2
int luz_3 = 4; //asignamos el pin para el LED 3
int val = 0; //variable para almacenar el valor adquirido por la LDR


void setup() {
Serial.begin(9600);
pinMode(luz_1, OUTPUT); //asigna el pin como salida
pinMode(luz_2, OUTPUT); //asigna el pin como salida
pinMode(luz_3, OUTPUT); //asigna el pin como salida
pinMode (ldr, INPUT); //asigna el pin como entrada
}
```

```
void loop() {

val = analogRead(ldr); //lee el valor de la LDR
Serial.println(val); //imprime por el monitor serie el valor que alma-
cena la variable val
delay(100);
if(val<=sensibilidad){//si el valor del val es igual o menor que el um-
bral se encienden las luces del jardín

digitalWrite(luz_1, HIGH); //enciende el LED 1
digitalWrite(luz_2, HIGH); //enciende el LED 2
digitalWrite(luz_3, HIGH); //enciende el LED 3

}

else { //si no, se apagan las luces

digitalWrite(luz_1, LOW); //apaga el LED 1
digitalWrite(luz_2, LOW); //apaga el LED 2
digitalWrite(luz_3, LOW); //apaga el LED 3
}

}
```

En el código anterior advertimos que los valores que captamos mediante la LDR pueden ser de 0 a 1.023. Como ya se ha explicado anteriormente, éstos son los valores que pueden tomar los sensores analógicos con Arduino.

Podemos encontrarnos que, en ocasiones, deseemos acotar estos resultados, es decir, quizá nos interesaría que el valor máximo en vez de ser 1.023 fuese 500, y que el valor mínimo en vez de ser 0 fuese 100, por ejemplo.

Arduino cuenta entre sus instrucciones de programación con la función *map ()*, que permite «mapear» valores y adecuarlos a nuestra conveniencia.

Veamos a continuación la función *map ()*.

▼ Función map ()

La función map permite adecuar los valores que proporcionan algunos sensores a otro rango de valores más apropiados para nuestros intereses.

Por ejemplo, si diseñamos un circuito con una fotorresistencia como la que se ha visto anteriormente y deseamos observar los valores que obtenemos en función de la luz que capta, comprobaremos que estos valores están situados entre un rango de 0 a 1.023, al ser un sensor analógico.

Por el contrario, deseamos que estos valores (por el motivo que sea) estén en un rango comprendido entre 0 y 255, que son los valores que obtenemos para valores digitales de 8 bits.

Esto es posible con la función *map ()*.

La sintaxis de esta función es la siguiente:

map (valor, origen_menor, origen_mayor, destino_menor, destino_mayor)

Veamos cómo sería aplicado al ejemplo anterior:

```
/* mapeando el valor de una LDR */

int ldr=A0; //pin de conexión de la LDR
int valor=0; //almacenará el valor de la LDR

void setup() {
  Serial.begin (9600); //iniciamos la comunicación serie
  pinMode (ldr, INPUT); //declaramos el pin de la ldr como entrada
}

void loop() {
  valor = analogRead (ldr); //lee ldr y almacena el valor

map (valor, 0, 1023, 0, 255);

  if (valor == 255) {//si el valor de la ldr es igual a 255
    Serial.println ("LUZ MAXIMA"); //mensaje de aviso
}
```

Es fácil incluir en el código de la práctica la función map si ésta fuese necesaria para resolver con éxito un proyecto de este tipo.

18.8 MATERIAL PARA EL DESARROLLO DE LA PRÁCTICA

En esta práctica se necesita:

▶ Placa Arduino.
▶ Protoboard.
▶ Cable USB.
▶ Un LDR.
▶ Una resistencia de 1 KOhm.
▶ Tres resistencias de 220 Ohms para los leds.
▶ Tres leds.
▶ Cable conexión.

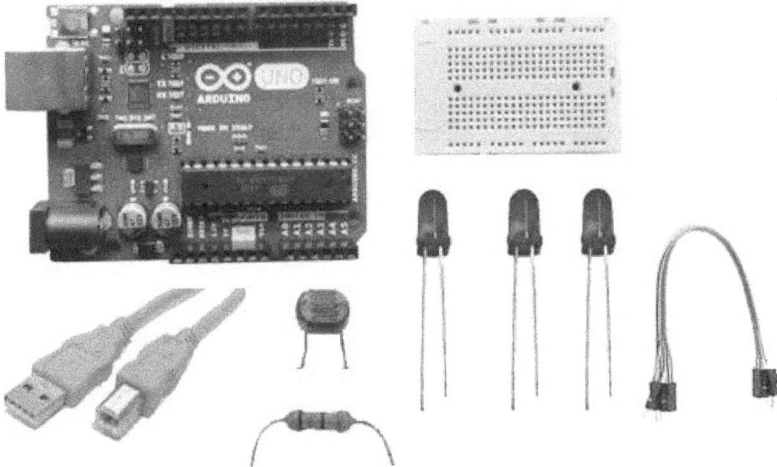

19

CONTROL DE AFORO A UN LOCAL

19.1 INTRODUCCIÓN

Una vez que hemos estudiado las LDR, conjuntándola con otro dispositivo, como puede ser un láser, podemos implementar ciertos proyectos interesantes.

Uno de estos proyectos podría ser un detector de personas mediante una barrera luminosa.

Las aplicaciones pueden ser muy variadas: contar personas, automóviles y cualquier cuerpo u objeto que sea capaz de moverse de forma autónoma y cruzar la barrera luminosa creada entre la LDR y el láser.

19.2 COMPONENTES ELECTRÓNICOS

Los componentes electrónicos empleados son la LDR y el láser.

19.3 EL LÁSER

Probablemente, ésta es una de esas palabras que más hemos escuchado durante estas tres últimas décadas.

La tecnología láser ha significado un avance en muchas cosas cotidianas, como, por ejemplo, los reproductores o grabadores de CD-ROM, DVD, Blu-Ray, el corte por láser, la serigrafía por láser, comunicaciones, impresoras, escaneo de código de barras, sensores, etc.

La palabra láser viene del inglés *Light Amplification by Stimulated Emission of Radiation*, o amplificación de luz por emisión estimulada de radiación.

Para resumir el modo de funcionamiento y no entrar en temas como salto de electrones, frecuencias o longitudes de onda, diremos que la luz que emitimos con un diodo led, o una bombilla convencional, por ejemplo, es una luz dispersa, mientras que la luz que emitimos con un diodo láser es una luz concentrada en un punto.

Por tanto, los led láser nos aportan ventajas, como fiabilidad, eficacia, manejabilidad en cuanto a peso, larga duración y capacidad para dirigir un haz de luz a largas distancias, entre otras.

En la figura 19.1 podemos ver un diodo láser como el que se utiliza en esta práctica.

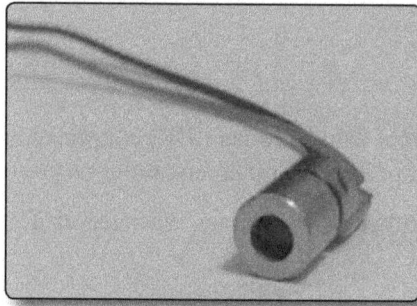

Figura 19.1. Diodo láser

19.4 ENUNCIADO DE LA PRÁCTICA

Se ha organizado un evento en un local que hemos alquilado a muy buen precio. La entrada será gratuita, pero desde el Ayuntamiento nos han advertido de que este local sólo admite un aforo de cien personas. Rebasar el aforo establecido para este local podría ser motivo de una sonada multa.

Como no se desea que esto ocurra y queremos que el evento sea un éxito, se nos ocurre instalar un sistema con Arduino para contar el número de asistentes que van a acudir a la cita.

Para realizar un sistema de este tipo, de forma mucho más profesional y apropiada, se debería utilizar un emisor y un receptor de infrarrojos, creando una barrera de detección, pero nuestro presupuesto no alcanza para más y sólo disponemos de una LDR y un láser.

Mediante una LDR y un láser, deberemos crear un sistema que vaya contando el número de personas que cruzan la puerta de entrada. Por la pantalla del serial deberá aparecer en todo momento cuántas personas han entrado. En esta ocasión, no se va a tener en cuenta las personas que abandonen el local; que una vez que entran, entendemos que no salen hasta que termina el evento.

Cuando se llegue al número cien, aparecerá por la pantalla del serial un aviso que nos advertirá de que ya no pueden pasar más personas a nuestro local.

Se puede acompañar el aviso de texto, con un aviso sonoro o visual, como un led para reforzar la advertencia del sistema.

19.5 ESQUEMA DE CONEXIÓN

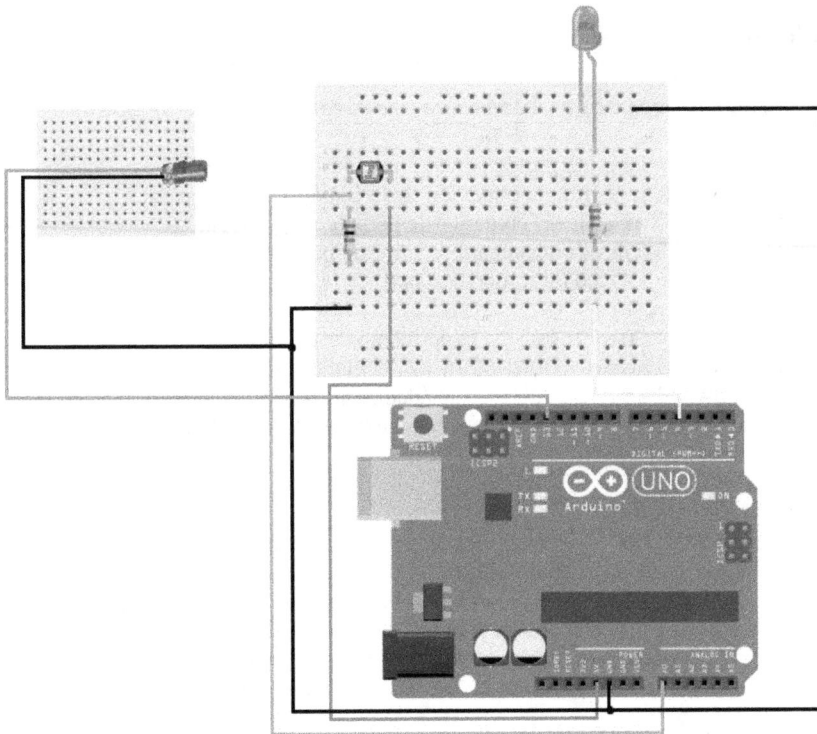

Figura 19.2. Montaje de la práctica y su verificación

19.6 CÓDIGO DE LA PRÁCTICA

```
/*Código barrera lumínica mediante láser y LDR */

int laser=13; //pin de conexión del láser
int ldr=A0; //pin de conexión de la LDR
int contador=0; //contador de personas en el local
int valor=0; //almacenará el valor de la LDR
int led=4; //led de refuerzo visual
void setup() {
Serial.begin (9600); //activamos el monitor serie
pinMode (laser, OUTPUT); //declaramos el pin del láser como salida
pinMode (led, OUTPUT); //declaramos el pin del led como salida
pinMode (ldr, INPUT); //declaramos el pin de la ldr como entrada
}

void loop() {
digitalWrite (laser, HIGH); //encendemos el láser
valor = analogRead (ldr); //se lee la ldr y almacenamos el valor
if (valor <=200) {//si el valor de la ldr desciende a un valor de 10 o menor
contador++; //ha pasado una persona y el contador se incrementa
if (contador == 100) {//si el contado llega a 100
Serial.println("ATENCIÓN,AFORO COMPLETO"); //mensaje de
aviso
      }
    else {//sino
```

```
      digitalWrite (led, HIGH); //se activa el led como aviso visual
      Serial.println ("Quedan");
      Serial.print(100-contador); //plazas disponibles
      Serial.println ("plazas");
      delay (2000); //tiempo que otorgamos para que una persona pase por
la entrada.
      digitalWrite (led, LOW); //se apaga el led


      }
   }

}
```

19.7 MATERIAL PARA EL DESARROLLO DE LA PRÁCTICA

En esta práctica se necesita:

▶ Placa Arduino.
▶ Protoboard.
▶ Cable USB.
▶ Un led láser.
▶ Una resistencia de 1 Kohm.
▶ Un led rojo para avisador visual.
▶ Cable conexión.

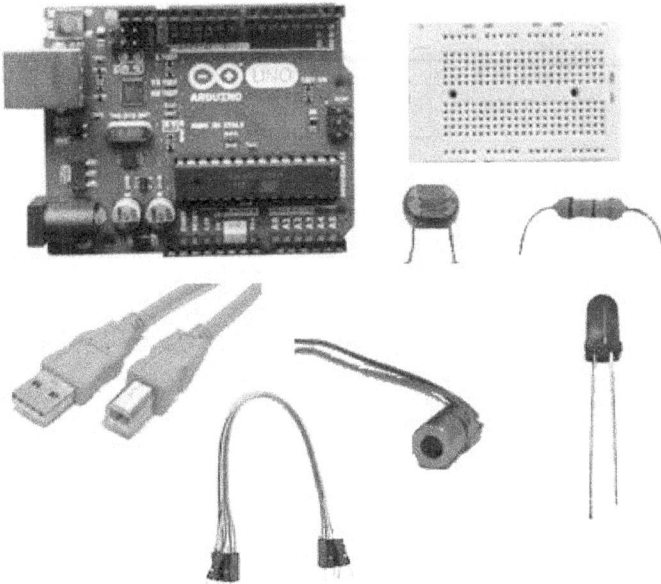

20

PRÁCTICA 15.
SERVOMOTORES CON ARDUINO

20.1 INTRODUCCIÓN

Uno de los componentes más utilizados con Arduino son, sin duda, los servomotores. Un servomotor se clasifica en el mundo de la robótica como un actuador.

Gracias a los servomotores, podemos dotar a nuestros robots de propulsores para hacer de ellos unos robots móviles, así como crear torretas de barrido ultrasónico para dichos robots e incluso dotarlos de mecanismos para levantar a sus contrincantes cuando se trata de robots luchadores de sumo.

También, como ya es sabido, los servomotores pueden utilizarse para automatizar ventanas, puertas, persianas, puertas de garaje, etc.

Con una placa Arduino, dos servomotores y varios sensores más se pueden desarrollar robots y proyectos de cierta calidad.

20.2 COMPONENTES ELECTRÓNICOS

El componente que utilizamos por primera vez es el servomotor. Vamos a describir algunas características de este actuador.

20.2.1 El servomotor

Un servomotor es un dispositivo que se compone de un motor, un reductor de velocidad y un multiplicador de fuerza, todo ello gestionado por una electrónica adicional e introducido bajo un chasis de plástico, generalmente de color negro.

Podemos encontrar servomotores con diferentes grados de rotación. Los más habituales son de 180° y 360°.

Si tenemos un servomotor de 180°, lo podemos «convertir» en uno de 360°. Para ello hay que abrir la tapa del chasis, desmontarlo y retirar o romper un trozo de plástico que sirve de tope durante la rotación de éste.

De todas formas, es mucho mejor y conveniente adquirir aquel servomotor que mejor se ajuste a nuestras necesidades. Los precios también marcan la diferencia: mientras un servomotor de 180° puede tener un precio de entre 7 u 8 €, los servomotores de 360° tienen un precio que rondan los 15 o 16 €.

A continuación, podemos ver en las imágenes de abajo un servomotor de 360° y una imagen de sus componentes internos.

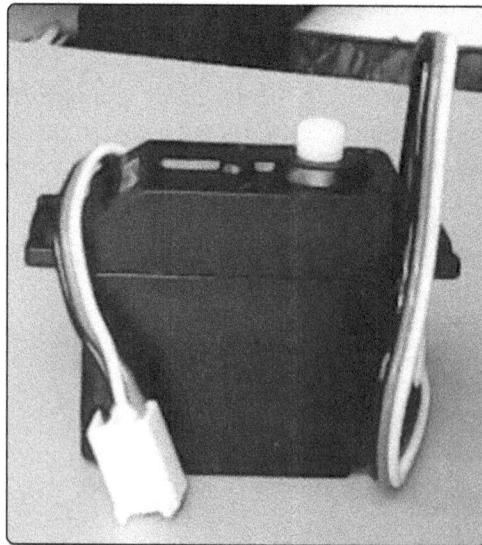

Figura 20.1. Servomotor de 360°

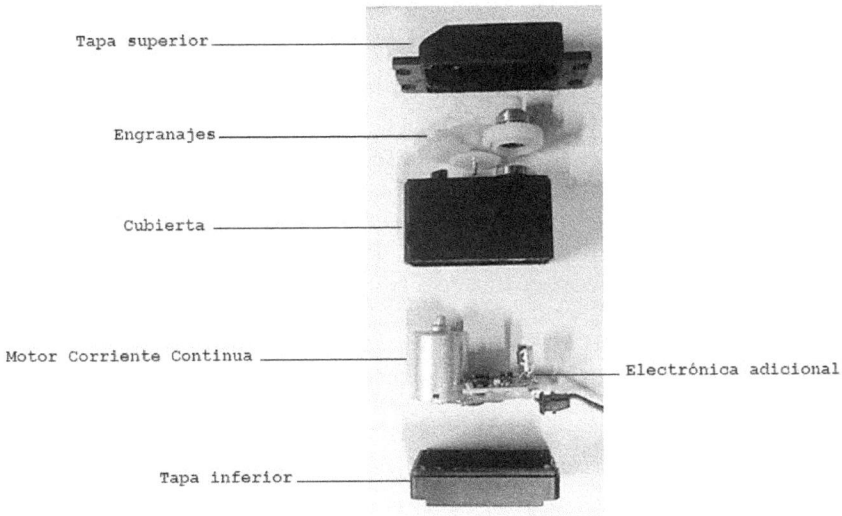

Figura 20.2. Componentes internos de un servomotor

Como se puede observar en la imagen del servomotor sin desmontar, tenemos un conector con tres hilos o cables. Estos cables son: +V (positivo), Masa (negativo), señal (datos).

Dependiendo del fabricante, tendremos distintos colores para diferenciar cada uno de estos cables.

La siguiente imagen muestra la relación entre color y función del cable.

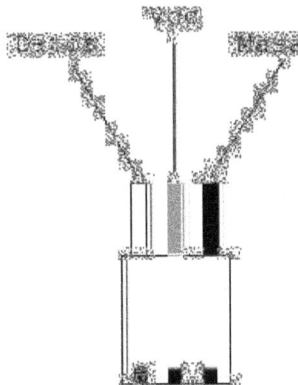

Figura 20.3. Pines de conexión de un servomotor

En el caso de los servomotores que se utilizan en este libro, dedica el negro para negativo, el rojo para el positivo y el blanco para gobernar el servo.

Por otro lado, según el fabricante del servomotor, los colores pueden variar, pero en la mayoría de los casos se empleará el rojo para el positivo, el negro para el negativo y el color restante para gobernar el servo.

Si por el contrario nos encontrásemos con un servomotor que repite colores o simplemente son diferentes, es recomendable visitar la página web del fabricante para obtener información sobre su correcta conexión.

Para gobernar un servomotor se deberá introducir por el terminal «señal», un pulso que, dependiendo de la duración y frecuencia, colocará el motor en la posición deseada.

Para programar un servomotor utilizaremos una librería especial para los servomotores.

Esta librería se denomina *Servo.h* y viene por defecto en el IDE de Arduino.

Las instrucciones más usuales que podemos introducir en un programa para controlar al servomotor son:

▼ Attach(): asocia la variable servo a un pin de Arduino. Por ejemplo: *servo*.attach(pin)

- Pin: pin de Arduino

▼ Deattach(): realiza la función de desactivar o desasociar el servomotor con el pin asociado en la instrucción attach().

Por ejemplo: *servo*.deattach(pin)

- Pin: pin de Arduino

▼ Write(): escribe un valor para el servo, controlando así su eje. Si el servo es estándar, ajustará el ángulo de rotación en grados. Si el servo es de rotación continua, ajustará la velocidad del servo, donde 0 será la velocidad máxima en una dirección, 180 será la velocidad máxima en la otra dirección y 90 servirá para parar el servo. Por ejemplo: *servo*.write(90)

▼ Read(): leerá el ángulo actual del servomotor, que es pasado por la instrucción write (). Por ejemplo: *servo*.read()

Como ya se ha podido deducir, en esta práctica será necesario insertar en nuestro *scketch* la librería *servo.h*.

Para realizar esta acción, véase el epígrafe Librerías.

Los servomotres que se utilizan en esta práctica son servos de 360º.

Podemos ver la conexión del servomotor con Arduino en el siguiente esquema:

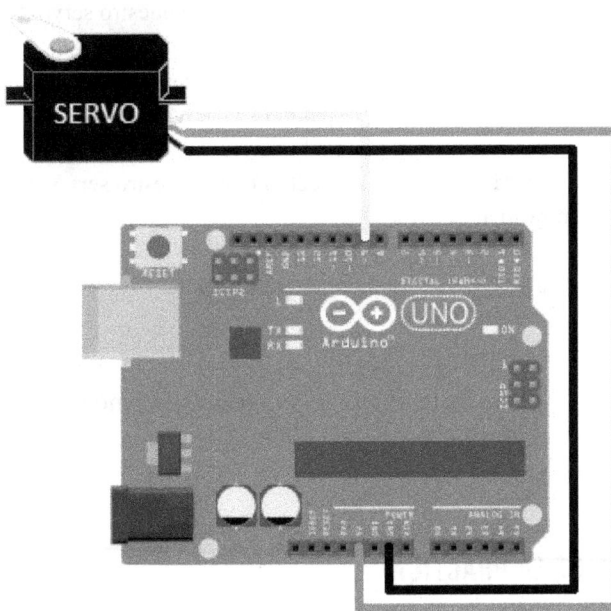

El cable amarillo es para el pin de datos. El rojo para los +5 v y el negro, para el negativo o masa.

El siguiente código acciona el servomotor durante un segundo, y lo para durante otro segundo. Después de un segundo parado, el servomotor gira en sentido opuesto durante otro segundo. Veamos este sencillo código:

```
/* Código para gobernar un servomotor de 360° */

#include <Servo.h>//se incluye la librería servo

Servo servomotor; //se crea un objeto servo llamado servomotor. Este
objeto hará referencia a nuestro servomotor
```

```
void setup() {
  Serial.begin(9600);
  servomotor.attach(7); //le indicamos a Arduino que controlaremos a
nuestro servo por el pin 7
}
```

```
void loop () {
  servomotor.write (0); //activamos a nuestro servo, haciéndolo girar
en un sentido
  delay (2000); //girará durante 2 segundos
  servobar.write(90); //paramos el servo
  delay (2000); //estará parado durante 2 segundos
  servobar.write(180); //activamos a nuestro servo, haciéndolo girar
en sentido contrario al anterior

  delay (2000); //girará durante 2 segundos
}
```

Ahora que ya se ha visto cómo gobernar un servomotor de forma sencilla, podemos realizar proyectos un poco más complejos con servomotores. Veamos el enunciado de la práctica.

20.3 ENUNCIADO DE LA PRÁCTICA

En esta práctica gobernaremos un servomotor mediante una LDR, emulando un toldo o persiana automatizada que reacciona a la cantidad de luz.

Cuando la luz que incide por la ventana sea mayor a un umbral determinado, el toldo, persiana o cortina deberá bajar para atenuar la luz.

Todo lo contrario deberá suceder cuando la luz que incide en la ventana sea escasa. En este caso, la cortina deberá replegarse para dejar pasar la máxima luz del exterior.

20.4 ESQUEMA DE CONEXIÓN

Podemos ver la conexión con Arduino en el siguiente esquema:

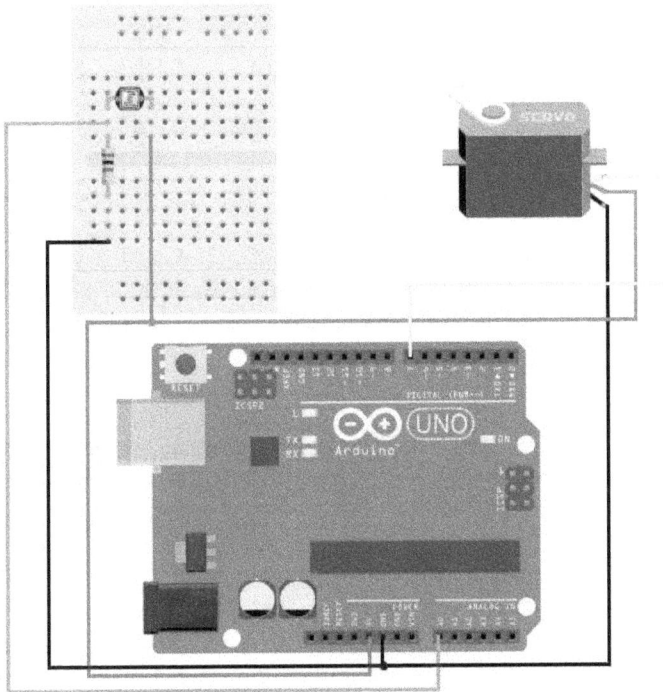

Es interesante construir con tela o cualquier otro tipo de material una cortina en miniatura para emular dicho sistema domótico, tal como se muestra en la figura 20.4.

Figura 20.4. Emulando la automatización de una cortina

20.5 CÓDIGO DE LA PRÁCTICA

```
/* Código para el control de una cortina según la luz
que incide por la ventana */

#include <Servo.h>
int ldr = A0; //asignamos el pin A0 como pin de entrada para el sensor de
luz
int sensibilidad = 95; //variable que contiene el valor umbral
int val = 0; //variable para almacenar el valor adquirido por la LDR
Servo motor_cortina; //creamos el objeto motor_cortina

void setup() {
Serial.begin(9600);
pinMode (ldr, INPUT); //asigna el pin como entrada para la LDR
motor_cortina.attach (7); //le indicamos a Arduino que controlare-
mos a nuestro servo por el pin 7
}

void loop() {

val = analogRead(ldr); //lee el valor de la LDR y lo almacena en la
variable val
Serial.println(val); //imprime por el monitor serie el valor que alma-
cena la variable val
delay(100);
if(val<=sensibilidad) { //si el valor de val es igual o menor que el
umbral, hay poca luz

motor_cortina.write(180); //gira y recoge la cortina
delay (3000); //gira durante 3 segundos, recogiendo la cortina. Este tiempo
dependerá de lo larga que sea la cortina
motor_cortina.write(90); //paramos el motor
}


else { //si no..., se baja la cortina
motor_cortina.write(0); //gira en sentido contrario al anterior y ex-
tiende la cortina
motor_cortina.write(90); //paramos el motor
}
}
```

20.6 SUGERENCIAS

La activación de un servomotor puede ser realizada por un sinfín de sensores, por eso, esta práctica puede ser modificada mediante las siguientes variantes:

▼ Activar el servomotor por medio de botones.
▼ Activar el servomotor por medio de la incidencia de un láser sobre una LDR.
▼ Mediante un sensor de ultrasonidos.
▼ Mediante un sensor de movimiento PIR.
▼ Etcétera.

20.7 MATERIAL PARA EL DESARROLLO DE LA PRÁCTICA

En esta práctica se necesita:

▼ Placa Arduino.
▼ Protoboard.
▼ Cable USB.
▼ Dos botones.
▼ Un trozo de tela para emular un toldo o persiana.
▼ Cartón o cualquier otro material para crear la estructura para el toldo.
▼ Un servomotor.
▼ Dos resistencias (1 para cada botón).
▼ Cable conexión.

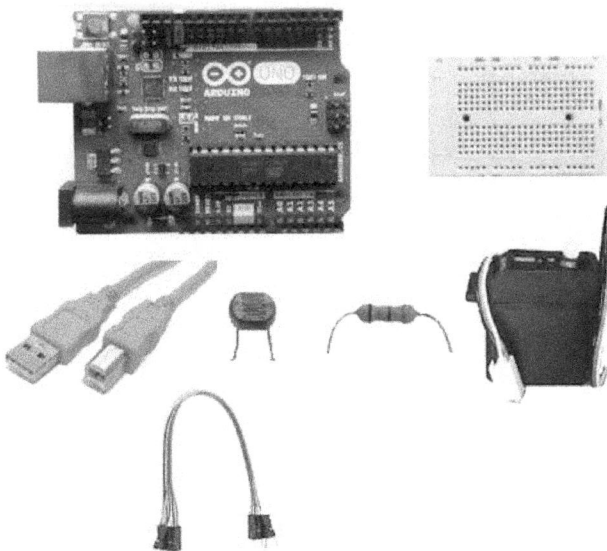

21

BARRIDO DE 180° CON ULTRASONIDOS

21.1 INTRODUCCIÓN

Como ya se ha comentado anteriormente, mediante un servomotor y un sensor podemos crear proyectos bastante interesantes. Una asociación que da muy buenos resultados es la de un sensor de ultrasonidos y un servomotor.

Uno de los proyectos que se suelen realizar con estos dos componentes es el de una torreta con detección por ultrasonidos.

Aunque con un servomotor de 180° podemos utilizarlo para, por ejemplo, dotar de movimiento la cabeza de un robot educativo o social.

Una vez que hemos estudiado y probado el funcionamiento de un servomotor y el funcionamiento de un sensor de ultrasonidos, podemos crear este proyecto sin dificultad.

21.2 COMPONENTES ELECTRÓNICOS

Los componentes electrónicos empleados ya han sido estudiados en prácticas anteriores: el servomotor y el sensor de ultrasonidos.

Lo único que se debe tener en cuenta aquí es que se está empleando un servo de 180°, con lo cual no será de rotación continua.

Los ángulos de rotación serán:

▶ 90° es la posición inicial del servomotor o parada del servo.
▶ 180° giro a un lado. Dependerá de si miramos al servo por el lado del cable o por el frontal plano.
▶ 0° giro contrario al anterior.

21.3 LIBRERÍA NEWPING ()

En esta ocasión, gobernaremos el sensor de ultrasonidos con una de las librerías que comentamos anteriormente. Esta librería ha sido creada por **Tim Eckel**, y se puede descargar en la siguiente dirección web: *http://playground.arduino.cc/ Code/NewPing.*

Esta librería, creada de modo colaborativo, está sujeta a la licencia GNU GPL v3 de *software* libre. Podemos emplearla sin ningún problema en nuestros proyectos, pero si la intención es la de modificarla o crear una librería nueva a partir de ésta, debemos seguir los pasos que estipula dicha licencia.

Los comandos más usuales y que más se utilizan con esta librería son los siguientes:

▶ *NewPing sonido(trigger, echo, Max_dist)*: aquí deberemos introducir el pin donde conectaremos el «Trig», el «Echo» y «distancia máxima» previamente declarados en nuestro *sketch*. Deberemos introducir las variables que hacen referencia a estos pines, tal como las hemos escrito en el programa.

Aquí, *sonido* es el nombre que le damos a nuestro sensor para poder identificarlo más adelante en el programa. Podemos darle el nombre que más convenga.

▶ *sonido.ping()*: retorna la duración del eco en milisegundos.

▶ *sonido.ping_cm()*: devuelve la distancia a la que se encuentra un objeto en centímetros.

21.4 ENUNCIADO DE LA PRÁCTICA

Se desea implementar una torreta que gire 180° para que detecte objetos en tres direcciones: 0°, 180° y -180°, es decir, derecha, izquierda y delante.

Ésta es una característica que le añadiremos más adelante a un robot que tenemos en mente crear.

Para probar la viabilidad de la incorporación de una torreta con un sensor ultrasonidos, primero realizaremos ésta como un proyecto independiente.

El servomotor aquí utilizado es de 180º, como ya se ha podido averiguar.

El sensor de ultrasonido irá montado sobre éste e irá realizando lecturas para detectar objetos a izquierda, derecha y centro de dicho robot.

Se puede acompañar el movimiento a un lado o al otro de un indicador visual mediante un led. También podemos utilizar otro led más para indicar que el sensor está detectando algún objeto en su campo de visión.

21.5 ESQUEMA DE CONEXIÓN

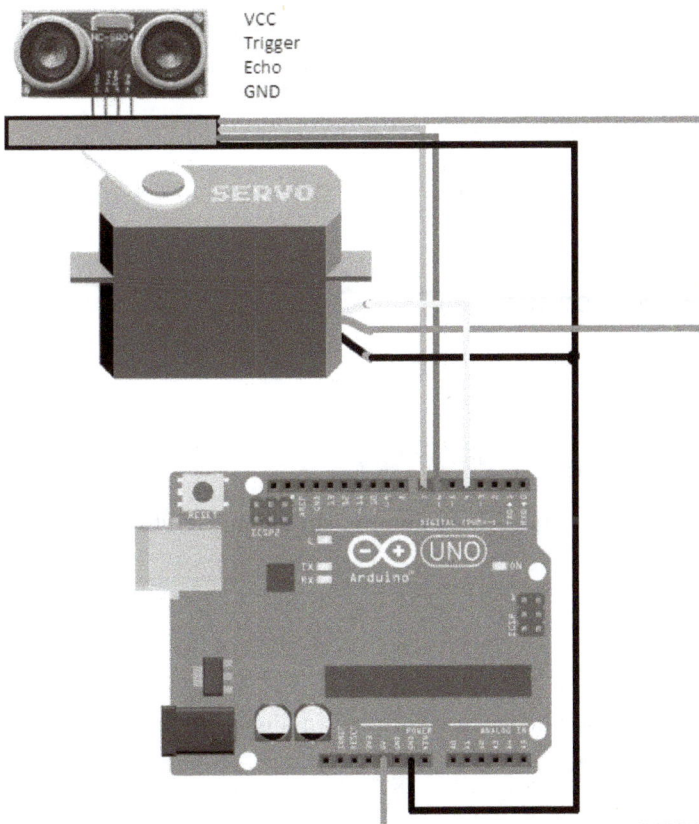

21.6 CÓDIGO DE LA PRÁCTICA

A continuación se muestra el código de la práctica:

```
/*Código barrido de 180° con sensor de ultrasonidos */
```

```
#include <Servo.h>
```
//incluimos la librería servo

```
#include <NewPing.h>
```
//incluimos la librería NewPing

```
#define TRIGGER_PIN 7
```
//adjudicamos el pin 7 para el *trigger* del sensor

```
#define ECHO_PIN 6
```
//adjudicamos el pin 6 para el *echo* del sensor

```
#define DIST_MAX 200
```
//distancia máxima de detección del sensor 200 cm

```
unsigned int tmp;
```
//variable que almacenará enteros sin signo. Se utiliza para almacenar la distancia frontal

```
unsigned int tmp1;
```
//variable que almacenará enteros sin signo. Se utiliza para almacenar la distancia a la izquierda

```
unsigned int tmp2;
```
//variable que almacenará enteros sin signo. Se utiliza para almacenar la distancia a la derecha

```
NewPing sonar(TRIGGER_PIN, ECHO_PIN, DIST_MAX); //se crea
```
un objeto ping y le pasamos los pins del trigger, echo y la distancia máxima

```
Servo servobar;
```
//creamos el objeto servobar

```
void setup() {

   servobar.attach (4);
   Serial.begin(9600);
```
//iniciamos la comunicación serie

```
}

void loop () {
servobar.write (90);
```
//el servo empieza en su posición inicial.

```
delay(1000);
```
//dejamos durante un Segundo al servo en su posición inicial

```
tmp = sonar.ping_cm();
```
//guardamos el tiempo del ping frontal pasado a centímetros en la variable tmp.

```
Serial.print("Ping central: ");
Serial.print(tmp);
```

//Se imprime por el serial el ping pasado a centímetros.
```
Serial.println(" cm");
```

```
delay (1000);
//esperamos otro segundo


servobar.write(0);  //Iniciamos el barrido hacia un lado.
delay (1000);  //Dejamos durante un segundo al servo en esta posición.


tmp1 = sonar.ping();  //guardamos el tiempo del ping lateral izquierdo
en microsegundos en la variable tmp1.
Serial.print("Ping izquierda: ");

Serial.print(tmp1);  //se imprime por el serial el ping pasado a
centímetros.
Serial.println(" cm");
delay (1000);

servobar.write(180);  //Iniciamos el barrido hacia el lado opuesto al
anterior barrido.
delay (1000);

tmp2 = sonar.ping_cm();  //guardamos el tiempo del ping lateral
derecho pasado a centímetros en la variable tmp2.
Serial.print("Ping derecha: ");

Serial.print(tmp2);  //se imprime por el serial el ping pasado a
centímetros.
Serial.println(" cm");

delay (1000);
}
```

Para completar la práctica, podríamos activar un led si a ambos lados detectamos que la distancia del posible objeto detectado está a unos 40 centímetros.

Esta práctica es susceptible de la aparición de nuevas ideas para el empleo de un barrido con sensor de ultrasonidos.

21.7 MATERIAL PARA EL DESARROLLO DE LA PRÁCTICA

En esta práctica se necesita:

▶ Placa Arduino.
▶ Protoboard.
▶ Cable USB.
▶ Un servomotor de 180°.
▶ Un sensor de ultrasonido.
▶ Cable conexión.

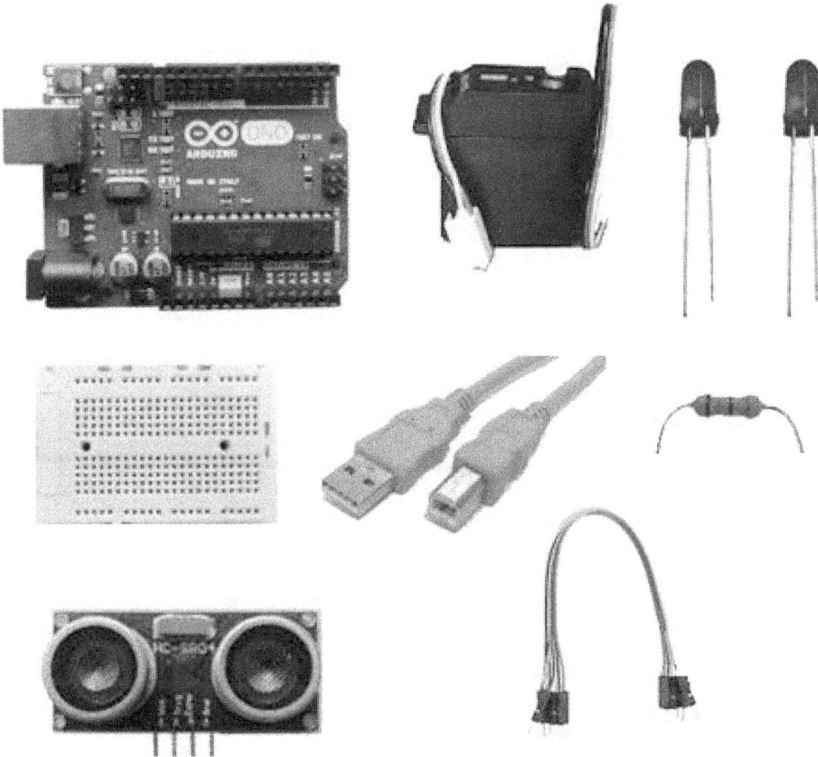

22

CONTROLADOR L298N PARA MOTOR CC

22.1 INTRODUCCIÓN

En la práctica anterior se ha podido probar cómo con un servomotor y un sensor de ultrasonidos podemos crear un dispositivo que realiza un barrido de 180°.

Recordemos que un servomotor está constituido por un motor de corriente continua y unos engranajes, que otorgan al motor más «fuerza».

Pues bien, en esta práctica paseremos a controlar un motor de corriente continua mediante el controlador L298N.

Este módulo, el controlador L298N, nos permite controlar un motor de corriente continua de forma fácil y efectiva.

Los L298N se suelen utilizar para el control de los motores de corriente continua que forman parte del sistema de propulsión de robots móviles, por ejemplo.

22.2 COMPONENTES ELECTRÓNICOS

El componente que se estudia en esta práctica es el motor de corriente continua y el controlador L298N.

22.2.1 El motor CC

El motor de corriente continua es un dispositivo que convierte la energía eléctrica en energía electromotriz.

Esta energía electromotriz se destina, mediante engranajes externos, a producir movimiento.

El motor CC funciona sobre la base de unos imanes que crean campos magnéticos opuestos y esto hace que su eje interno gire, produciendo movimiento.

Los motores CC no tienen polaridad, a no ser que deseemos cambiar el sentido del giro del rotor o eje. Esto quiere decir que cambiando la polaridad de la tensión de entrada, cambiamos el sentido de rotación.

Figura 22.1. Motor de corriente continua

Figura 22.2. Motor de corriente continua y sus partes internas

Estos motores necesitan de un regulador de velocidad con Arduino para poder ser utilizados en proyectos como robots seguidores de línea o robots esquiva objetos. Esta electrónica adicional suele venir en el *shield* controlador de motores CC para Arduino, o mediante módulos como el controlador L298N.

Veamos a continuación el controlador L298N.

22.2.2 El controlador L298N

Figura 22.3. Controlador de motores L298N

Este módulo posee toda una circuitería electrónica adicional que incorpora todos los componentes necesarios para el perfecto control de los motores. Permite controlar hasta dos motores de corriente continua.

Veamos un esquema detallado de sus partes, y después se procederá a explicar cada una de ellas.

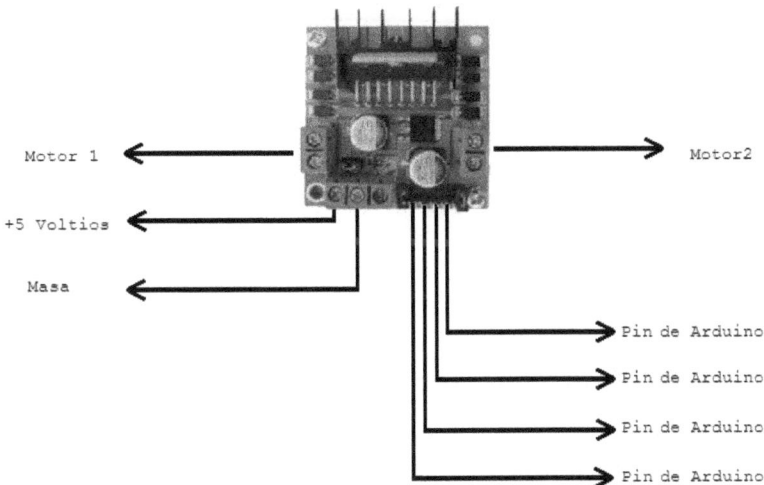

Figura 22.4. Relación de pines de conexión del L298N

En las entradas *motor1* y *motor2* conectaremos el/los motores para su control.

Antes de seguir con la descripción de las otras partes del controlador, es buen momento para explicar la conexión de un motor CC.

Como ya se ha mencionado anteriormente, los motores CC que podemos encontrar disponen de unas lengüetas que se utilizan para soldar los cables de alimentación del motor.

En la figura 22.5 se puede apreciar cómo han sido soldados dos cables de color negro en ambas lengüetas.

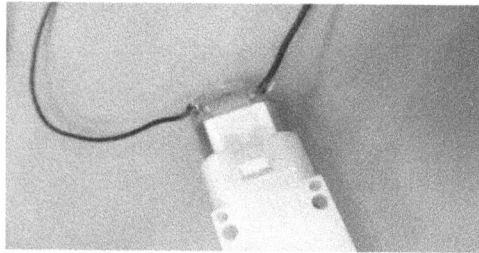

Figura 22.5. Cables de conexión soldados al motor

Estos cables van conectados a los conectores de una de las entradas para motores. Podemos verlo en la figura 22.6.

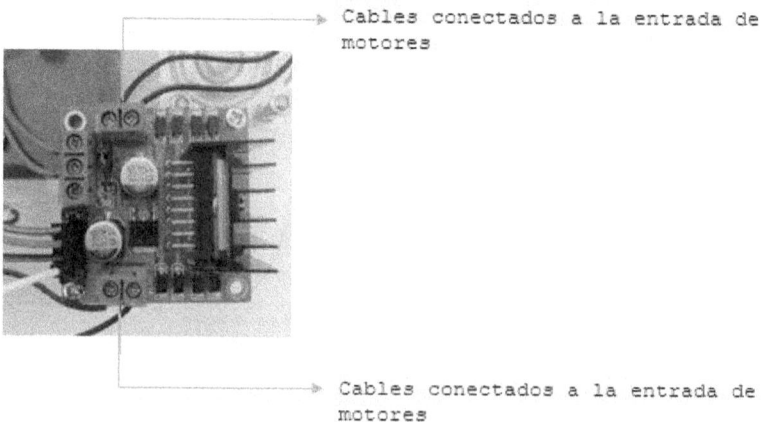

Figura 22.6. Conexión de los cables del motor a las entradas del controlador

Una vez conectados los motores, debemos conectar el controlador a Arduino para poder controlar los motores. Para ello tenemos unos conectores llamados IN1, IN2, IN3 e IN4.

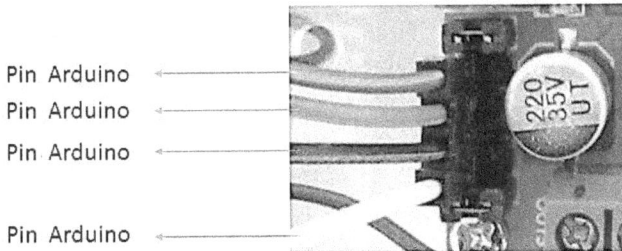

Figura 22.7. Conectores INx del controlador L298N

Cada uno de estos conectores irá vinculado a un pin de Arduino. Cada pareja de conectores INx controlará un motor.

Ahora sólo falta alimentar el módulo controlador. Para ello, podemos realizarlo de dos formas.

Podemos conectarlo directamente al conector 5V de Arduino o podemos conectarlo a una fuente de alimentación externa, esto es, una pila o batería.

Es recomendable hacerlo del segundo modo, ya que los 5 voltios que proporciona Arduino pueden ser insuficientes a la hora de alimentar el controlador y los motores conectados a éste.

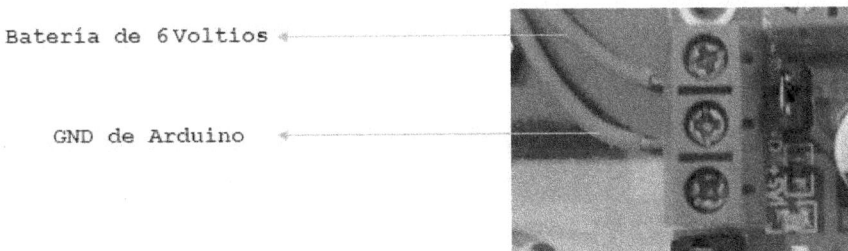

Figura 22.8. Conectores para alimentar el controlador

La alimentación de entrada para el controlador va de los 6 a los 9 voltios.

Ahora sólo falta la programación para controlar los motores a través del controlador de motores.

22.3 ENUNCIADO DE LA PRÁCTICA

Nuestro grupo de robótica ha sido invitado a un torneo entre centros de formación de la misma zona. El torneo consta de la categoría de robots velocistas, que irán pasando de ronda si ganan la carrera frente al rival que le sea asignado; es decir, estos robots deberán ser rápidos.

Para crear un robot velocista es necesario emplear motores de corriente continua en vez de servomotores, ya que estos últimos no gozan de mucha velocidad, aunque sí de «fuerza».

Por tanto, si deseamos velocidad para nuestro robot, deberemos proporcionarle como medio de propulsión unos motores de corriente continua.

En definitiva, se deberá establecer la conexión y la programación de dos motores de corriente continua mediante el L298N como controlador.

22.4 ESQUEMA DE CONEXIÓN

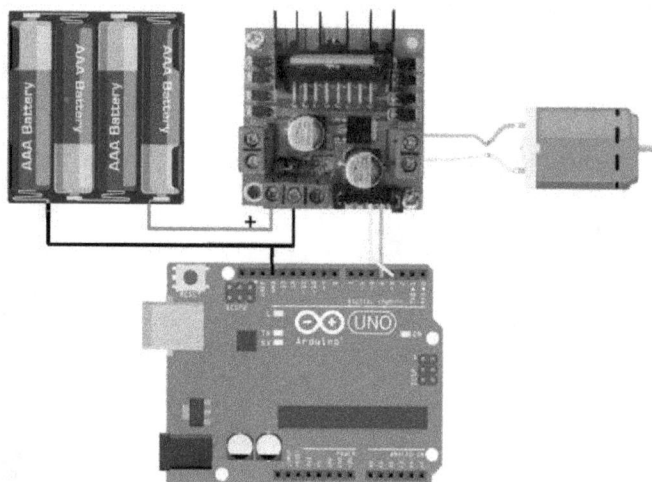

Primero se muestra la conexión controlador-motor-Arduino para un único motor; de esta forma, podemos ver de una manera más clara el conexionado, para posteriormente poder añadir un motor más.

Por este motivo, primero se muestra el código para controlar un único motor y, posteriormente, se muestra el código para controlar dos motores.

Veamos a continuación los códigos de la práctica.

22.5 CÓDIGO DE LA PRÁCTICA

```
/* Código desarrollado para controlar un motor CC */

int IN1 = 2; //conector IN1 a pin 2 de Arduino
int IN2 = 3; //conector IN2 a pin 3 de Arduino

void setup() {

pinMode (IN1, OUTPUT); //IN1 como salida
pinMode (IN2, OUTPUT); //IN2 como salida

}

void loop() {

digitalWrite (IN1, HIGH); //5 voltios a IN1
digitalWrite (IN2, LOW); //0 voltios a IN2
```

//de esta forma, estamos aplicando 5 voltios a una lengüeta del motor y 0 voltios a la otra lengüeta del motor, haciendo que éste se active y gire

```
}
```

De acuerdo, ¿y si deseamos controlar dos motores?

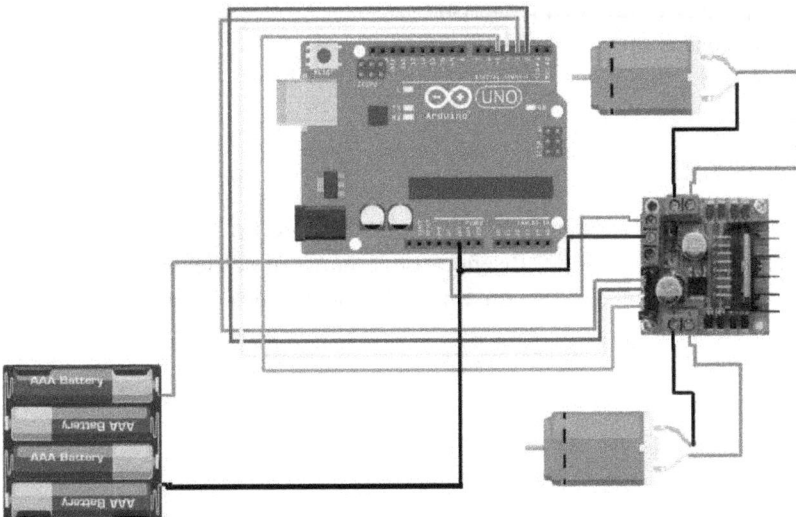

El código será el siguiente:

```
/* Código para controlar dos motores CC */

int IN1 = 2;
int IN2 = 3;
int IN3 = 4;
int IN4 = 5;

void setup() {

pinMode (IN1, OUTPUT);  //Input2 conectada al pin 2
pinMode (IN2, OUTPUT);  //Input3 conectada al pin 3
pinMode (IN3, OUTPUT);  //Input4 conectada al pin 4
pinMode (IN4, OUTPUT);  //Input5 conectada al pin 5

}

void loop() {

digitalWrite (IN1, HIGH);
digitalWrite (IN2, LOW);
//acciona el MOTOR conectado a los pines 2 y 3

digitalWrite (IN4, LOW);
digitalWrite (IN3, HIGH);
//acciona el MOTOR conectado a los pines 4 y 5


}
```

De esta forma, tenemos el programa base de un robot velocista. Después entraría en escena el tema del diseño, donde también se deberían tener en cuenta diversos aspectos, como: la aerodinámica, la fricción del material de las ruedas, el peso del robot, etc.

22.6 MATERIAL PARA EL DESARROLLO DE LA PRÁCTICA

En esta práctica se necesita:

▶ Placa Arduino.
▶ Protoboard.
▶ Cable USB.
▶ Un controlador L298N.
▶ Dos motores de corriente continua.
▶ Un portapilas como opción para alimentar de forma independiente el controlador y los motores.
▶ Cuatro pilas de 1,5 voltios (6 voltios).
▶ Cable conexión.

En este caso, como simplemente se pretende montar y probar el sistema de propulsión del robot, podemos alimentar a Arduino mediante el cable USB.

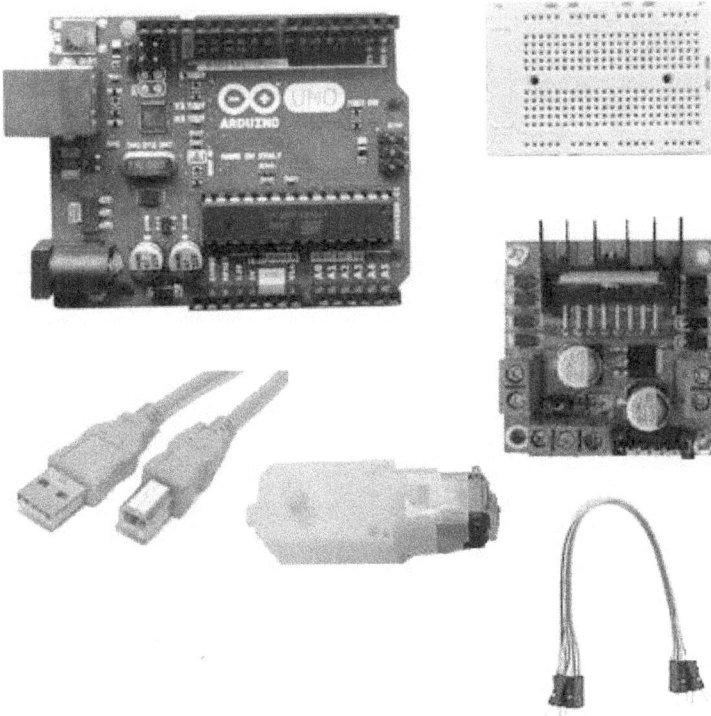

23

DISPLAY LCD CON ARDUINO

23.1 INTRODUCCIÓN

Muchas de las aplicaciones, sistemas y proyectos desarrollados hasta ahora con Arduino son susceptibles de incorporar un display LCD para darles un toque de profesionalidad y sofisticación a los proyectos.

Un display LCD de este tipo nos permite mostrar texto y números para informar al usuario de cierta información.

Por ejemplo, podríamos dotar a nuestro sistema de medición de temperatura con un sensor LM35 y con un display LCD, y que se mostrase a través de éste.

Lo mismo puede ocurrir con un sensor de humedad, por ejemplo, donde los avisos podrían mostrarse mediante este display.

Podemos utilizarlo con un sensor de ultrasonidos para mostrar la medición de distancias, entre otras muchas aplicaciones.

23.2 COMPONENTES ELECTRÓNICOS

El componente que se debe describir es el display LCD 1602A.

Las prácticas de este libro en las que se utiliza un display están confeccionadas con este modelo en concreto, aunque también se ha probado con un modelo 16216, obteniendo el mismo resultado.

Display LCD 1602A

Se trata de un display LCD de 16x2. Esto quiere decir que disponemos de dos filas, donde «caben» 16 caracteres.

Estas pantallas están creadas con cristal líquido, de semejante composición como la que nos podemos encontrar en la mayoría de displays LCD que podemos ver en dispositivos electrónicos.

Figura 23.1. Display LCD 1602A

Podemos encontrar en el mercado displays mucho más grandes y de diferentes tecnologías, pero para lo que vamos a hacer éste es suficiente.

En este caso, el display LCD 1602A dispone de un fondo verde con letras negras (también podemos encontrarlos con fondo azul y letras blancas), que hace que se distingan con relativa facilidad. El cristal líquido está en cada píxel del display; cuando se le aplica una tensión, éste se ilumina y conseguimos ver los símbolos impresos en la pantalla.

Estos displays incorporan un microcontrolador que hace posible lo explicado anteriormente, y que además podamos gobernarlo mediante instrucciones.

El controlador asociado a estos displays suelen ser los Hitachi44780.

El aspecto esquemático que puede tener este display LCD es el siguiente:

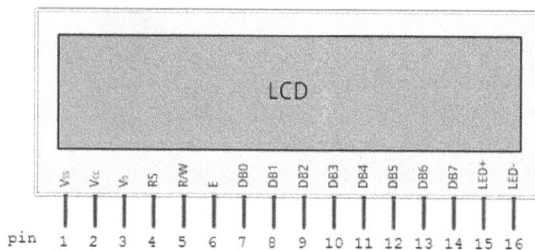

La relación de terminales y sus funciones se detallan en la siguiente tabla:

Terminal	Nombre_Terminal	Función
1	GND	Masa
2	Vcc	+5V
3	Contraste	Gestiona el contraste
4	RS	Escoge el registro que se va a leer o escribir
5	R/W	Determina si es lectura o escritura
6	E	Enable. Habilitado.
7	DB0	Datos
8	DB1	Datos
9	DB2	Datos
10	DB3	Datos
11	DB4	Datos
12	DB5	Datos
13	DB6	Datos
14	DB7	Datos
15	Cátodo	Masa del led de iluminación
16	Ánodo	Vcc del led de iluminación

23.3 CONFIGURACIÓN Y CONEXIÓN

Un ejemplo de relación de pines de Arduino y terminales del display es la siguiente (obsérvese el esquema anterior para situar cada pin del display):

Pin Arduino	Terminal LCD
6	4
7	5
8	6
9	11
10	12
11	13
12	14

Es decir, el pin n.º 6 de Arduino irá conectado al terminal n.º 4 del display…

Para completar la correcta conexión del display con Arduino debemos crear las conexiones de alimentación, masa, control del contraste, etc.

Para el contraste deberemos disponer de un potenciómetro de 10 KOhms.

Si se observa el esquema, se puede ver todo el conexionado de la práctica.

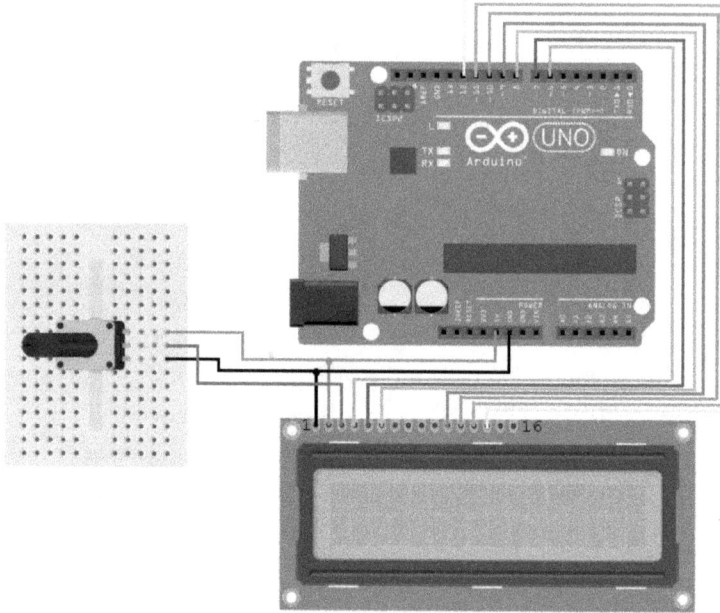

Hay dos terminales más en los displays LCD: los terminales A (ánodo) y K (cátodo). Ánodo, pin 16, y Cátodo, pin 15, tal como se puede ver en la tabla anterior.

Estos dos terminales son los encargados de iluminar el display.

Si conectamos el ánodo a 5 voltios (A a 5 voltios) y el cátodo a masa (K a masa), iluminaremos nuestro display, obteniendo así una lectura óptima del texto que se muestra por pantalla.

El potenciómetro utilizado para obtener un buen contraste del LCD debe ser de entre 4,7 a 10 KΩ.

Mediante el potenciómetro podremos variar el contraste de la pantalla para una mejor visualización del texto.

Esto se consigue variando su resistencia mediante el giro de la rueda o de la barra del potenciómetro.

Moveremos a un lado y a otro en busca del mejor contraste posible.

Para que Arduino reconozca un display es necesaria la utilización de la librería *LiquidCrystal*, que proporciona los comandos esenciales para controlar al display.

Esta librería viene por defecto al instalar el IDE de Arduino.

Veamos ahora las funciones relativas a la librería LiquidCrystal.

23.4 LIBRERÍA LIQUIDCRYSTAL

Aquí vamos a describir las instrucciones indispensables para hacer funcionar la pantalla LCD sin problemas:

- ▼ *lcd.print(texto);* : escribe el texto en la pantalla LCD.

- ▼ *lcd.begin(n.º columnas, n.º filas);* : le decimos qué tamaño va a tener el display. En nuestro caso, 16x2.

- ▼ *lcd.clear();* : borra todo lo que contenga la pantalla LCD.

- ▼ *lcd.home();* : posiciona el cursor en la esquina superior derecha.

- ▼ *lcd.write(caracter);* : escribe un carácter en la pantalla LCD.

- ▼ *lcd.display();* : activa el LCD.

- ▼ *lcd.noDisplay();* : desactiva el LCD sin borrar lo que había escrito en éste.

23.5 ENUNCIADO DE LA PRÁCTICA

En esta práctica vamos a tratar de tomar un primer contacto con un display LCD.

Se deberá mostrar por el display un texto cualquiera de una longitud máxima de 16 caracteres, pudiendo utilizar las dos líneas del display si así de desea.

En siguientes prácticas se utilizará el display para crear proyectos, como, por ejemplo, un sistema de control de aparcamiento o mostrar la temperatura de una estancia.

23.6 CÓDIGO DE LA PRÁCTICA

```
/* Programa para display lcd 1602A y display lcd
16216*/

#include <LiquidCrystal.h>
```
//incluimos la librería LiquidCrystal

```
LiquidCrystal lcd(6, 7, 8, 9, 10 , 11, 12);
```
//indicamos los pines de Arduino conectado al display

```
void setup() {
lcd.begin(16,2);
```
//inicializamos el display con las dos líneas activas

```
lcd.setCursor(0,0);
```
//el texto será situado en la primera línea del display

```
lcd.write("Robotica Basica");
```
//escribimos el texto

```
lcd.setCursor(0,1);
```
//nos posicionamos en la segunda línea del display

```
lcd.write("con Arduino");
```
//escribimos el texto

```
}

void loop() {
```

//no incluimos nada en el void loop, ya que el texto queda impreso en el display sin necesidad de repetir la operación

```
}
```

23.7 MATERIAL PARA EL DESARROLLO DE LA PRÁCTICA

En esta práctica se necesita:

▼ Placa Arduino.
▼ Protoboard.
▼ Cable USB.
▼ Un display LCD.
▼ Un potenciómetro de 4,7 a 10 KOhm.
▼ Cable conexión.

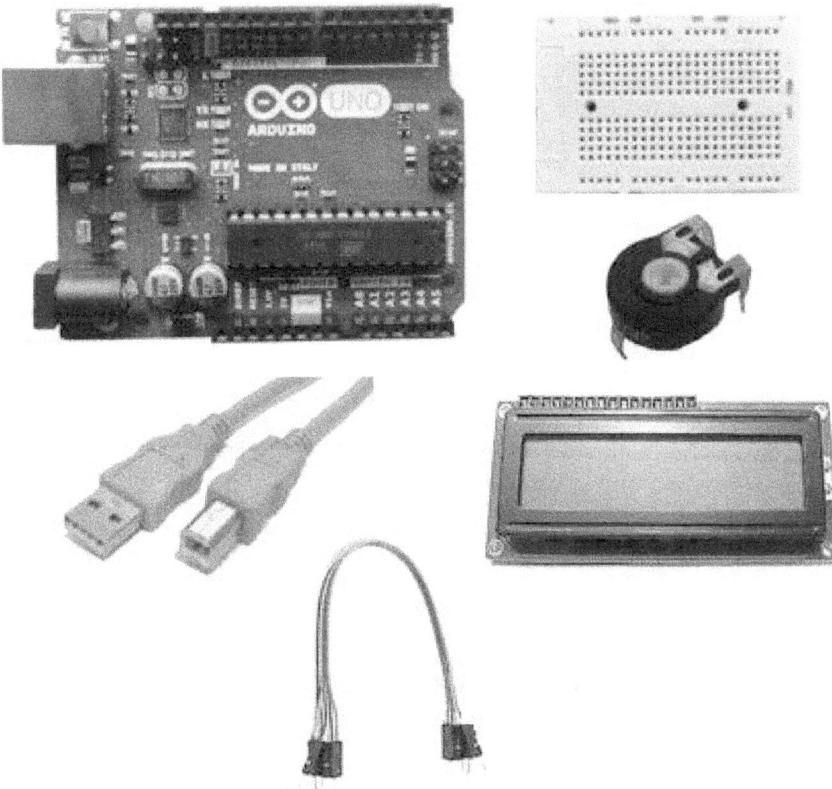

24

MEDIDOR DE TEMPERATURA

24.1 INTRODUCCIÓN

Los sensores de temperatura son unos dispositivos muy útiles que se utilizan en sistemas diseñados para medir temperaturas en lugares accesibles o no accesibles por el ser humano.

Un ejemplo trivial donde nos encontramos uno de estos sensores es en las estaciones meteorológicas que tenemos en casa, que también integran reloj, humedad relativa, día, mes, año, etc.

Esta práctica trata de familiarizar al lector con el sensor de temperatura LM35.

24.2 COMPONENTES ELECTRÓNICOS

Los componentes aquí utilizados son: display LCD y transistor LM35.

El componente que se va a describir a continuación es el transistor LM35. Este componente electrónico se puede utilizar como sensor de temperatura.

Veamos su funcionamiento.

24.2.1 El sensor de temperatura LM35

El transistor LM35 es un componente semiconductor que actúa como sensor de temperatura.

Este transistor entrega 10 mV por cada grado centígrado de temperatura. Debido a la naturaleza de la información resultante (en milivoltios), este sensor se deberá conectar en las entradas analógicas de Arduino.

Algunas de las características de este componente son las siguientes:

▼ Voltaje de funcionamiento: de 4 a 30 voltios.
▼ Rango de temperaturas: de -55° C a +150° C
▼ Precisión: ±2° C.
▼ Corriente de salida: +10 mV/°C.

El patillaje de este sensor se muestra a continuación.

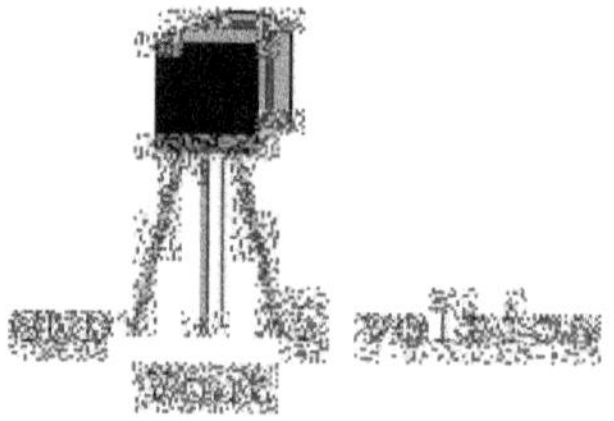

Figura 24.1. Parte frontal del transistor LM35

El terminal Vout será el que deberemos conectar al pin analógico de entrada de Arduino.

Un aspecto que se debe tener en cuenta es que los datos obtenidos mediante la lectura analógica del sensor se deberán tratar matemáticamente para obtener unos valores en grados acorde con las temperaturas que nosotros estamos acostumbrados a utilizar. La ecuación que se deberá incorporar en el programa es la siguiente:

```
valor = analogRead(temp);
Grados = (5.0 * valor * 100.0) / 1024;
```

Donde:

▼ valor: es el valor que nos proporciona la salida del sensor.
▼ 5.0: son los voltios de entrada al sensor.

▼ temp: pin analógico A0, donde está conectado el terminal de señal del sensor.

▼ 100.0: para pasarlo del submúltiplo mili a la unidad.

▼ 1024: son los 10 bits con los que trabaja el ADC (Conversor Analógico Digital).

También podemos utilizar otros tipos de sensores que nos permiten medir la temperatura. El más conocido es el termistor NTC.

Una imagen del termistor NTC es la que se muestra en la figura 24.2:

Figura 24.2. Termistor NTC

24.3 ENUNCIADO DE LA PRÁCTICA

En esta práctica se realizará un circuito con el que se simulará un termómetro digital, en el que la lectura de la temperatura aparecerá por un display.

Esta práctica la podemos dividir en dos partes.

En la primera parte crearemos un circuito para obtener la temperatura y mostrarla por el monitor serie.

La segunda parte, o versión 2, consistiría en incorporar un display LCD para mostrar la temperatura a través de éste, en lugar de utilizar el monitor serie.

Una vez realizada la primera versión de la práctica, podemos ampliarla mostrando la temperatura por un display LCD.

24.4 ESQUEMA DE CONEXIÓN

La conexión con Arduino no tiene mayor complicación.

El siguiente esquema hace referencia a la ampliación de la práctica, donde se muestra la temperatura por un display LCD.

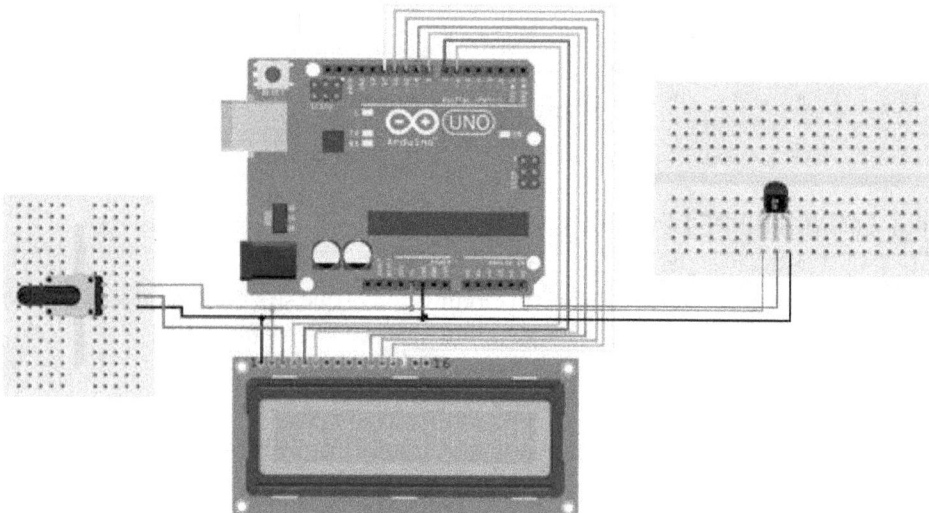

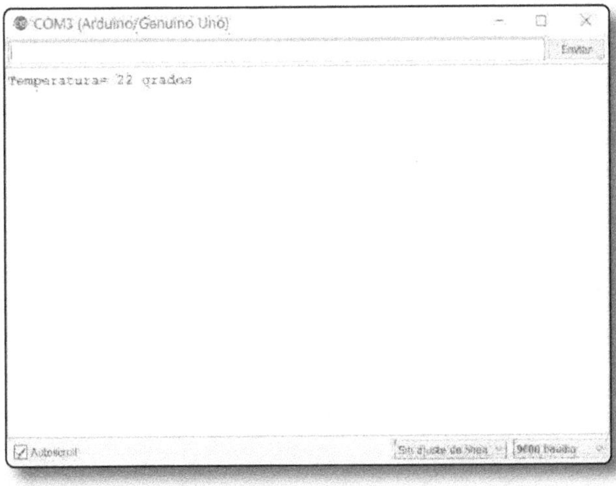

Figura 24.3. Resultado de la medición mostrado por el monitor serie

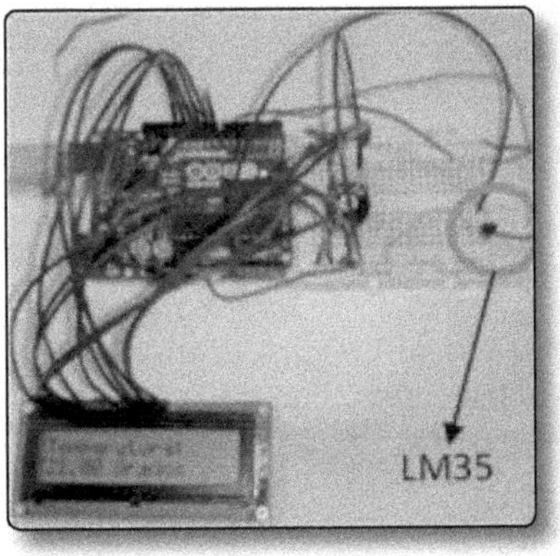

Figura 24.4. Montaje de la práctica ampliada

24.5 CÓDIGO DE LA PRÁCTICA

Código para la visualización de la temperatura por el monitor serie.

```
/*Medidor de temperatura con el sensor LM35
  Por Monitor Serie*/

float valor =0;
int grados =0;
//variable grados, declarada como entero proporcionará la temperatura sin decimales
```

```
int temp= A0;

void setup (){
  Serial.begin (9600);
  pinMode (temp, INPUT);
}

void loop () {
  valor = analogRead(temp);
  grados = valor*0.48828125;  //resultado de 5*100/1024
  Serial.print("Temperatura= ");
  Serial.print(grados);
  Serial.print(" grados");
  Serial.println();
  delay(60000);
//esperamos un minuto para actualizar la lectura de la temperatura

}
```

Código para la versión 2 de la práctica

```
/*Medidor de temperatura con el sensor LM35 y display
LCD*/

#include <LiquidCrystal.h>
LiquidCrystal lcd(8, 9, 10, 11, 12 , 13);
float valor =0;
float grados =0;
int temp= A0;

void setup (){
  Serial.begin (9600);
  pinMode (temp, INPUT);
  lcd.begin(16,2);
}

void loop () {
  valor = analogRead(temp);
  grados = valor*0.48828125;
  lcd.setCursor(0,0);
  lcd.write("Temperatura:");  //aparecerá en la posición 0,0
```

```
lcd.setCursor(0,1);
lcd.print(grados); //aparecerá en la posición 0,1
lcd.setCursor(6,1);
lcd.write("Grados"); //aparecerá en la posición 6,1
Serial.print("Grados= "); //también por el monitor serie
Serial.print(grados);
Serial.println();
delay (60000);
}
```

24.6 SUGERENCIAS

Algunas sugerencias sobre esta práctica son las siguientes:

▼ Añadir un motor de corriente continua simulando un ventilador. Cuando el sensor llegue a cierta temperatura, el motor se activa, generando ventilación.

▼ Simulación de sistema de riego por aspersión según la temperatura a la que se encuentra la superficie de nuestro jardín.

▼ Acoplar indicadores luminosos como advertencia de alta temperatura.

▼ Etcétera.

24.7 MATERIAL PARA EL DESARROLLO DE LA PRÁCTICA

En esta práctica se necesita:

▼ Placa Arduino.
▼ Protoboard.
▼ Cable USB.
▼ Display LCD.
▼ Un sensor LM35.
▼ Una caja de cartón para montar la maqueta de la habitación
▼ Un ventilador de PC a 5 voltios, o dispositivo similar.
▼ Cable conexión.

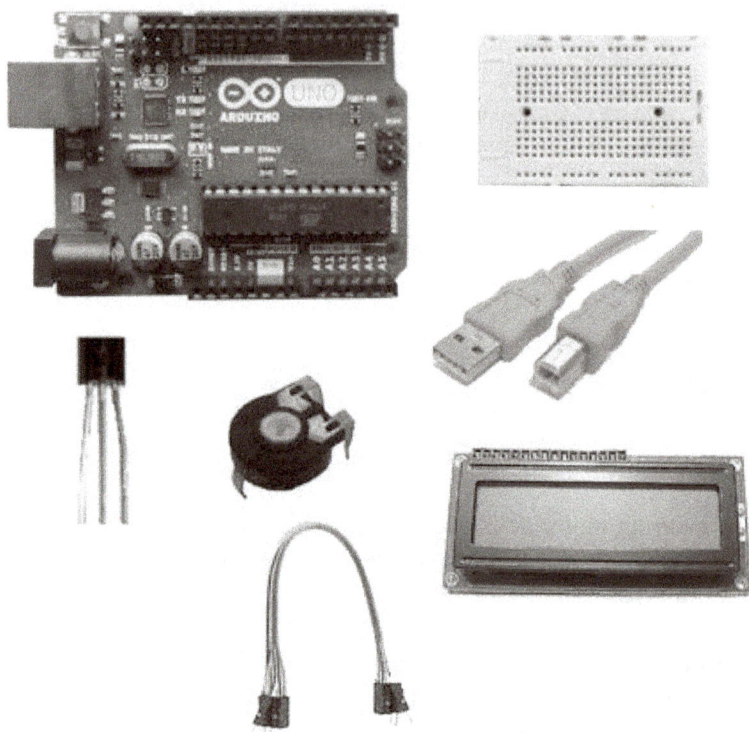

25

EL SENSOR CNY70

25.1 INTRODUCCIÓN

Como se puede ver, en robótica y domótica los sensores son un componente importante para poder dotar a nuestros sistemas de «sentidos». Estos sensores son los encargados de captar la realidad que nos rodea en nuestro medio ambiente.

En este caso, el sensor CNY70 nos permite poder diferenciar entre dos colores: el blanco y el negro.

El hecho de poder realizar este tipo de discriminación nos sirve para poder filtrar o diferenciar entre dos tipos de pavimento o dos tipos de objetos diferentes en una cadena de montaje.

Estos sensores son muy utilizados en robots seguidores de línea.

25.2 COMPONENTES ELECTRÓNICOS

En esta ocasión, el componente que se emplea en esta práctica es el sensor CNY70, un sensor de infrarrojos.

Veamos el sensor CNY70 y su configuración.

25.2.1 El sensor CNY70

Este sensor basa su funcionamiento en la tecnología de los infrarrojos. Consta de un emisor y un receptor de infrarrojos.

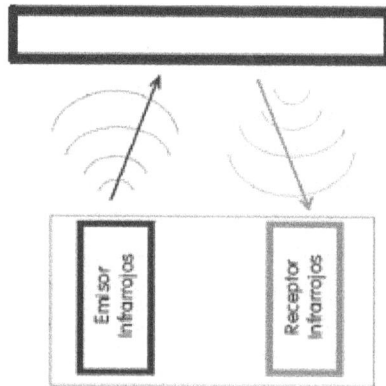

Figura 25.1. Esquema de funcionamiento del sensor CNY-70

El emisor envía una señal en infrarrojos, ésta se refleja sobre el objeto que está dentro de su campo de alcance y es recogida por el diodo receptor de infrarrojos.

El funcionamiento es similar al sensor de ultrasonidos HC-SR04, pero mediante infrarrojos.

Una imagen del sensor y su esquema interno lo podemos ver en la figura 25.2.

Figura 25.2. Sensor CNY-70 y su composición interna

En el esquema anterior podemos apreciar que la composición interna de este sensor está desarrollada por un diodo y un transistor, donde el emisor es el diodo y el receptor es el transistor.

Conexionado

Si nos fijamos en el sensor, éste dispone de cuatro terminales. Éstos son: Ánodo, Cátodo, Emisor y Colector.

La disposición es la siguiente:

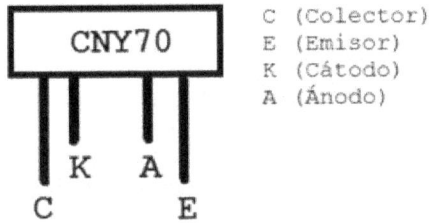

C (Colector)
E (Emisor)
K (Cátodo)
A (Ánodo)

Figura 25.3. Relación de terminales del sensor CNY-70

Para orientarnos correctamente en la identificación de cada terminal, hay que tener en cuenta la parte serigrafiada de la superficie plástica del sensor.

Veamos ahora la conexión con Arduino y las resistencias que hay que añadir para el correcto funcionamiento del sensor.

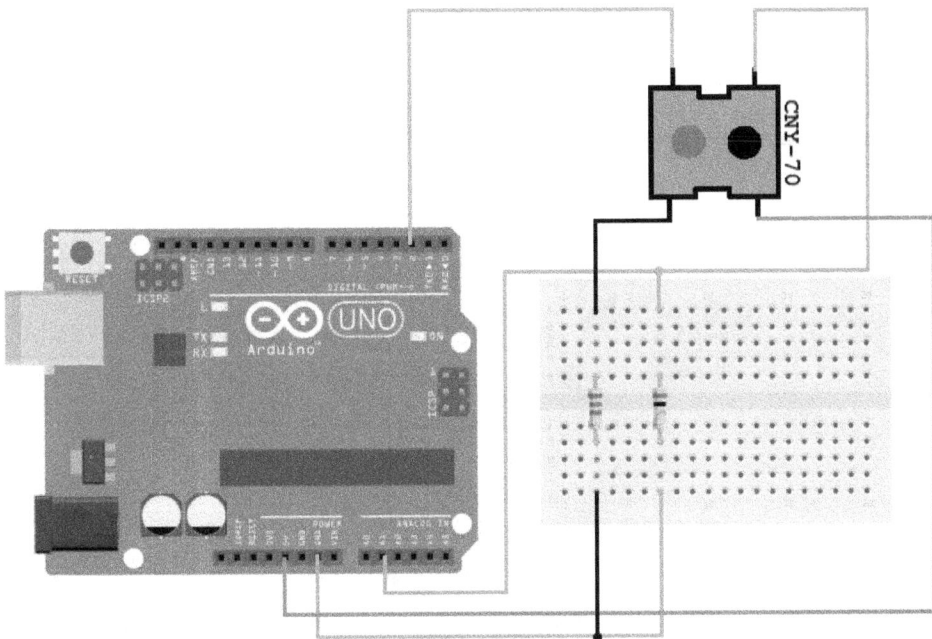

El terminal que figura como ánodo irá conectado al pin de datos de Arduino.

Esta configuración responde al siguiente modo de funcionamiento:

Cuando el emisor recibe luz o le confrontamos el color blanco, en la salida tendremos unos valores diferentes de 0.

Cuando el color es el negro, y en consecuencia no hay reflejo, el valor que se obtiene es 0.

Los valores que obtendremos al detectar estos dos colores irán de 0 a 1.023. La distancia de exposición también hará variar los valores obtenidos.

Para crear una aplicación con este sensor, sólo tendremos que escoger los rangos que más nos interesen según el color o superficie que deseemos detectar.

25.3 ENUNCIADO DE LA PRÁCTICA

En esta práctica se realizará un sistema capaz de diferenciar mediante un sensor CNY70 entre el color negro y el color blanco.

Dependiendo de si el sensor detecta el color negro o blanco, éste activará un servomotor, que podría tratarse de uno de los motores de propulsión de un robot móvil.

El servomotor se accionará para el color blanco y permanecerá parado para el color negro.

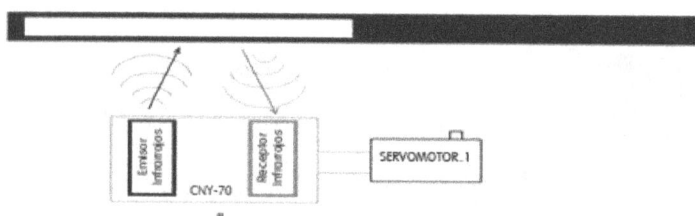

25.4 ESQUEMA DE CONEXIÓN

Veamos el esquema de conexión:

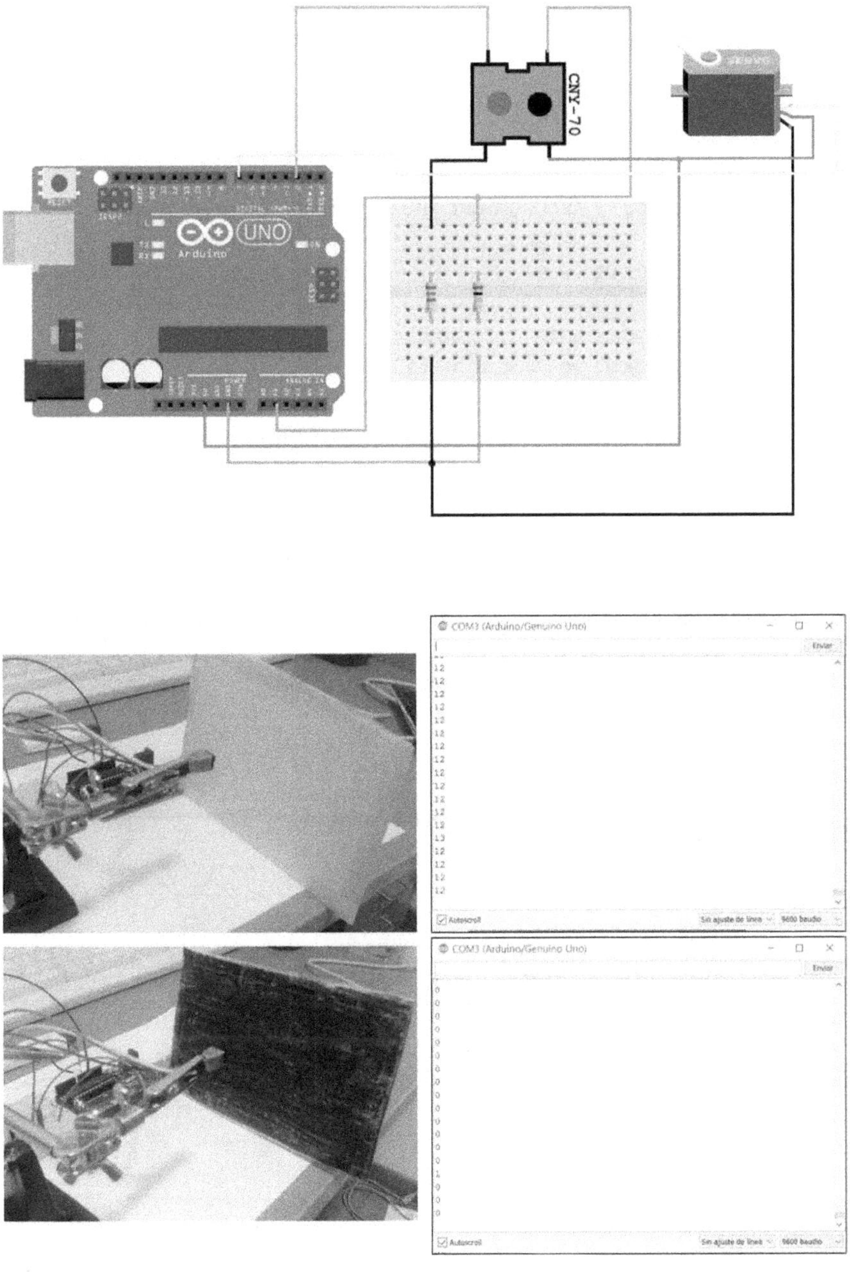

Figura 25.4. Montaje y resultado de la práctica

25.5 CÓDIGO DE LA PRÁCTICA

```
/*Código sensor CNY-70 con servomotor*/

#include <Servo.h>
Servo propulsion; //servomotor de 360 grados
int cny=A0; //asociamos la variable cny al pin analógico A0
int valor=0; //variable que almacenará los valores del sensor

    void setup()
    {
      pinMode (cny, INPUT);
      propulsion.attach (11);
      Serial.begin(9600);
    }

    void loop() {
      valor=analogRead(cny);
//el sensor lee los valores y los almacena en la variable
      Serial.println(valor);
//visualizamos los valores para establecer los valores en las condiciones
      delay(100);
//esperamos 100 milisegundos entre valor y valor

        if (valor>=11){
//valores para el color blanco
        propulsion.write (180);
//servo activado
        }

        if (valor<5){
//valores para el color negro
        propulsion.write (90);
//servo parado
        }

    }
```

25.5.1 Ampliación

Se propone ahora una ampliación de esta práctica, con dos sensores CNY70 y dos servomotores.

Dependiendo de si el sensor detecta el color negro o blanco, éste activará el servomotor_1 o el servomotor_2.

Se propone el servomotor_1 para el color blanco y el servomotor_2 para el color negro.

Cuando el sensor_1 detecte el color negro, se deberá activar el servomotor_1, y viceversa, cuando el sensor_2 detecte el color blanco, deberá activar el servomotor_2.

Cuando cualquiera de los dos sensores deje de detectar su color preestablecido, los motores se detendrán hasta que uno de los dos colores vuelva a ser detectado.

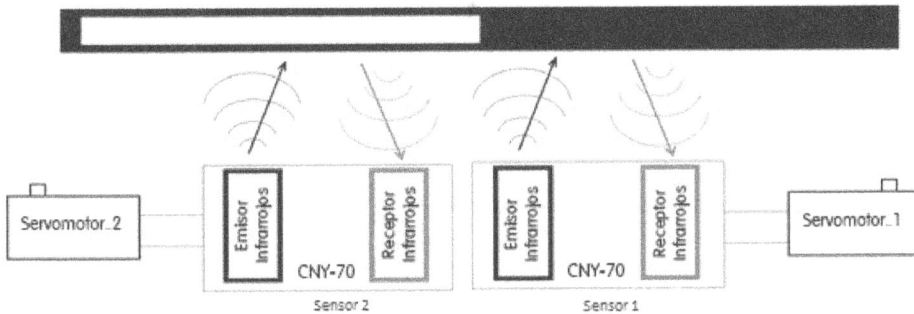

25.6 MATERIAL PARA EL DESARROLLO DE LA PRÁCTICA

En esta práctica se necesita:

- Placa Arduino.
- Protoboard.
- Cable USB.
- Un sensor CNY70 (dos sensores CNY70 para la ampliación).
- Una resistencia de 120 Ohmios (dos para la ampliación).
- Una resistencia de 100 KOhmios (dos para la ampliación).
- Un servomotor (dos para la ampliación).
- Papel o cartulina de color negro y blanco para pruebas de reconocimiento de color.
- Cable conexión.

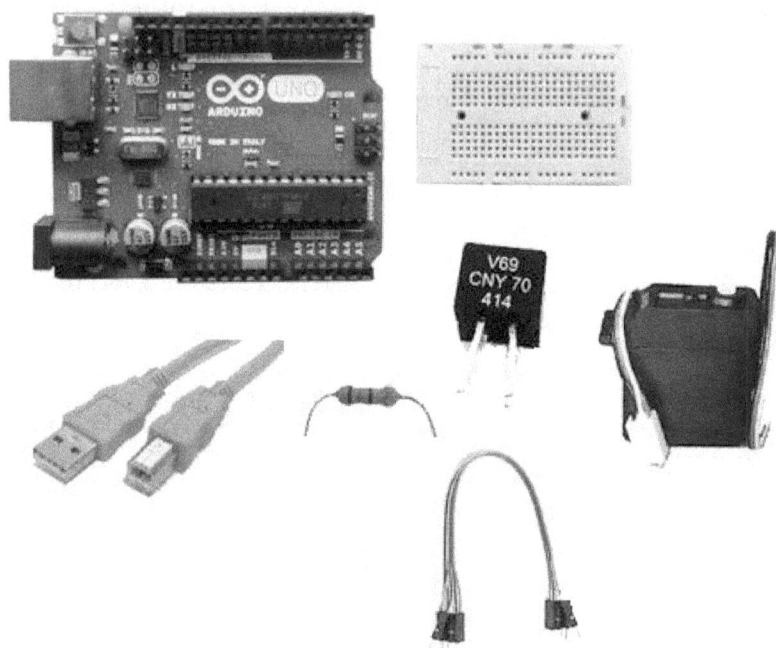

26

SISTEMA DE CONTROL DE APARCAMIENTO

26.1 INTRODUCCIÓN

Como ya se ha comentado en prácticas anteriores, el hecho de poder incorporar un display LCD a nuestros proyectos nos ofrece un abanico de posibilidades en el que podemos adornar o dar un valor extra a nuestros proyectos con Arduino.

Un posible escenario en el que se podría implementar un LCD sería el de un sistema de aparcamiento, donde un display informe de si la plaza está ocupada o, por el contrario, permanece libre.

Esto, acompañado de un sensor de ultrasonidos y un diodo verde y otro rojo, nos brinda la posibilidad de recrear un sistema de aviso de plaza ocupada o libre igual a la que hoy en día existen en los párquines de los centros comerciales, con el valor añadido del display.

26.2 COMPONENTES ELECTRÓNICOS

El componente que se va a emplear es el display LCD 1602A, el diodo led y el sensor de ultrasonidos.

26.3 ENUNCIADO DE LA PRÁCTICA

Cuando vamos al aparcamiento de unos grandes almacenes, cada plaza está dotada de un sistema que nos avisa si el lugar está libre u ocupado.

Si está libre, podemos ver en la parte superior de la plaza una luz verde. Si está ocupado, podemos ver una luz roja.

De esta forma, un conductor que va buscando plaza a simple vista puede divisar una luz verde en cualquier parte de la calle del aparcamiento. Esto hace que se reduzca sustancialmente una pérdida de tiempo buscando, o creyendo haber visto, una plaza al final del recorrido.

En esta práctica se desea diseñar, para un aparcamiento privado, un sistema como el explicado anteriormente.

Además, se deberá dotar a la plaza de un display LCD, indicando si ésta está libre u ocupada.

En el display deberá aparecer el texto «PLAZA LIBRE» si ésta está libre o, en caso contrario, mostrar el texto «PLAZA OCUPADA».

Para detectar la presencia o no de un vehículo se utilizará el sensor de ultrasonidos empleado en una práctica anterior.

Para esta práctica también sería interesante realizar una maqueta a escala con diversos materiales para simular el sistema de una plaza de aparcamiento como la descrita anteriormente.

26.4 ESQUEMA DE CONEXIÓN

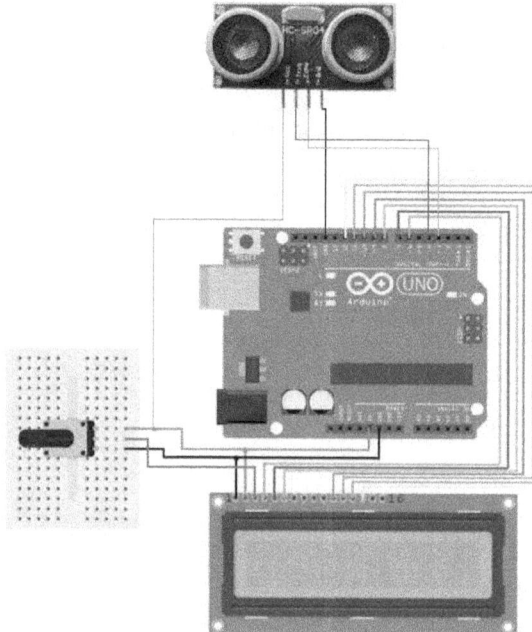

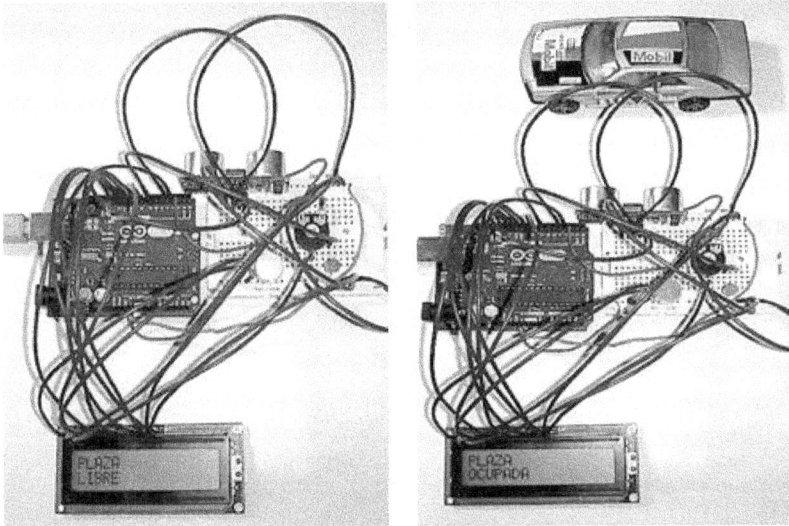

Figura 26.1. Montaje de la práctica

26.5 CÓDIGO DE LA PRÁCTICA

```
/* Display LCD con Arduino. Plaza de aparcamiento */
```

```
#include <NewPing.h>
```
//incluimos la librería NewPing

```
#include <LiquidCrystal.h>
```
//incluimos la librería LiquidCrystal

```
LiquidCrystal lcd(8, 9, 10, 11, 12 , 13);
```
//indicamos los pines de Arduino conectado al display

```
#define TRIGGER   4
```
//definimos el pin 4 como disparador del pulso de ultrasonidos

```
#define ECHO 3
```
//definimos el pin 3 como receptor del pulso de ultrasonidos

```
#define DIST_MAX 200
```

//distancia máxima que alcanza el sensor de ultrasonidos

```
int dist=0;
int pinled_verde=2;
int pinled_rojo=7;
unsigned int tmp;
NewPing sensor(TRIGGER, ECHO, DIST_MAX);
```

//creamos un objeto llamado sensor que representa a nuestro sensor de ultrasonidos y le pasamos los pins del *trigger*, del *echo* y de la distancia máxima

```
void setup() {
  Serial.begin(9600);
```

//iniciamos comunicación serie

```
  pinMode (pinled_verde, OUTPUT);
```

//declaramos el pin como salida

```
  pinMode (pinled_rojo, OUTPUT);
```

//declaramos el pin como salida

```
  lcd.begin(16,2);
```

//inicializamos el display con las dos líneas activas

```
}
```

```
void loop() {
```

```
delay(200);
```

//esperamos 200 milisegundos entre disparos del sensor

```
tmp = sensor.ping();
```

//guardamos el tiempo del ping en microsegundos en la variable tmp

```
Serial.print ("Ping: ");
```

```
Serial.print (tmp/US_ROUNDTRIP_CM);
```

//se imprime la conversión del tiempo a centímetros para poder calibrar la distancia idónea

```
Serial.println ("cm");
```

```
dist = tmp/US_ROUNDTRIP_CM;
```

//guardamos la distancia en centímetros en la variable dist

```
if (dist < 10) {//si la distancia es menor de 10 cm...
digitalWrite (pinled_rojo, HIGH);
```

//se enciende el led rojo

```
digitalWrite (pinled_verde, LOW);
lcd.setCursor(0,0);
lcd.write("PLAZA");
lcd.setCursor(0,1);
lcd.write("OCUPADA");
}
```

//por la pantalla aparece el mensaje de plaza ocupada

```
else {//si la distancia no es menor de 10 cm....
digitalWrite (pinled_rojo, LOW);
digitalWrite (pinled_verde, HIGH);
```

//se enciende el led verde

```
lcd.setCursor(0,0);
lcd.write("PLAZA");
lcd.setCursor(0,1);
lcd.write("LIBRE   ");
}
}
```

//por pantalla aparece el mensaje plaza libre

Como puede observarse en la figura 26.2, también se han introducido dos diodos led: uno verde para plaza libre y otro rojo para plaza ocupada.

26.6 MATERIAL PARA EL DESARROLLO DE LA PRÁCTICA

En esta práctica se necesita:

▶ Placa Arduino.
▶ Protoboard.
▶ Cable USB.
▶ Sensor ultrasonidos.
▶ Un display LCD.
▶ Un potenciómetro de 10 KOhm (opcional).
▶ Un led rojo.
▶ Un led verde.
▶ Una resistencia de 220 Ohms para el diodo que no está conectado al pin 13 de Arduino.
▶ Madera, cartón, etc.
▶ Cable conexión.

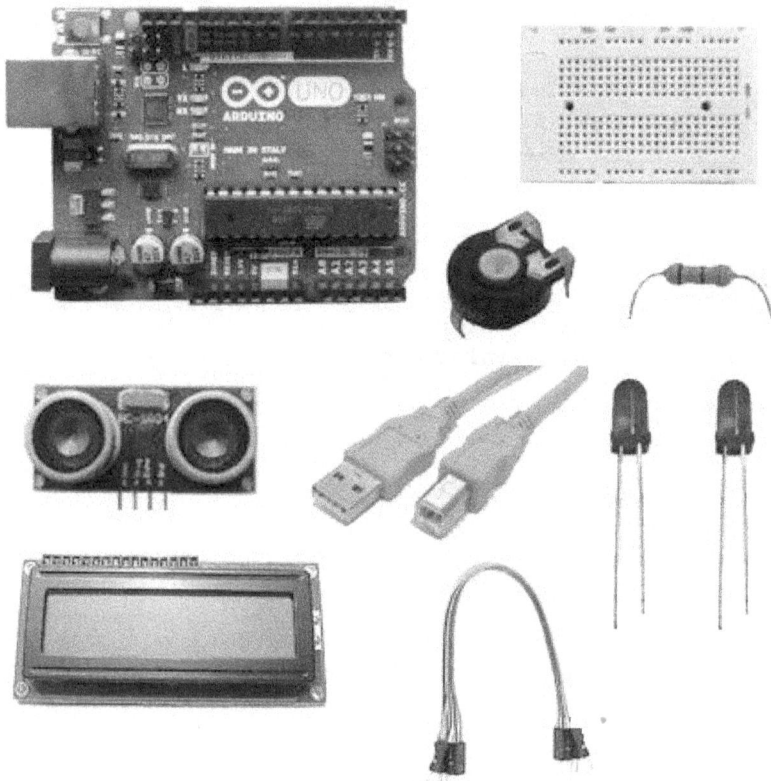

Figura 26.2

PRÁCTICA 22.
TECLADO MATRICIAL CON ARDUINO

27.1 INTRODUCCIÓN

En ocasiones, y según el proyecto que se lleve a cabo, es necesario introducir algún dato en nuestro sistema. Por ejemplo, si nuestro proyecto trata de crear un sistema de seguridad mediante PIN.

Pues bien, Arduino nos permite incorporar un teclado matricial para controlar sensores o actuadores.

Los teclados que podemos encontrar normalmente serán matriciales 4x4, es decir, 16 teclas, aunque también los hay con un número menor de teclas.

Estos teclados nos permiten controlar nuestros montajes con Arduino en proyectos como detección de códigos, abertura de puertas mediante clave, etc.

27.2 COMPONENTES ELECTRÓNICOS

Veamos el funcionamiento y configuración de un teclado matricial.

27.3 TECLADO MATRICIAL

El teclado matricial nos permite introducir información para que el sistema la gestione según esté programado.

Internamente, un teclado matricial de este tipo está constituido por 16 pulsadores interconectados entre filas y columnas.

La disposición de las filas y columnas y su interconexión permiten controlar el teclado con 8 líneas.

En la siguiente imagen podemos observar un teclado de 4x4 típico para proyectos con Arduino.

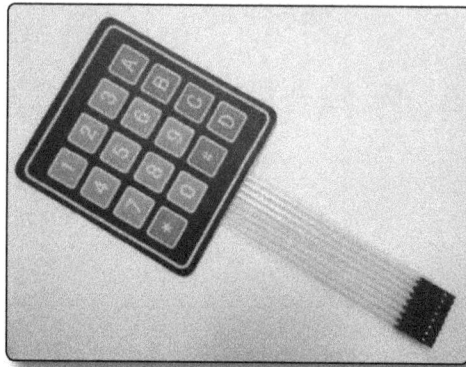

Figura 27.1. Teclado matricial 4x4

El esquema interno del teclado matricial de 4x4 teclas es el siguiente:

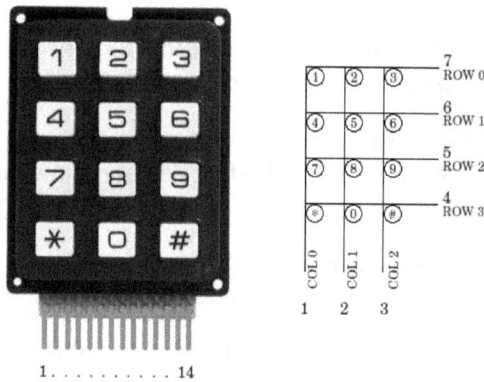

Figura 27.2. Funcionamiento interno de un teclado matricial.
Imagen obtenida de http://playground.arduino.cc/Main/KeypadTutorial

Cuando se presiona una tecla, el pulsador se acciona e interconecta una fila con una columna, dándonos una especie de coordenada y haciendo fácil encontrar cuál ha sido la tecla presionada.

El principio básico de funcionamiento es el explicado anteriormente. El esquema puede cambiar, dependiendo del tipo de teclado que tengamos entre manos.

27.4 CONFIGURACIÓN Y CONEXIÓN

Podemos ver de forma más clara cuál es el patillaje del teclado matricial 4x4.

Una posible conexión del teclado con Arduino se puede ver en el siguiente esquema:

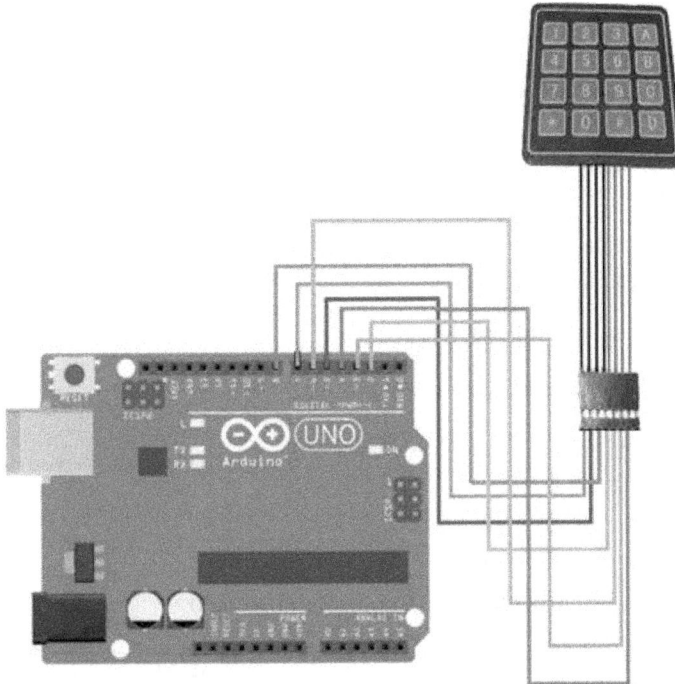

Los primeros cuatro pines de izquierda a derecha son las filas. Los siguientes hasta el final del conector del teclado (primer pin por la derecha) son las columnas. En esta ocasión, la columna donde aparecen las teclas A, B, C y D no ha sido habilitada, con lo que solamente tendremos acceso a las 3 columnas y 4 filas del teclado.

Mucho cuidado al conectar los pines del teclado con los pines de Arduino, ya que, de lo contrario, pueden aparecer números erróneos al presionar las teclas.

El esquema de arriba es una posible conexión entre Arduino y el teclado. Hay que tener en cuenta el orden de estas conexiones cuando se programen en el IDE de Arduino.

Después de lo explicado anteriormente, sólo necesitamos saber cómo programar el teclado. Para ello, contamos con la librería Keypad.

Se explican algunos comandos de esta librería.

27.5 LA LIBRERÍA KEYPAD

La librería que vamos a utilizar y a explicar es la librería Keypad.

Se trata de una librería desarrollada por **Mark Stanley** y **Alexander Brevig** bajo licencia LGPL 2.1, para que podamos utilizar teclados con Arduino de forma sencilla y rápida.

Las instrucciones necesarias para controlar el teclado matricial son las siguientes:

▼ *const byte rows = 4.* Especificamos que la variable *row* tendrá el valor 4. Serán las filas.

▼ *const byte cols = 3.* Especificamos que la variable *cols* tendrá el valor 3. Número de columnas 3.

▼ char keys[rows][cols] = {

{'1', '2', '3'},
{'4', '5', '6'},
{'7', '8', '9'},
{'#', '0', ''}*
};

Creamos la matriz con los caracteres del teclado.

▼ *byte rowPins [row] = {5,4,3,2}* : indicamos los pines a los cuales estarán conectadas las filas.

▼ *byte colPins[cols] = {8,7,6}* : indicamos los pines a los cuales estarán conectadas las columnas.

▼ *Keypad keypad = Keypad(makeKeymap(keys), rowPins, colPins, ROWS, COLS);* : creamos un objeto de la librería para utilizar posteriormente las funciones de ésta.

Dentro del «void loop» introduciremos la siguiente instrucción:

▼ *char key = keypad.getKey();* : en la variable Key, se guardará la tecla pulsada.

Todo esto se verá de forma mucho más clara en el código de la práctica. Veamos ahora el enunciado de ésta.

27.6 ENUNCIADO DE LA PRÁCTICA

En esta práctica se diseñará un sistema en el que, mediante un código de cuatro dígitos, se activen ciertos dispositivos.

Si introducimos el código 1212, se deberá activar un servomotor, que podría ser el actuador para subir o bajar persianas. Si introducimos el código 1213, el servomotor deberá parar.

Si el código introducido es el 2121, se deberá activar un led. Si el código es el 2122, el led deberá apagarse.

27.7 ESQUEMA DE CONEXIÓN

27.8 CÓDIGO DE LA PRÁCTICA

```
/* Código para gobernar un servomotor y un led por te-
clado */

#include <Keypad.h>
```

//librería creada por Mark Stanley y Alexander Brevig bajo licencia LGPL 2.1

```
#include <Servo.h>
const byte ROWS = 4; //n.º de columnas
const byte COLS = 3; //n.º de filas

char keys[ROWS][COLS] = { //matriz que nos permite identificar la
```
tecla presionada
```
  {'1','2','3'},
  {'4','5','6'},
  {'7','8','9'},
  {'*','0','#'}
};
byte rowPins[ROWS] = {5, 4, 3, 2};
```

//pines de Arduino para las filas

```
byte colPins[COLS] = {8, 7, 6};
```

//pines de Arduino para las columnas

```
char i[4] = {0,0,0,0}; //declaramos una matriz de cuatro variables y
```
las inicializamos a 0. Esta variable I almacenará la combinación de números

```
char key=0; //variable que contendrá cada uno de los dígitos introducidos
```
desde el teclado

```
int j=0; //variable que nos ayudará a recorrer cada posición de la variable
```
array i

```
int cont = 0;
```

//variable encargada de contar que sólo introducimos cuatro números para el PIN

```
int led=13;
```

//el led que se va a controlar en el pin número 13

```
Keypad keypad = Keypad( makeKeymap(keys), rowPins, col-
Pins, ROWS, COLS );
```

//creamos un objeto teclado ene l al que le pasamos la matriz de teclas, los pines de las filas, los pines de las columnas, el número de filas y el número de columnas

```
Servo motor;  //nuestro servomotor se llamará motor
```

```
void setup(){
```

```
   Serial.begin(9600);  //iniciamos comunicación serie
```

```
   pinMode (led, OUTPUT);
```

//el pin del led lo declaramos como salida

```
   motor.attach (7);  //activamos el servo y le asignamos el pin 7
}
```

```
void loop(){
 while (cont < 4)  {//mientras el contador (de números que introducimos
```

por el teclado) sea menor que 4...

```
   key = keypad.getKey();  //la variable key almacena las teclas pulsadas
```

```
   i[j]= key;  //almacenamos las teclas que recoge key en cada posición de
```

nuestra variable array i. j es aquí cada posición del array

```
   if (key) {//si la variable array contiene datos...
   Serial.println(i[0]);
```

//se imprime la primera tecla pulsada

```
      Serial.println(i[1]);
```

//se imprime la segunda tecla pulsada

```
      Serial.println(i[2]);
```

//se imprime la tercera tecla pulsada

```
Serial.println(i[3]);
```

//se imprime la cuarta tecla pulsada

```
j=j+1;  //incrementamos la variable índice j
cont = cont+1;  //incrementamos la variable contados de números intro-
```
ducidos
```
   }
 }
```

```
//Clave servo
 if (i[0] == '1' && i[1] == '2' && i[2] == '1' && i[3]
== '2')
   {
```

//si en la primera posición de nuestra variable array i tenemos un 1, en la segunda posición tenemos un 2, en la tercera un 1 y en la cuarta posición tenemos un 2....

```
motor.write (180);  //el servo empieza a moverse
i[0]=0;
i[1]=0;
i[2]=0;
i[3]=0;
```

//ponemos a cero nuestra variable array i a la espera de la introducción de otro código PIN por parte del usuario

```
   }
```

```
 else {//si la combinación anterior no es la introducida, evaluamos la siguien-
te...
    if (i[0] == '1' && i[1] == '2' && i[2] == '1' &&
i[3] == '3')
     {
```

Si la combinación es ésta....

```
motor.write (90);  //servomotor parado
i[0]=0;
i[1]=0;
i[2]=0;
i[3]=0;
```

//ponemos a cero nuestra variable array i a la espera de la introducción de otro código PIN por parte del usuario

```
    }



//a partir de aquí el proceso se repite para el led



//Clave led

    if (i[0] == '2' && i[1] == '1' && i[2] == '2' && i[3]
== '1')
    {
       digitalWrite (led, HIGH);
       i[0]=0;
       i[1]=0;
       i[2]=0;
       i[3]=0;
    }

   else {
      if (i[0] == '2' && i[1] == '1' && i[2] == '2' &&
i[3] == '3')
      {
         digitalWrite (led, LOW);
         i[0]=0;
         i[1]=0;
         i[2]=0;
         i[3]=0;

      }
    }
    }
     //}
//contadores a 0 para volver a empezar cada vez que se introduce una clave

cont =0;
j=0;
key=0;


    }
```

27.9 MATERIAL PARA EL DESARROLLO DE LA PRÁCTICA

En esta práctica se necesita:

- ▶ Placa Arduino.
- ▶ Protoboard.
- ▶ Cable USB.
- ▶ Un teclado matricial 4x4.
- ▶ Un servomotor.
- ▶ Un led rojo o verde.
- ▶ Cable conexión.

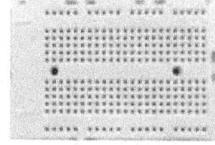

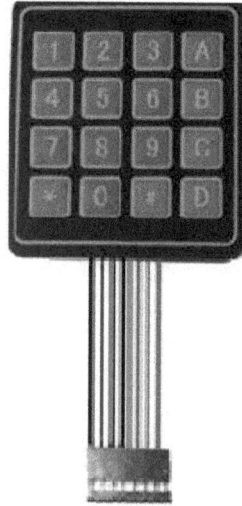

28

MEDIDOR DE VOLUMEN Y LCD CON ARDUINO

28.1 INTRODUCCIÓN

Otro ejemplo de la utilidad de un display es la de poder mostrar las mediciones que se adquieren desde cualquier sensor conectado a Arduino.

Una de las cosas que se nos pasa por la cabeza es la del display que tenemos en la radio de nuestro vehículo: girando el potenciómetro podemos cambiar de dial o el volumen de la música que escuchamos en ese momento.

28.2 COMPONENTES ELECTRÓNICOS

Utilizaremos dos dispositivos que ya se han estudiado en prácticas anteriores: el potenciómetro y el display LCD.

28.3 ENUNCIADO DE LA PRÁCTICA

En esta práctica se diseñará un sistema en el que, al mover la manilla del potenciómetro, se simule el porcentaje de volumen que aplicamos a nuestra radio digital, y que este indicador aparezca en el display conectado a Arduino.

Primero, deberemos «calibrar» la información que nos entra por el potenciómetro, acordando un rango de valores a repartir entre 00 y 100, es decir, volumen máximo.

28.4 ESQUEMA DE CONEXIÓN

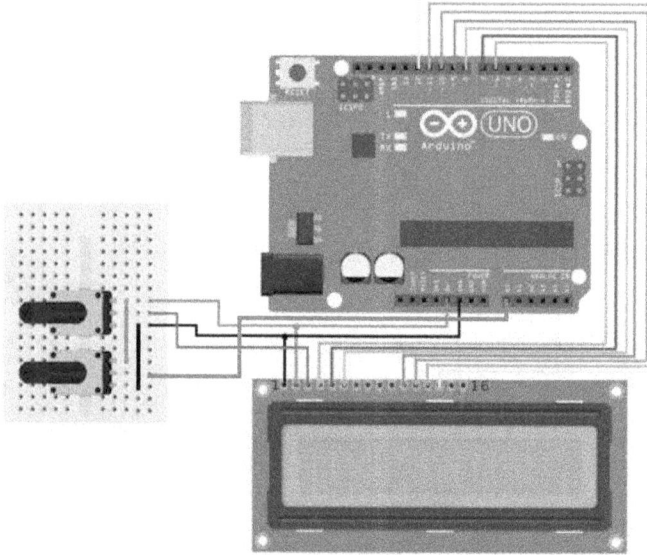

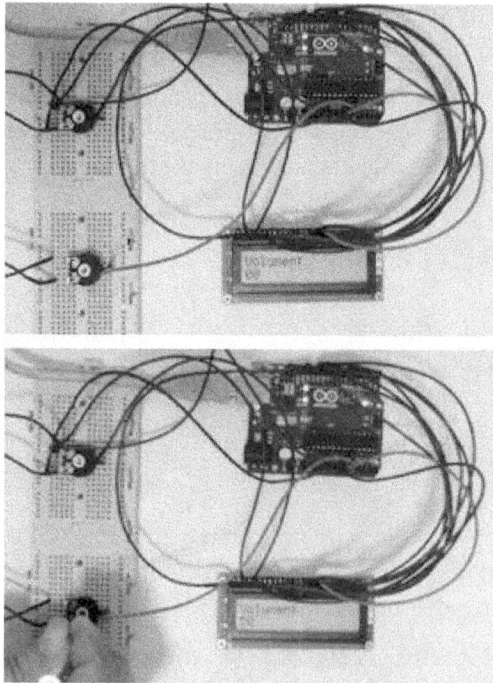

Figura 28.1. Montaje de la práctica

28.5 CÓDIGO DE LA PRÁCTICA

```
/* Programa dedidor de volumen con display*/

#include <LiquidCrystal.h>
int pot=A0;
int valor;
LiquidCrystal lcd(6, 7, 8, 9, 10 , 11, 12);

void setup() {
  Serial.begin (9600);
  lcd.begin(16,2);
  lcd.setCursor(0,0);
  lcd.write ("Volumen:");
  lcd.setCursor(0,1);
  lcd.write ("00");

  pinMode (pot, INPUT);
}

void loop() {
  valor=analogRead (pot);
  Serial.println(valor);
if (valor <= 100){

  lcd.setCursor(0,0);
  lcd.write ("Volumen:");
  lcd.setCursor(0,1);
   lcd.write ("0");
}
else {

if (valor >=101 && valor <= 200){
```

//cuando el potenciómetro proporcione valores entre 101 y 200, en la pantalla aparecerá un 10

```
    lcd.setCursor(0,0);
    lcd.write ("Volumen:");
    lcd.setCursor(0,1);
    lcd.write ("10");
}
else {
  if (valor >= 210 && valor <= 300){
```

//cuando el potenciómetro proporcione valores entre 210 y 300, en la pantalla aparecerá un 20

```
  lcd.setCursor(0,0);
  lcd.write ("Volumen:");
  lcd.setCursor(0,1);
   lcd.write ("20");
}
else {
if (valor >= 310 && valor <= 400){

  lcd.setCursor(0,0);
  lcd.write ("Volumen:");
  lcd.setCursor(0,1);
   lcd.write ("40");
}
else {
if (valor >= 410 && valor <= 500){

  lcd.setCursor(0,0);
  lcd.write ("Volumen:");
  lcd.setCursor(0,1);
   lcd.write ("50");
   }
else {
if (valor >= 510 && valor <= 600){

  lcd.setCursor(0,0);
  lcd.write ("Volumen:");
  lcd.setCursor(0,1);
   lcd.write ("60 ");
   }
else {
if (valor >= 610 && valor <= 700){

  lcd.setCursor(0,0);
  lcd.write ("Volumen:");
  lcd.setCursor(0,1);
   lcd.write ("70 ");
   }
else {
if (valor >= 710 && valor <= 800){

  lcd.setCursor(0,0);
  lcd.write ("Volumen:");
```

```
      lcd.setCursor(0,1);
       lcd.write ("80 ");
        }
  else {
  if (valor >= 810 && valor <= 900){

       lcd.setCursor(0,0);
       lcd.write ("Volumen:");
       lcd.setCursor(0,1);
        lcd.write ("90 ");
        }
  else {
  if (valor >= 910 && valor <= 1000){

       lcd.setCursor(0,0);
       lcd.write ("Volumen:");
       lcd.setCursor(0,1);
        lcd.write ("100 ");
          }
  else {
  if (valor >1000 ){

       lcd.setCursor(0,0);
       lcd.write ("Volumen:");
       lcd.setCursor(0,1);
       lcd.write ("MAX.");

  }
  }
  }
  }
  }
  }
  }
  }
  }
  }
  }
  }
```

El lector es libre de escoger los valores del potenciómetro que más le convenga para asignarlos a los valores del volumen.

28.6 MATERIAL PARA EL DESARROLLO DE LA PRÁCTICA

En esta práctica se necesita:

- ▼ Placa Arduino.
- ▼ Protoboard.
- ▼ Cable USB.
- ▼ Dos potenciómetros (uno para el display y otro como ruedecilla del medidor).
- ▼ Un display LCD.
- ▼ Cable conexión.

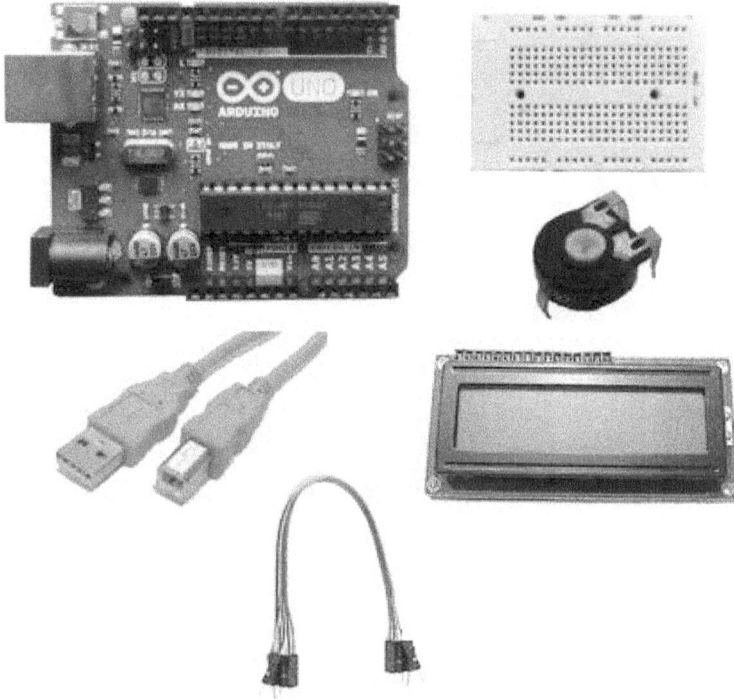

29

CLAVE DE SEGURIDAD Y TECLADO MATRICIAL CON ARDUINO

29.1 INTRODUCCIÓN

Como se ha comentado anteriormente, una aplicación que se puede dar a la combinación de un teclado y un display LCD es la de diseñar un control de acceso.

Un control de acceso se utiliza para saber en todo momento quién entra en una sala o estancia.

Con estos dos componentes podemos desarrollar un sencillo controlador de acceso.

El proyecto se podría complicar añadiendo un módulo con un reloj para registrar la hora y el día de los accesos y un lector de tarjetas SD para almacenar la información generada en cada introducción de clave en el teclado.

Después necesitaríamos otros componentes para completar un proyecto de calidad sobre un control de acceso, como didos, cerradura eléctrica, un relé, etc.

29.2 COMPONENTES ELECTRÓNICOS

Los componentes que se emplean ya han sido explicados en prácticas anteriores.

Recordar que para realizar esta práctica es necesario utilizar dos librerías: una para el display LCD (LiquidCrystal) y otra para el teclado, la librería Keypad, ambas explicadas en prácticas anteriores.

29.3 ENUNCIADO DE LA PRÁCTICA

En esta práctica se desea emular un sistema de control de acceso. Se deberán crear dos códigos, un código para una persona diferente.

Cuando se introduzca el código XXXX, deberá encenderse un led verde y por el display LCD deberá aparecer «SALUDOS USUARIO1», y así para cada una de las personas que están registradas en el sistema.

Si el código no es el correcto, en el display deberá aparecer «ACCESO DENEGADO».

Otro aspecto que se debe tener en cuenta es el tiempo durante el cual la puerta está abierta, es decir, una vez que se haya introducido uno de los dos códigos correctamente, y el led verde esté activado, transcurridos dos segundos, el led verde se apagará y en el display deberá aparecer «ACCESO CERRADO».

Una última cuestión: al iniciar el sistema, en el display deberá aparecer el texto «INTRODUCIR CLAVE», esperando a que se introduzca una de las dos claves activas en el sistema.

29.4 ESQUEMA DE CONEXIÓN

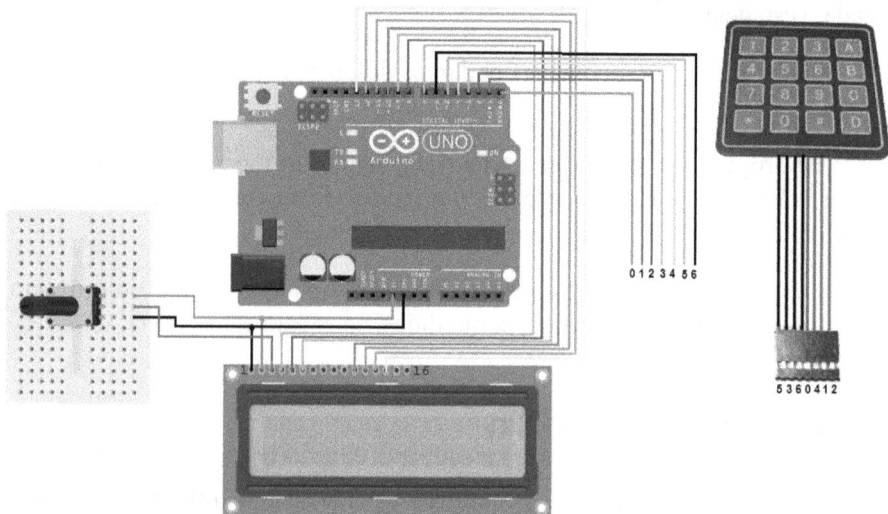

A continuación se muestra el montaje de la práctica y el resultado de su ejecución por el monitor serie.

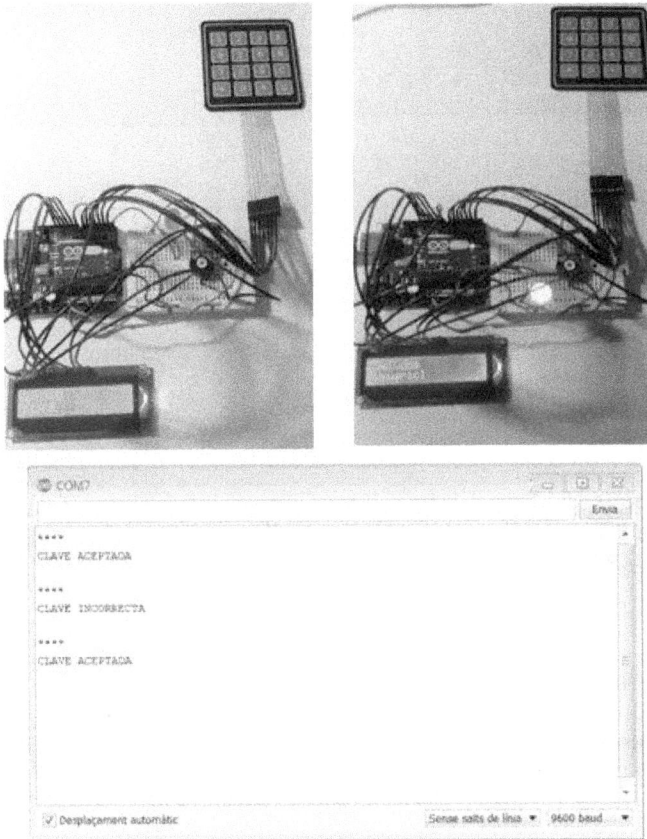

Figura 29.1. Montaje de la práctica y monitor serie

29.5 CÓDIGO DE LA PRÁCTICA

Una de las diferencias entre la práctica del teclado matricial que acciona un led y un servomotor es que aquí se han creado una serie de funciones para facilitar el borrado del display, el texto de inicio que muestra el display, entre otras.

El hecho de utilizar funciones nos yauda a que el código principal quede más «limpio» y sea de fácil comprensión.

```
/* Código práctica teclado y display LCD */
#include <Keypad.h>
#include <LiquidCrystal.h>

LiquidCrystal lcd(8, 9, 10, 11, 12 , 13);
const byte ROWS = 4; //4 filas
const byte COLS = 3; //3 columnas
char keys[ROWS][COLS] = {
  {'1','2','3'},
  {'4','5','6'},
  {'7','8','9'},
  {'*','0','#'}
};
byte rowPins[ROWS] = {4, 3, 2, 1}; //asignamos las filas a los
pines del teclado
byte colPins[COLS] = {7, 6, 5}; //asignamos las columnas a los
pines del teclado
char i[4] = {0,0,0,0}; //vector que contendrá los 4 dígitos de la clave
int j=0;
int clave=0;
int cont = 0;
Keypad keypad = Keypad( makeKeymap(keys), rowPins, col-
Pins, ROWS, COLS );


void setup(){
  Serial.begin(9600);
  pinMode (A0, OUTPUT);
  lcd.begin(16,2);
  cerrado ();
  borrar ();
  inicio ();
 }

void loop(){
 while (cont < 4) {
  char key = keypad.getKey();

  i[j]= key;

  if (key){
    Serial.print('*');
```

//hacemos que en vez de que aparezcan los números tecleados aparezcan los típicos asteriscos

```
  j=j+1;
 cont = cont+1;
  }
 }
```

//Clave autorizada 1
```
   if (i[0] == '1' && i[1] == '2' && i[2] == '1' && i[3]
== '2')
    {
      Serial.println ();
      Serial.println("CLAVE ACEPTADA");
      Serial.println ();
      analogWrite (A0, 255);
```

//el led indicativo se ha puesto en el pin analógico A0 a falta de pines digitales, siendo 255 el estado alto y 0 el estado bajo

```
      borrar ();
      lcd.setCursor(0,0);
      lcd.write("Saludos");
      lcd.setCursor(0,1);
      lcd.write("Usuario2");
      i[0]= 0;
      i[1]=0;
      i[2]=0;
      i[3]=0;
      delay (4000);
      borrar ();
      inicio ();
      analogWrite (A0, 0);
    }

   else {

//Clave autorizada 2
       if (i[0] == '2' && i[1] == '3' && i[2] == '3'
&& i[3] == '2')
        {
          Serial.println ();
          Serial.println("CLAVE ACEPTADA");
          Serial.println ();
          analogWrite (A0, 255);
          borrar ();
          lcd.setCursor(0,0);
          lcd.write("Saludos");
          lcd.setCursor(0,1);
          lcd.write("Usuario1");
```

```
                i[0]= 0;
                i[1]=0;
                i[2]=0;
                i[3]=0;
                delay (4000);
                borrar ();
                inicio ();
                analogWrite (A0, 0);
            }


    else {
      Serial.println ();
      Serial.println ("CLAVE INCORRECTA");
      Serial.println ();
       borrar();
       lcd.setCursor(0,0);
       lcd.write("ACCESO");
       lcd.setCursor(0,1);
       lcd.write("DENEGADO");
       i[0]= 0;
       i[1]=0;
       i[2]=0;
       i[3]=0;
       delay (3000);
       borrar ();
       cerrado ();
       delay (3000);
       borrar ();
       inicio ();
    }
    }
  cont =0;


  }

//Funciones

void borrar (){
    lcd.setCursor(0,0);
    lcd.write("         ");
    lcd.setCursor(0,1);
    lcd.write("         ");
}
void inicio (){
  lcd.setCursor(0,0);
```

```
            lcd.write("ENTRAR");
            lcd.setCursor(0,1);
            lcd.write("CLAVE");
    }
    void cerrado (){
      lcd.setCursor(0,0);
            lcd.write("ACCESO");
            lcd.setCursor(0,1);
            lcd.write("CERRADO");
    }
```

29.6 MATERIAL PARA EL DESARROLLO DE LA PRÁCTICA

En esta práctica se necesita:

▼ Placa Arduino.
▼ Protoboard.
▼ Cable USB.
▼ Un Teclado matricial 4x4.
▼ Un display LCD.
▼ Un led verde.
▼ Cable conexión.

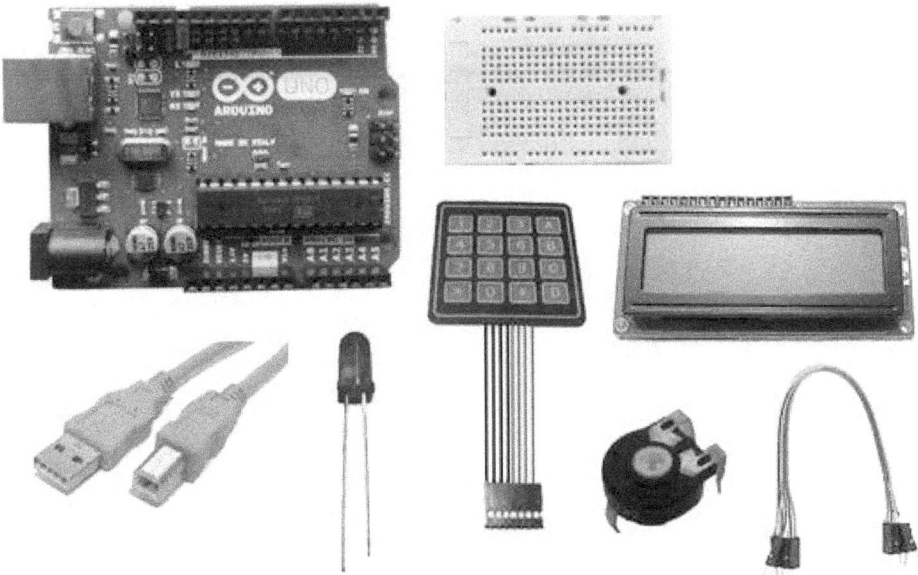

30

PRÁCTICA 25.
DECODIFICACIÓN DE UN MANDO A DISTANCIA

30.1 INTRODUCCIÓN

La gran variedad de sensores y componentes que podemos utilizar con Arduino nos brinda la oportunidad de combinar alguno de ellos con un mando a distancia, y gobernar así actuadores, indicadores o cualquier otro dispositivo que se nos ocurra.

¿Quién se imagina ahora un televisor o un reproductor BluRay sin mando a distancia? Hoy día, nadie.

Esta práctica trata de gobernar nuestros dispositivos conectados a Arduino desde un mando a distancia cualquiera.

30.2 COMPONENTES ELECTRÓNICOS

El componente que utilizaremos para llevar a cabo el montaje es el fotodiodo TSOP 4838. Este componente tiene el mismo principio de funcionamiento que el receptor que va incluido en el sensor CNY-70. Por tanto, se presupone ya explicado.

30.2.1 Mando a distancia

En este epígrafe se explica muy por encima el funcionamiento de un mando a distancia.

Básicamente, el mando a distancia emite una señal electromagnética por infrarrojos. Cada botón es capaz de emitir una señal diferente. Esta señal contiene un código de un número determinado de bits. De esta forma, el receptor, que está en el dispositivo que se pretende controlar, lee el código y realiza la función asociada a éste.

Figura 30.1. Mando a distancia

30.2.2 Configuración y conexión

La conexión que vamos a realizar entre el TSOP 4838 y Arduino no tiene complicación.

Sólo deberemos atender con sumo cuidado al patillaje del fotodiodo, ya que si conectamos los pines al revés, podemos quemar el componente.

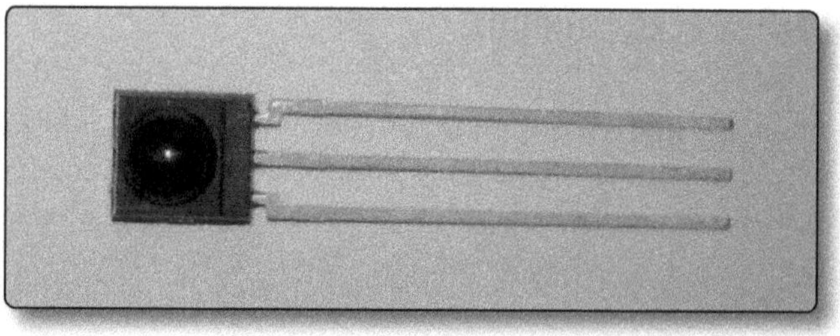

Figura 30.2. Receptor TSOP 4838

El patillaje del TSOP 4838 es el siguiente:

Figura 30.3. Pines del receptor TSOP 4838

La conexión con Arduino es la siguiente:

Para controlar el receptor infrarrojo TSOP 4838, Arduino necesita una librería especial: la librería IRremote.

Por la Red circulan otras librerías, que también podrían funcionar, pero en este libro todas las prácticas referentes al control remoto mediante mando a distancia se han confeccionado con la librería IRremote.

Vamos a ver las instrucciones esenciales para controlar adecuadamente el receptor de infrarrojos.

30.2.3 Librería IRremote

Esta librería fue creada por **Ken Shirriff**, en 2009, para facilitar la programación de un emisor y receptor de infrarrojos.

Esta librería es colaborativa, ya que no aparece en el IDE de Arduino por defecto.

Pasemos a los comandos de esta librería:

▼ *IRrecv ir(PIN_datos);* : involucramos el pin de datos con un objeto IR, lo llamamos ir. El PIN_datos deberá ser declarado como un integer. Por ejemplo: Int PIN_datos = 13.

▼ *decode_results resultados;* : Los resultados se guardarán en la variable resultados.

▼ *ir.enableIRIn();* : indica a Arduino el inicio de la recepción.

▼ *ir.decode(&resultados)* : se realiza la decodificación de los códigos almacenados en la variable resultados.

▼ *Serial.println(resultados.value, DEC);* : imprime por pantalla el código del botón, presionado previamente, convertido a decimal.

▼ *ir.resume();* : se prepara para recibir el siguiente código de tecla.

Todo quedará más claro cuando veamos estas instrucciones en el código de la práctica.

30.3 ENUNCIADO DE LA PRÁCTICA

En esta práctica se creará un circuito mediante el cual, averiguaremos el código que emiten varios botones de un mando a distancia.

Una vez obtenidos los códigos emitidos se mostrarán por el Monitor Serie.

En la práctica siguiente, utilizaremos los códigos de estos u otros botones para gobernar diferentes componentes.

30.4 ESQUEMA DE CONEXIÓN

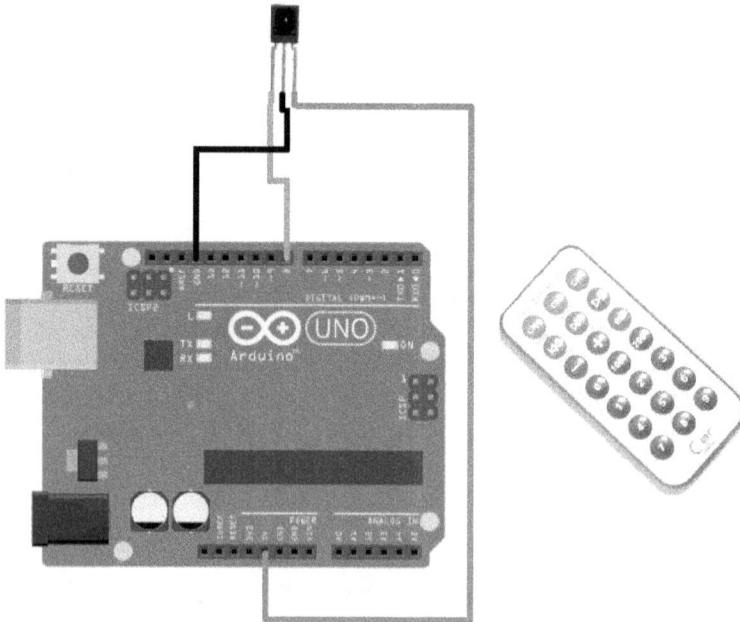

30.5 CÓDIGO DE LA PRÁCTICA

Decodificación en decimal de los botones del mando a distancia.

```
/* Programa para decodificar un mando a distancia */

#include <IRremote.h>

int RECV_PIN = 7; //declaramos el pin donde se conectará el pin de datos
IRrecv ir(RECV_PIN);
//relacionamos el pin de datos con un objeto IR, lo nombramos ir

decode_results resultado;
//el código emitido se almacena en la variable resultado


void setup()
{
  Serial.begin(9600); //iniciamos la comunicación serie
  ir.enableIRIn(); //se activa la recepción

}

void loop() {
  if (ir.decode(&resultado)) {
//si se reciben datos del mando a distancia...

    Serial.println(resultado.value, DEC);
//imprime por pantalla el código del botón presionado previamente
convertido a decimal

    ir.resume(); //recibir el siguiente código de tecla
  }
}
```

Es posible que al presionar un botón, el lector haya observado que el código emitido aparece repetido por el monitor serie.

Esta especie de "rebote" se soluciona añadiendo un delay de unos 200 milisegundos.

Por tanto, debemos añadir la línea:
```
delay (200);
```

Después de la línea:
```
Serial.println(resultado.value, DEC);
```

Es decir,
```
Serial.println(resultado.value, DEC);
delay (200);
```

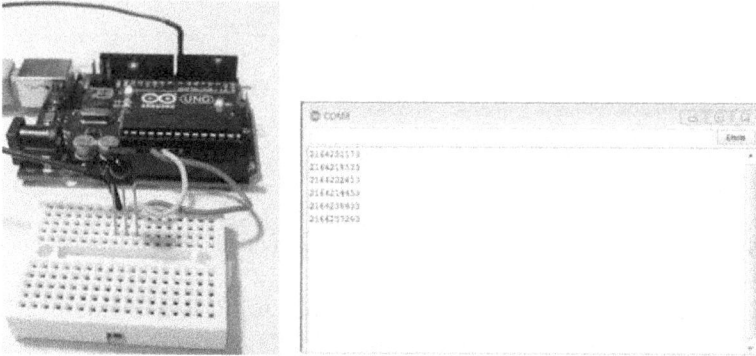

Figura 30.4. Montaje de la práctica y resultados obtenidos por monitor serie

30.6 MATERIAL PARA EL DESARROLLO DE LA PRÁCTICA

En esta práctica se necesita:

▼ Placa Arduino.
▼ Protoboard.
▼ Cable USB.
▼ Un display LCD.
▼ Un TSOP 4838.
▼ Mando a distancia.
▼ Cable conexión.

31

PROGRAMANDO UN MANDO A DISTANCIA

31.1 INTRODUCCIÓN

Después de haber realizado la práctica anterior, en la que únicamente debíamos visualizar el código en decimal que emitían algunos de los botones de nuestro mando a distancia, ahora podemos ir un poco más allá y utilizar el mando a distancia para controlar sensores, actuadores o simplemente para visualizar por un display el botón presionado.

31.2 ENUNCIADO DE LA PRÁCTICA

En esta práctica vamos a programar seis botones de un mando a distancia. Cuando se presione cada uno de estos botones, deberá aparecer un texto mediante un display LCD que informe de lo siguiente:

- Botón 1: «Botón 1 activado».
- Botón 2: «Botón 2 activado».
- Botón 3: «Botón 3 activado».
- Botón 4: «Botón 4 activado».
- Botón 5: activa el display. Aparece por pantalla «DISPLAY ACTIVADO».
- Botón 6: desactiva el display. Antes presenta una cuenta atrás de tres segundos.

Al iniciar el programa deberá aparecer en el display el texto «Presiona un botón».

Recordar que los acentos no podrán ser representados por el display.

31.3 ESQUEMA DE CONEXIÓN

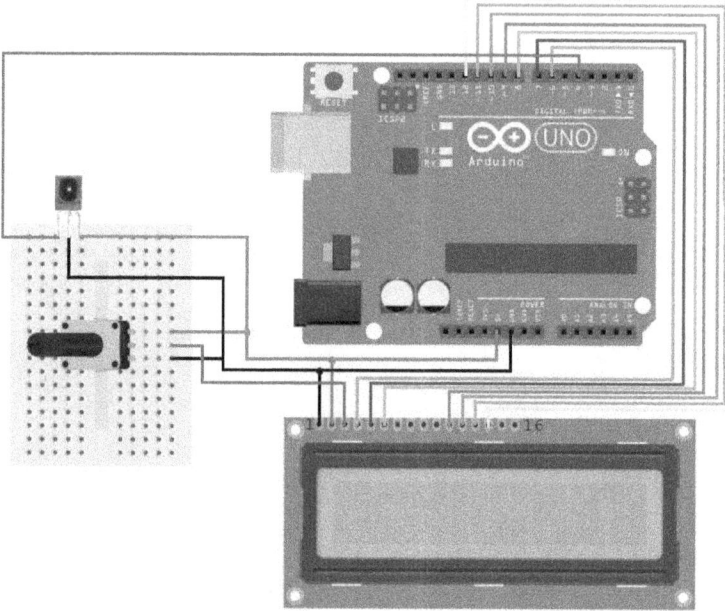

La conexión del display con Arduino ya se ha estudiado en prácticas anteriores.

En la siguiente imagen se muestra el montaje de la práctica y su resultado.

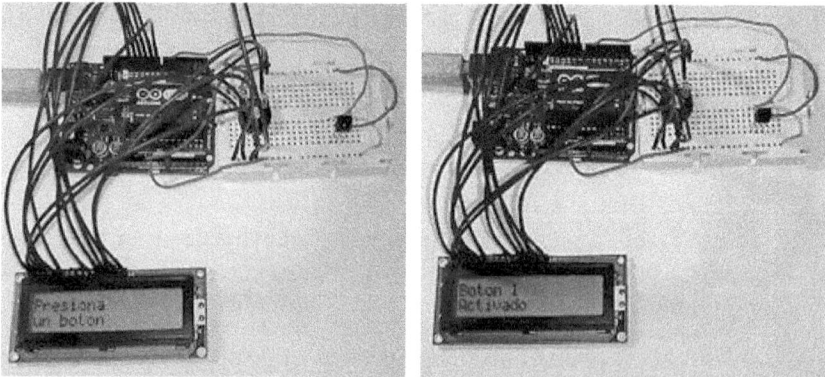

Figura 31.1. Montaje de la práctica y resultado obtenido

31.4 CÓDIGO DE LA PRÁCTICA

En esta práctica se adjuntan dos códigos. Con el primero podemos ver qué código emplea cada botón del mando a distancia que se haya escogido; ya se ha visto en la práctica anterior, pero se vuelve a incluir para una mejor comprensión de esta práctica.

El segundo código responde al enunciado de la práctica.

> **ⓘ NOTA**
>
> En el segundo código, el referente al enunciado de la práctica, el lector debe sustituir el código de cada botón por el suyo propio, ya que, de lo contrario, el resultado de la práctica no será el deseado.

CÓDIGO 1: Decodificación en decimal de los botones del mando a distancia.

```
/* Programa para decodificar un mando a distancia */

#include <IRremote.h>

int RECV_PIN = 4;  //declaramos el pin donde se conectará el pin de datos
IRrecv ir(RECV_PIN);  //relacionamos el pin de datos con un objeto IR,
lo nombramos ir
decode_results resultado;  //el código emitido se almacena en la
variable resultado


void setup()
{
  Serial.begin(9600);
  ir.enableIRIn();  //se activa la recepción

}

void loop() {
    if (ir.decode(&resultado)) {  //si se reciben datos del mando a
distancia
        Serial.println(resultado.value, DEC);  //imprime por
pantalla el código del botón presionado previamente convertido a decimal
```

```
    ir.resume();  //recibir el siguiente código de tecla
  }
}
```

CÓDIGO 2: Código resolución de la práctica.

```
#include <IRremote.h>
#include <LiquidCrystal.h>

LiquidCrystal lcd(8, 9, 10, 11, 12 , 13);
int RECV_PIN = 4;  //declaramos el pin donde se conectará el pin de datos
IRrecv ir(RECV_PIN);  //involucramos el pin de datos con un objeto IR,
lo llamamos ir
decode_results results;  //los resultados se guardarán en results


void setup()
{
  Serial.begin(9600);
  ir.enableIRIn();  //empieza la recepción
  lcd.begin(16,2);

  lcd.setCursor(0,0);  //colocamos aquí el primer mensaje
  lcd.write("Presiona");  //solamente aparecerá al iniciar el programa
  lcd.setCursor(0,1);
  lcd.write("un boton");
}

void loop() {


  if (ir.decode(&results)) {  //si se detectan datos del mando...
     Serial.println(results.value, DEC);  //imprime por panta-
lla el código del botón presionado previamente convertido a decimal
     delay (200);  //elimina el posible "rebote" al pulsar el botón
     ir.resume();  //recibir el siguiente código de tecla
  lcd.clear();
  lcd.setCursor(0,0);
  lcd.write("No ");  //borra el mensaje inicial
  lcd.setCursor(0,1);
  lcd.write("asignado");  //y nos informa si presionamos un botón no
programado
```

```
    }

    if (results.value == 2498985700) { //botón 1

      lcd.setCursor(0,0);
      lcd.write("Boton 1");
      lcd.setCursor(0,1);
      lcd.write("Activado");
    }


    if (results.value == 4129126878) { //botón 2

      lcd.setCursor(0,0);
      lcd.write("Boton 2");
      lcd.setCursor(0,1);
      lcd.write("Activado");

    }


  if (results.value == 2172071812) { //botón 3

    lcd.setCursor(0,0);
    lcd.write("Boton 3");
    lcd.setCursor(0,1);
    lcd.write("Activado");
  }
  if (results.value == 1301396414) { //botón 4

    lcd.setCursor(0,0);
    lcd.write("Boton 4");
    lcd.setCursor(0,1);
    lcd.write("Activado");

  }

    if (results.value == 3345571616) { //botón 5 Activa el display

      lcd.display ();
      lcd.setCursor(0,0);
      lcd.write("DISPLAY");
      lcd.setCursor(0,1);
```

```
    lcd.write("ACTIVADO");

}

if (results.value == 145526690) { //botón 6 desactiva el display

    lcd.setCursor(0,0);
    lcd.write("DISPLAY apagado");
    lcd.setCursor(0,1);
    lcd.write("en 3segundos ...");
    delay (3000);
    lcd.clear ();
    lcd.setCursor(0,0);
    lcd.write("3");
    delay (1000);
    lcd.clear ();
    lcd.setCursor(0,0);
    lcd.write("2");
    delay (1000);
    lcd.clear ();
    lcd.setCursor(0,0);
    lcd.write("1");
    delay (1000);
    lcd.clear ();
    lcd.noDisplay ();
    lcd.clear ();

}
}
```

31.5 MATERIAL PARA EL DESARROLLO DE LA PRÁCTICA

En esta práctica se necesita:

▸ Placa Arduino.
▸ Protoboard.
▸ Cable USB.
▸ Un display LCD.
▸ Un TSOP 4838.
▸ Mando a distancia.
▸ Cable conexión.

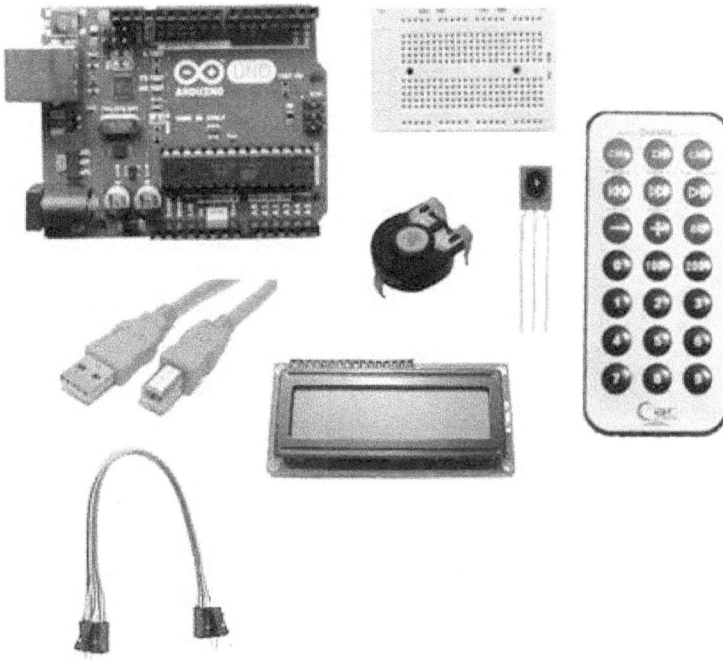

32

PRÁCTICA 27.
CONTROLAR DOS SERVOMOTORES
MEDIANTE MANDO A DISTANCIA

32.1 INTRODUCCIÓN

En esta última práctica vamos a controlar un dispositivo mediante un mando a distancia.

La práctica anterior ha servido para familiarizarnos con el funcionamiento de un sistema de este tipo, sólo que ahora no incluiremos un LCD para observar la codificación del mando; esto se puede realizar mediante el monitor serie, para después llevar a cabo la configuración de los botones del mando a distancia. Deberemos programar que cada botón realice una acción diferente sobre dos actuadores, en este caso, dos servomotores.

32.2 COMPONENTES ELECTRÓNICOS

Todos los componentes aquí utilizados ya han sido explicados en prácticas anteriores.

Por tanto, el esquema de conexión, patillaje y configuración de todos los componentes que se necesitan se pueden consultar en prácticas anteriores de este libro.

32.3 ENUNCIADO DE LA PRÁCTICA

En esta práctica se trabajará para que cada botón realice una acción diferente sobre dos actuadores, en este caso, dos servomotores. Por lo tanto, se programarán cuatro botones del mando a distancia para que lleven a cabo las siguientes acciones:

▼ Un botón permitirá girar los dos servomotores hacia el mismo sentido.

▼ Un botón permitirá detener los dos servomotores.

▼ Un botón permitirá detener el servomotor derecho y permitirá girar al servomotor izquierdo.

▼ Un botón permitirá detener el servomotor izquierdo y permitirá girar al servomotor derecho.

Como se puede intuir, se están sentando las bases para desarrollar un robot móvil controlado por mando a distancia.

Si lo deseamos enfocar hacia el campo de la domótica, podríamos realizar esta práctica para recrear la abertura y cierre de una puerta de garaje, creando una maqueta de la puerta, y ver su funcionalidad.

32.4 ESQUEMA DE CONEXIÓN

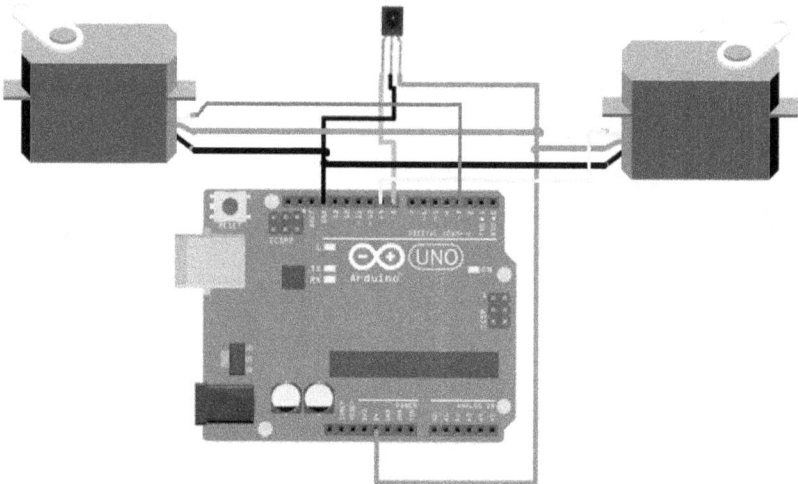

Figura 32.1. Montaje de la práctica

32.5 CÓDIGO DE LA PRÁCTICA

```
/*Control de dos servos mediante mando a distancia*/

#include <IRremote.h>
#include <Servo.h>

int RECV_PIN = 11;
//declaramos el pin donde se conectará el pin de datos del TSOP

IRrecv ir(RECV_PIN);
//asociamos el pin de datos con un objeto IR, lo llamamos ir decode_results
results; //los resultados se guardarán en results

int giroserder =180;  //velocidad del servo derecho

int giroserizq=0;  //velocidad del servo izquierdo

Servo servoderecha;
//creamos objeto servo para controlar el servo derecho

Servo servoizquierda;
//creamos objeto servo para controlar el servo izquierdo
```

```
void setup()
{
  Serial.begin(9600);
  ir.enableIRIn(); //empieza la recepción
  servoderecha.attach (9); //asignamos el pin 9 al servo de la dere-
cha
  servoizquierda.attach (3); //asignamos el pin 3 al servo de la
izquierda
}

void loop() {
  if (ir.decode(&results)) { //si se detectan datos del mando...
    Serial.println(results.value, DEC); //imprime por panta-
lla el código del botón presionado previamente convertido a decimal
    delay (200); //elimina el posible "rebote" al pulsar el botón
    ir.resume(); //recibir el siguiente código de tecla
  }
 if (results.value == 16724685) { //arriba
    servoderecha.write(graserder); //servos giran en el mismo
sentido
    servoizquierda.write(graserizq); //servos giran en el mis-
mo sentido



  if (results.value == 4294967295) {
    servoderecha.write(giroserder);
    servoizquierda.write(giroserizq);

  }
  }

if (results.value == 16740495) { //izquierda
    servoderecha.write(giroserder); //gira el servo de la derecha
    servoizquierda.write(90); //se detiene el servo de la izquierda


if (results.value == 4294967295) {
    servoderecha.write(giroserder);
    servoizquierda.write(90);

  }
  }
```

```
if (results.value == 16740495) { //derecha
    servoderecha.write(90); //se detiene el servo de la derecha
    servoizquierda.write(giroserizq); //gira el servo de la
izquierda


if (results.value == 4294967295) {
    servoderecha.write(90);
    servoizquierda.write(giroserizq);

  }
  }


if (results.value == 16740495) { //parar
    servoderecha.write(90); //se detienen los dos servos
    servoizquierda.write(90); //se detienen los dos servos


if (results.value == 4294967295) {
    servoderecha.write(90);
    servoizquierda.write(90);

  }
  }
}
```

32.6 MATERIAL PARA EL DESARROLLO DE LA PRÁCTICA

En esta práctica se necesita:

▼ Placa Arduino.
▼ Protoboard.
▼ Cable USB.
▼ Un TSOP 4838.
▼ Un mando a distancia.
▼ Dos servomotores 360°.
▼ Cable conexión.

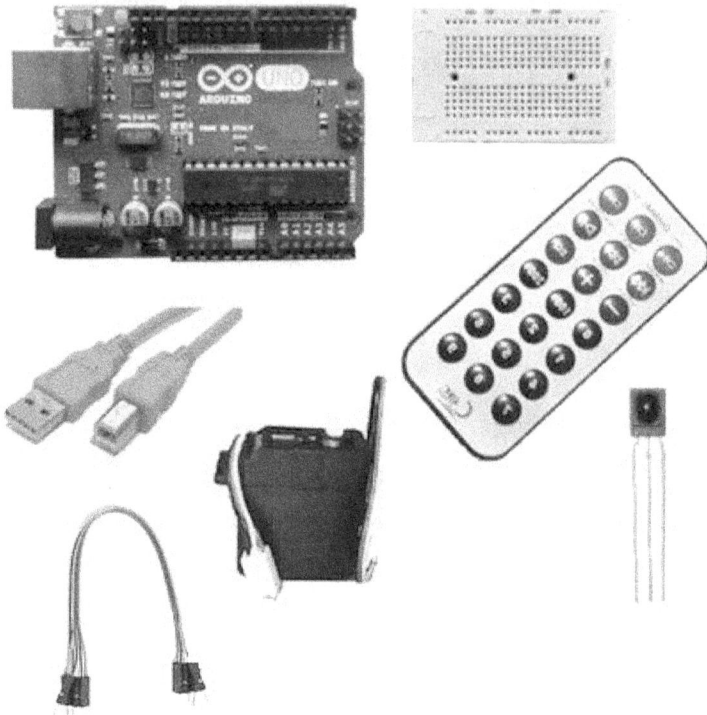

33

INTERRUPCIONES MEDIANTE UN BOTÓN

33.1 INTRODUCCIÓN

En alguna ocasión, durante la realización de las prácticas anteriores, nos hemos podido dar cuenta de que Arduino puede estar perdiendo información. Esto es debido a que el microcontrolador está ocupado realizando el cometido que le hemos programado.

Pongamos el ejemplo más sencillo que podamos encontrar, por ejemplo al utilizar delay's.

Al utilizar un delay, Arduino se para durante el tiempo que le ordenamos, en consecuencia, ¿qué sucede si durante ese período de tiempo un sensor detecta alguna entrada de datos, o un botón es activado?, pues no ocurre nada, Arduino seguirá con su delay obviando la entrada de datos que ha ocurrido precisamente en ese lapso de tiempo...

Veamos pues, como solventar este problema con un supuesto encendido de luces mediante un botón.

33.2 COMPONENTES ELECTRÓNICOS

Una interrupción no es un componente electrónico, pero le vamos a dedicar un apartado.

33.2.1 La interrupción

Una interrupción la podemos definir como una llamada al microcontrolador, el cual, deja lo que está ejecutando y atiende dicha llamada.

Esta llamada o interrupción, normalmente, "lleva" al microcontrolador a otra parte del código que debe ejecutarse con mayor prioridad.

Una vez ejecutado ese trozo de código, el microcontrolador vuelve al punto anterior, es decir, a la línea de la instrucción donde lo había dejado antes de recibir la interrupción.

Arduino UNO posee dos pines para crear interrupciones. En este caso, serán interrupciones externas, ya que las vamos a generar nosotros desde fuera del microcontrolador.

Estas interrupciones son: INT0, INT1, las cuales están vinculadas con los pines 2 y 3 respectivamente.

A este tipo de interrupciones también las podemos llamar interrupciones hardware.

33.2.2 La función attachInterrupt

Para desarrollar la interrupción con Arduino, tenemos una función que genera la interrupción deseada.

La función attachInterrupt tiene la siguiente sintaxis:
attachInterrupt (nº int, nombre función, modo)

Veamos cada uno de los parámetros de la función:

▸ Nº int: número de la interrupción. Si utilizamos la interrupción 0, el pin a utilizar será el 2. Si utilizamos la interrupción 1, el pin será el 3.

▸ Nombre función: nombre que le damos a la función interrupción que deseamos llamar.

▸ Modo: Define cuando la interrupción deberá ser activada. Observamos 4 formas de activación:

▸ CHANGE: Se activa cuando el valor en el pin pasa de HIGH a LOW o de LOW a HIGH. Es el modo normalmente empleado.

▶ LOW: Se activa cuando el valor en el pin es LOW.

▶ RISING: Se activa cuando el valor del pin pasa de LOW a HIGH.

▶ FALLING: Se activa cuando el valor del pin pasa de HIGH a LOW.

33.3 ENUNCIADO DE LA PRÁCTICA

En esta práctica se desea crear una interrupción mediante hardware a través de un botón.

Dicho botón encenderá un diodo led.

Para demostrar la utilidad y efectividad de la interrupción, primero se llevará a cabo el mismo esquema sin interrupción, aplicándole además, un bucle de retardo mediante un for o un delay para acentuar el posible retraso en el encendido de dicho led.

Después se comprobará la efectividad de la interrupción añadiéndola al programa.

33.4 ESQUEMA DE CONEXIÓN

Como se ha comentado anteriormente, para poder estudiar bien el funcionamiento de una interrupción normalmente se suele utilizar el montaje de encendido de un led mediante un botón.

Por tanto, el esquema de conexión para esta práctica será el mismo que hemos utilizado para la práctica del botón.

Aquí se ha considerado escoger la interrupción INT1, es decir, la interrupción asociada al pin 2 de Arduino.

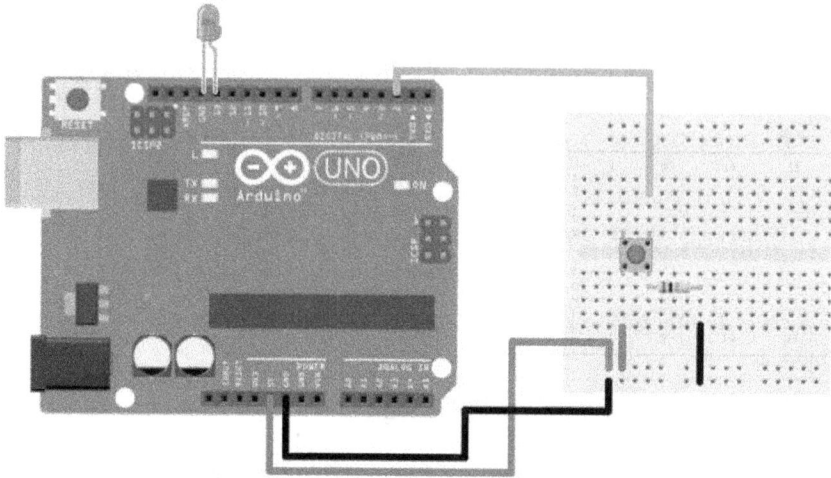

33.5 CÓDIGO DE LA PRÁCTICA

Antes de empezar a experimentar con las interrupciones, veamos un código donde se introduce un bucle de retardo para simular la pérdida de información cuando Arduino está ocupado.

Aquí, el botón no responderá a nuestra petición de encendido con solo pulsar, y se deberá insistir para que nos obedezca.

Código de encendido de un led sin interrupción.

```
/* Retardo del encendido de un led mediante botón */

int boton = 7;
int led=13;
int vb = 0;  //variable que almacena el valor del botón

void setup () {

  pinMode (boton, INPUT);
  pinMode (led, OUTPUT);
  Serial.begin (9600);
}

void loop () {
```

```
for (int t=0; t<500;t++) {//blucle de retardo
  Serial.println (t);
}

  vb = digitalRead (boton);
  if (vb == HIGH) {

    digitalWrite (led, HIGH);
    delay (220);
  }
  else {
    digitalWrite (led, LOW);
    delay (220);

  }

}
```

Veamos el código donde se emplea una interrupción:

```
/* Encendido de un led mediante una interrupción */

int boton = 2;
int led=13;
int vb = 0; //variable que almacena el valor del botón

void setup () {

  pinMode (boton, INPUT);
  pinMode (led, OUTPUT);
  Serial.begin (9600);
  attachInterrupt(0,parpadeo, HIGH);
}

void loop () {

for (int t=0; t<500;t++){
  Serial.println (t);
}
```

Como el lector habrá comprobado, utilizando interrupciones, el botón es atendido por Arduino con la mayor prioridad posible, encendiendo el diodo led al pulsar dicho botón.

33.5 LISTA DE MATERIAL

En esta práctica necesitareis:

- Placa Arduino
- Protoboard
- Cable USB
- 1 botón
- 1 resistencia de 220 o 330 Ohms
- 1 led
- Cables conexión

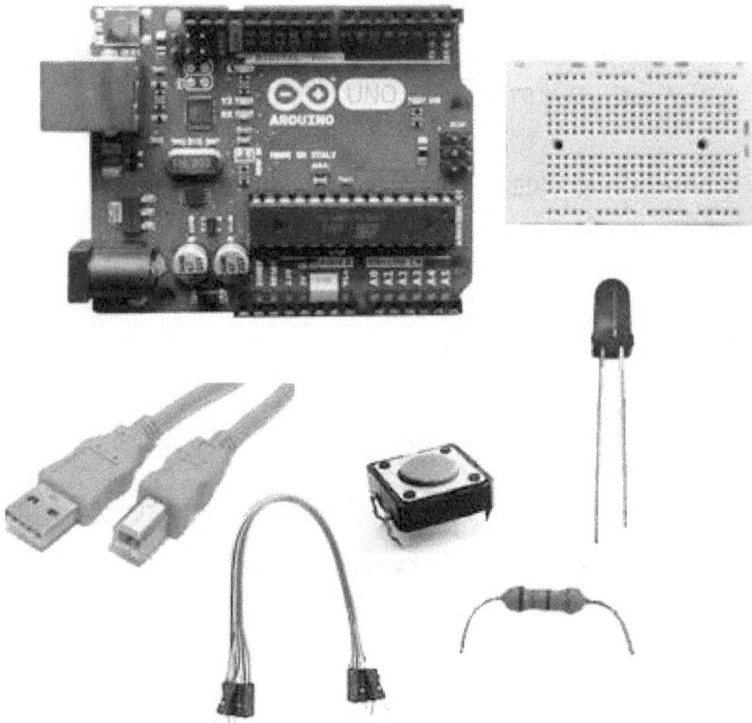

34

PROYECTOS SOBRE ROBÓTICA

34.1 ROBOT R.A.C.-I

34.1.1 Introducción

Este proyecto trata de crear un robot capaz de detectar objetos, como paredes u otros objetos de gran envergadura. En cuanto el objeto es detectado por el robot, éste debe realizar una maniobra de giro y seguir su recorrido en otra dirección.

Este sistema de detección de obstáculos es una versión muy «primitiva» del sistema que puede llevar el robot Roomba de iRobots. Estos robots de servicio tienen un sistema muy eficiente de detección de objetos, y son capaces de sortearlos y de seguir en la misma dirección en la que trabajaban antes de encontrarse con ellos. Además, son capaces de detectar espacios vacíos, es decir, paran y retroceden si detectan escaleras de bajada, o cualquier otro tipo de espacios en los que puedan caerse.

El robot R.A.C.-I es una primera aproximación a la hora de igualar un sistema de sorteo de objetos como el ya mencionado anteriormente.

Lógicamente, esta primera versión sencilla de un robot de este tipo se puede pulir, añadiendo más sensores y elaborando subrutinas de código para hacerlo mucho más eficiente. Esto se intentará realizar paso a paso en futuras versiones.

En estas páginas se detallan los pasos que se van a seguir para diseñar, ensamblar y programar un robot anticolisión.

34.1.2 Aplicación de los robots anticolisión

Como se ha comentado anteriormente, la aplicación que se le puede dar a un robot que posee un sistema anticolisión es la de realizar tareas domésticas, como barrer, aspirar, fregar, etc., pero también podemos utilizar estos sistemas en robots para vigilancia.

Estos robots deberán tener muy claro cuándo tienen que girar y cuándo no tienen que girar, y en definitiva, saber el espacio que deben recorrer entre estancias sorteando debidamente los posibles objetos que pueda hallar en la estancia que vigilan.

34.1.3 Diseño del R.A.C.-I

El diseño para crear un robot anticolisión deberá tener un sensor, ya sea por infrarrojos o por ultrasonidos, orientado a una altura considerable y acorde con los objetos que tiene que evitar.

Esto quiere decir que, a diferencia del diseño de un robot rastreador (su parte delantera debe ir a pocos centímetros del suelo para que los sensores puedan distinguir fácilmente el camino marcado), un robot anticolisión debe tener su chasis paralelo al suelo o incluso inclinado hacia arriba, como se ha comentado antes, dependiendo de los objetos que deba sortear.

En la siguiente imagen podemos ver el diseño del R.A.C.-I.

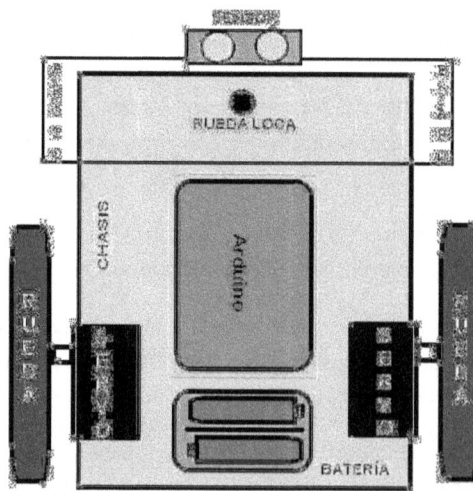

En el siguiente esquema se puede ver una vista de perfil para apreciar la elevación de la placa protoboard y la ubicación del sensor.

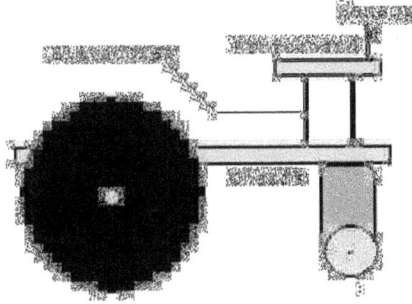

Se debe observar, como se ha comentado anteriormente, que a la rueda arsa se le ha colocado un elevador para compensar la diferencia de altura entre las ruedas traseras.

34.1.4 Componentes electrónicos

Los componentes electrónicos utilizados en el proyecto son: servomotores, sensor de ultrasonidos, una protoboard donde colocar el sensor y una placa Arduino. También se ha provisto de un jumbo led al robot para que se active en el momento de detectar el objeto. Es un motivo decorativo como muchos otros que se pueden aplicar, como sonidos, otros diodos de diferentes colores, etc.

Todos estos componentes han sido ya explicados en las prácticas de este libro.

Las características, conexionado y configuración se pueden consultar en el índice de la práctica adecuada.

34.1.5 Materiales y ensamblado del R.A.C.-I

El material utilizado es el siguiente:

▸ Una madera (conglomerado) de unos 15x15 cm, que hace de chasis.
▸ Bridas finas, pero lo suficientemente largas para sujetar los servos en el chasis.
▸ Tornillos para sujetar la pila de 9 v.
▸ Una pila de 9 v.

▶ Un conector Jack de alimentación para Arduino – pila.
▶ Un sensor HC-SR04.
▶ Una placa protoboard.
▶ Unas ruedas de plástico o goma (extraídas de un juguete deteriorado).
▶ Una rueda arsa (rueda loca).
▶ Unos tornillos largos para hacer de elevadores.
▶ Un jumbo led verde.
▶ Cable de conexionado.
▶ Dos servomotores de 360°.
▶ Una placa Arduino Uno.

Los pasos que se han seguido para ensamblar el robot se detallan mediante imágenes a continuación:

1. Conseguir los materiales comentados en el listado anterior.

2. Realizar los agujeros necesarios para que cumpla con el esquema del diseño mostrado en el epígrafe anterior.

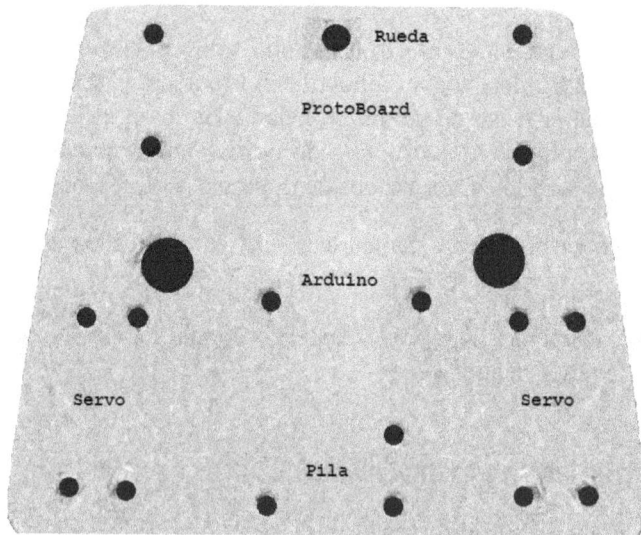

Aquí se muestran los agujeros para sujetar, mediante bridas o tornillos, los diferentes componentes del robot. Los dos agujeros mayores son para pasar el cableado que incorpora el servomotor.

3. Empezamos a fijar, mediante las bridas, los servomotores.

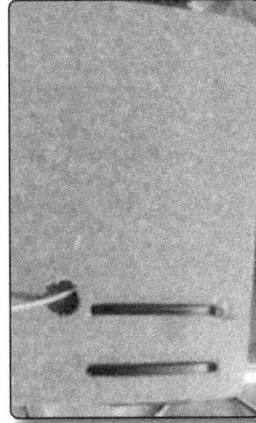

4. Atornillamos las ruedas a los accesorios que por defecto traen los servomotores.

5. Una vez fijados los servomotores y listas las dos ruedas, las podemos fijar a aquéllos. Encajan perfectamente. No necesitan ningún sistema de acoplamiento.

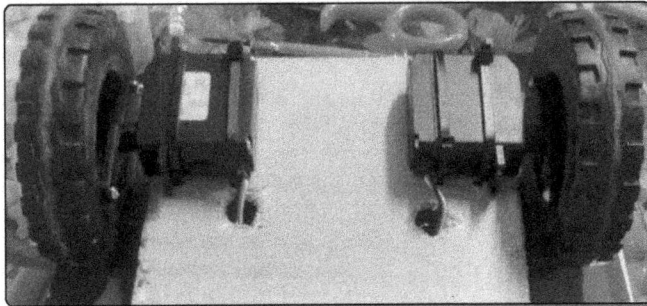

6. Fijamos la rueda delantera. Para nivelar la desproporción de los dos tipos de rueda, se coloca en la parte superior de la rueda libre un trozo de corcho.

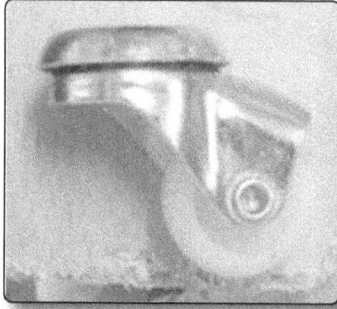

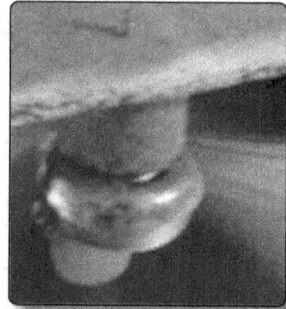

7. Una vez colocadas las tres ruedas, fijamos la placa Arduino.

8. Después colocamos los cuatro tornillos largos, que nos servirán para elevar la protoboard y el sensor.

9. Una vez ensambladas todas las partes, pasamos al cableado.

El esquema de conexión es muy sencillo. Simplemente debéis observar las prácticas del sensor de ultrasonidos y la práctica de los servomotores. Lo que hará que todos estos componentes interactúen entre ellos será el programa del robot.

10. El robot está listo para ser programado.

34.1.6 Programación del R.A.C.-I

A continuación se muestra el programa realizado para que nuestro robot R.A.C.-I sea capaz de evitar las colisiones.

```
/******************************************************
Código desarrollado para el Robot Anti-Colisión R.A.C-I.
Autor: Pedro Porcuna López **************************/

#include <NewPing.h>
#include <Servo.h>
#define TRIGGER_PIN   12   //adjudicamos el pin 12 para el trigger del
sensor.
#define ECHO_PIN      11   //adjudicamos el pin 11 para el Echo del
sensor.
#define MAX_DISTANCE 200 //Distancia máxima de detección del sensor
200 cm
int dist=0; //variable que albergará la distancia medida por el sensor de
ultrasonidos.
```

```
int cont=0; //contador para determinar el tiempo de giro del robot.
int pinled=13; //led indicador de obstáculo.
NewPing sonar(TRIGGER_PIN, ECHO_PIN, MAX_DISTANCE); //Se
```
crea un objeto ping y le pasamos los pines del trigger, echo y la distancia máxima.
```
int graserder =180; //velocidad inicial del servo derecho.
int graserizq=0; //velocidad inicial del servo izquierdo.
Servo servoderecha; //creamos objeto servo para controlar el servo
```
derecho.
```
Servo servoizquierda; //creamos objeto servo para controlar el servo
```
izquierdo.

```
void setup() {
Serial.begin(9600); //Iniciamos el puerto serie
pinMode (pinled, OUTPUT);
servoderecha.attach (9); //asignamos el pin 9 al servo derecho.
servoizquierda.attach (3); //asignamos el pin 3 al servo izquierdo.
}
void loop() {
  delay(200); //200ms de espera entre ping's.
  unsigned int tmp = sonar.ping(); //guardamos el tiempo del pin
```
en microsegundos en la variable tmp.
```
  dist = tmp / US_ROUNDTRIP_CM; //guardamos en la variable dist, la
```
distancia en centímetros.
```
  Serial.print(dist); //se imprime por el serial el ping pasado a
```
centímetros.
```
  Serial.println("cm"); //Se imprime la palabra cm.
 if (dist <= 25) { //si la distancia al objeto detectado es menor o igual a
```
25 cm...
```
    digitalWrite (pinled, HIGH); //se active el led
    servoderecha.write(90); //se detiene el servomotor derecho
    servoizquierda.write(90); //se detiene el servomotor izquierdo
    servoderecha.write(graserder); //se activa el servomotor
```
derecho
```
    servoizquierda.write(90); //El servo izquierdo sigue parado. De
```
esta manera el robot gira hacia la izquierda.
```
    while (cont <250){//Contador para hacer que gire mientras la
```
variable cont sea menor de 250. Es un valor escogido según estos servomotores
para que gire 90° aproximadamente.
```
    servoderecha.write(graserder); //servo active.
    servoizquierda.write(90); //servo detenido.
```

```
      Serial.println(cont); //visionamos el contador.
      cont = cont+1; //aumentamos el contador
      }
  }
  else { //sino...
    digitalWrite (pinled, LOW); //led apagado
    servoderecha.write(graserder); //servo derecho activo
    servoizquierda.write(graserizq); //servo izquierdo activo
    cont =0; //ponemos el contador a cero para la próxima vez que se
necesite.
    }
}
/******************************************************/
```

34.1.7 Mejoras para el R.A.C.-II

Las mejoras que se pueden incorporar para la versión de nuestro robot son innumerables, pero las que más «prioridad» pueden tener son las siguientes:

▶ Dos sensores más para eliminar los ángulos muertos que se producen con un solo sensor.

▶ Controlar de manera más eficiente la velocidad de los servomotores.

▶ Al tener tres sensores, se pueden colocar dos laterales y uno frontal. De esta manera, se puede programar el robot para que sepa salir de forma autónoma de un lugar cerrado donde solo hay una salida.

▶ Incorporarle un sistema de orientación y forzarlo a que siga una determinada trayectoria, a pesar de los obstáculos que se pueda encontrar.

34.2 ROBOT R.O.B.U.

34.2.1 Introducción

Este proyecto trata de crear un robot capaz de detectar objetos, como paredes u otros objetos, de igual modo que el anterior robot, pero con una modificación. Este robot incorpora un tercer servomotor de 180° que, mediante un sensor de ultrasonidos en su eje, realiza barridos a izquierda y derecha en busca de una salida.

En principio, el funcionamiento del robot es el siguiente.

El robot circula de forma autónoma hasta encontrar un obstáculo.

El robot detecta dicho obstáculo y se para, retrocede unos centímetros y acciona el servomotor, realizando un barrido de izquierda a derecha.

Durante ese barrido se detiene el servo durante un segundo a la izquierda y a la derecha, midiendo la distancia en cada lado del barrido.

Una vez que tiene las dos distancias, las compara y determina cuál es el mejor recorrido, es decir, cuál es la distancia más larga y, por tanto, mayor el espacio por recorrer.

34.2.2 Diseño del R.O.B.U.

Podemos partir del diseño creado para el robot R.A.C.-I. En este caso, incorporaremos el servomotor de 180° al diseño.

Con la adición de un solo dispositivo se consigue una efectividad notoria en robots detectores de obstáculos.

En la siguiente imagen podemos ver el diseño del R.O.B.U.

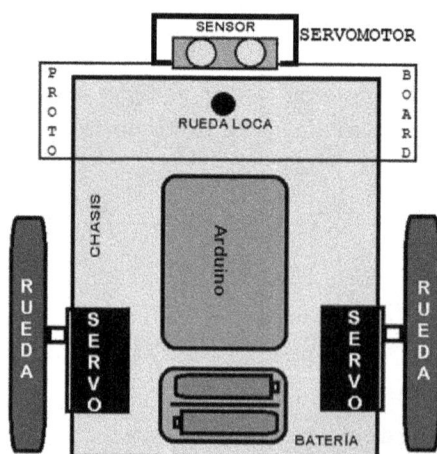

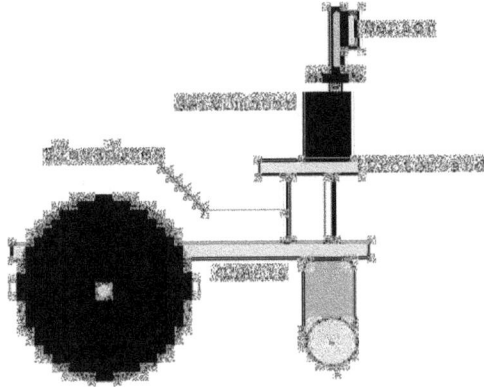

34.2.3 Código para R.O.B.U.

A continuación, se expone un posible código para el robot R.O.B.U.

```
/*****************************************************
Código desarrollado para el Robot de Orientación con
Barrido Ultrasónico R.O.B.U.
Autor: Pedro Porcuna López ***************************/

#include <NewPing.h>
#include <Servo.h>

#define TRIGGER_PIN   12    //adjudicamos el pin 12 para el trigger del
sensor.
#define ECHO_PIN      11    //adjudicamos el pin 11 para el Echo del
sensor.
#define MAX_DISTANCE 200 //Distancia máxima de detección del sensor.
200 cm
int dist=0; //variable que almacena distancia de objeto en línea recta
int distbarder=0; //variable que almacena distancia de la derecha
int distbarizq=0; //variable que almacena distancia de la izquierda
int cont=0;
int cont2=0;

NewPing sonar(TRIGGER_PIN, ECHO_PIN, MAX_DISTANCE); //Se
```

crea un objeto ping y le pasamos los pines del trigger, echo y la distancia máxima.

`Servo servoderecha;` //creamos objeto servo para controlar el servo derecho.

`Servo servoizquierda;` //creamos objeto servo para controlar el servo izquierdo.

`Servo servobar;` //creamos objeto servo para controlar el servo del barrido.

`void setup() {`

  `Serial.begin(9600);` //Iniciamos la comunicación serie

   `servoderecha.attach (9);` //asignamos el pin 9 al servo de la derecha.

   `servoizquierda.attach (3);` //asignamos el pin 3 al servo de la izquierda.

   `servobar.attach (7);` //asignamos el pin 7 al servo del barrido.

   `servobar.write (90);` //centramos el sensor de ultrasonidos

`}`

`void loop() {`

`dist=0;` //variable que almacena distancia de objeto en línea recta

`distbarder=0;` //variable que almacena distancia de la derecha

`distbarizq=0;` //variable que almacena distancia de la izquierda

  `adelante ();` //Llamamos a la función adelante

  `barrido_central ();` //Llamamos a la función barrido central

  `if (dist > 25) {`//si la distancia es mayor de 25 cm

    `adelante ();` //Llamamos a la función adelante

  `}`

  `else {`//sino...

    `parar ();` //Llamamos a la función parar

    `retroceso ();` //Llamamos a la función retroceso

    `parar ();` //Llamamos a la función parar

    `barrido_derecha ();` //Llamamos a la función barrido a la derecha

    `barrido_izquierda ();` //Llamamos a la función barrido a la izquierda

   `if (distbarder > distbarizq) {`//comparamos distancias

```
    giroderecha (); //Llamamos a la función giroderecha
  }
  if (distbarizq > distbarder) {//comparamos distancias
    giroizquierda (); //Llamamos a la función giroizquierda

  }
}
  adelante (); //Llamamos a la función adelante

}
//*****************************************************
//En este bloque, se declaran las funciones del programa
//*****************************************************
void adelante () {//Función adelante
  servoderecha.attach (9); //asignamos el servo derecho al pin 9
  servoizquierda.attach (3); //asignamos el servo izquierdo al pin 3
  servoderecha.write(180); //activamos el servo derecho
  servoizquierda.write(0); //activamos el servo izquierdo
}

void parar (){ //Función parar
    servoizquierda.detach(); //se paran los servos de propulsión.
```
Quedan desactivados mediante la instrucción detach.
```
    servoderecha.detach(); //se paran los servos de propulsión.
```
Quedan desactivados mediante la función detach.

```
    delay (1500); //esperamos 1 segundo y medio.
}
void retroceso () {//Función retroceso
  servoderecha.attach (9); //Volvemos a relacionar y a activar el
```
servo con el pin de arduino. Después de un detach, debemos activarlos mediante
attach.
```
    servoizquierda.attach (3); //Volvemos a relacionar y a activar el
```
servo con el pin de arduino. Después de un detach, debemos activarlos mediante
attach.
```
  servoderecha.write(0); //Gira el servo hacia atrás
  servoizquierda.write(180); //Gira el servo hacia atrás
```

//Invertimos los grados en cada servo para que giren en sentidos contrarios que en el avance.

```
    delay(1000);
  }
void giroizquierda () { //Función giro izquierda
    servoizquierda.attach (3); //habilitamos el servo y lo
asignamos al pin 3
    servoderecha.write(0); //este servo no gira
    servoizquierda.write(90); //este servo avanza
    while (cont < 300){ //mientras cont sea menor de 300...
    servoizquierda.write(0); //el servo gira
    cont++; //aumentamos la variable en una unidad
    servobar.write (90); //centramos el sensor de ultrasonidos
    Serial.println(cont); //monitorizamos la variable cont
    }
    cont =0; //variable cont a 0, preparada para otra ocasión
    cont2 =0; //variable cont2 a 0, preparada para otra ocasión
}
 void giroderecha () { //Función giro derecha
    servoderecha.attach (9); //habilitamos el servo y lo asignamos
al pin 9
    servoizquierda.write(90); //este servo no gira
    servoderecha.write (180); //este servo avanza
    while (cont2 < 300) { //mientras cont2 sea menor de 300...
    servoderecha.write (180); //el servo gira
    cont2++; //aumentamos la variable en una unidad
    servobar.write (90); //centramos el sensor de ultrasonidos
    Serial.println(cont2); //monitorizamos la variable cont2
    }
    cont =0; //variable cont a 0, preparada para otra ocasión
    cont2 =0; //variable cont2 a 0, preparada para otra ocasión
  }
 void barrido_derecha () { //Función barrido derecha
    servobar.write(0); //el servo con el sensor se coloca a la derecha.
Dependerá de la posición por donde miramos el servomotor...
    delay (200); //200ms de espera entre ping's.
    unsigned int tmp0 = sonar.ping(); //disparo del emisor
    distbarder=tmp0/US_ROUNDTRIP_CM; //medimos la distancia que
```

hay a la derecha.

```
   delay (1000); //esperamos 1 segundo
}
void barrido_izquierda () { //Función barrido izquierda
   servobar.write(180); //el servo gira a la izquierda. Dependerá de la
```
posición por donde miramos el servomotor…
```
   delay (200); //200ms de espera entre ping's.
   unsigned int tmp1 = sonar.ping(); //disparo del emisor
   distbarizq = tmp1 / US_ROUNDTRIP_CM; //medimos la distancia
```
que hay a la izquierda.
```
   delay (1000); //esperamos 1 segundo
}
void barrido_central () {
   delay(200); //200ms de espera entre ping's.
   unsigned int tmp = sonar.ping(); //guardamos el tiempo del pin
```
en microsegundos en la variable tmp.
```
   servobar.write (90); //el servo se centra.
   dist = tmp / US_ROUNDTRIP_CM; //guardamos en la variable dist, la
```
distancia en centímetros.
```
}
/************************************************************/
```

34.2.4 Mejoras para el R.O.B.U.

Mejoras que se pueden incorporar a este robot:

▶ Dotar a la parte delantera y trasera de *bumpers* para eliminar posibles ángulos muertos en la visión de nuestro sensor.

▶ Incorporarle un sistema de iluminación con dos leds de alta luminosidad, ya sean de colores o de luz blanca.

▶ Aviso acústico en el momento en que el robot se desplaza marcha atrás.

34.3 ROBOT R.O.M.O.C.O.D.I.S.

34.3.1 Introducción

Este proyecto trata de crear un robot que sea controlado por un mando a distancia como los que podemos tener en casa, es decir, por infrarrojos.

Una de las prácticas de este libro trata, precisamente, de programar un mando a distancia mediante el sensor TSOP 4838 o similar.

Configurando cada una de las teclas de dirección que incorporan muchos mandos a distancia, podemos conseguir que nuestro robot gire a derecha, izquierda, adelante o atrás.

También podemos añadir algún botón más para que el robot emita algún sonido o encienda algunos leds, etc.

De esta forma, nuestro robot deja de ser autónomo, para pasar a ser un robot controlado por infrarrojos.

34.3.2 Diseño del robot R.O.M.O.C.O.D.I.S.

Podemos partir del diseño creado para el robot R.A.C.-I. En este caso, incorporaremos al robot un TSOP 3848.

En la siguiente imagen podemos ver el diseño del robot R.O.M.O.C.O.D.I.S. Podemos aprovechar cualquiera de los dos robots anteriores y añadir únicamente el TSOP 3848.

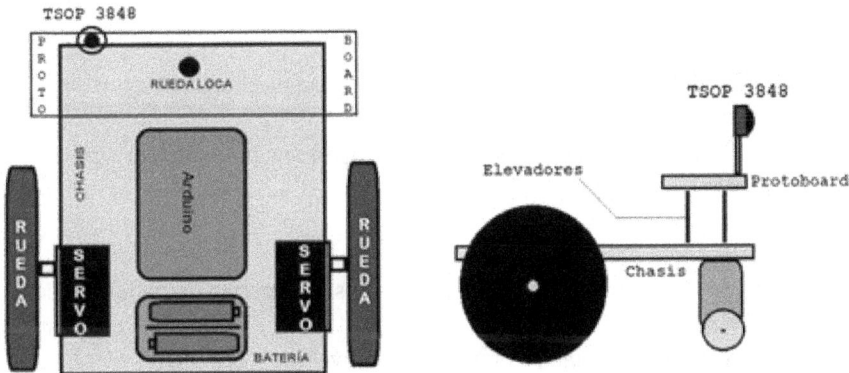

34.3.3 Código para el robot R.O.M.O.C.O.D.I.S.

Veamos un posible código para este robot.

Recordar que se debe cambiar el código asociado a cada botón en el código del programa y adecuarlo al mando a distancia que posea el lector.

```
/************************************************************
Código desarrollado para el Robot Móvil Controlado
mediante mando a Distancia ROMOCODIS
Autor: Pedro Porcuna López
************************************************************/
#include <IRremote.h>
#include <Servo.h>
int RECV_PIN = 8; //declaramos el pin donde se conectará el pin de datos
IRrecv ir(RECV_PIN); //involucramos el pin de datos con un objeto IR, lo
llamamos ir
decode_results results; //los resultados se guardarán en results
int pinled = 13;

int graserder =180; //velocidad inicial del servo derecho.
int graserizq=0; //velocidad inicial del servo izquierdo.
Servo servoderecha; //creamos objeto servo para controlar el servo
derecho.
Servo servoizquierda; //creamos objeto servo para controlar el servo
izquierdo.
void setup()
{
  Serial.begin(9600);
  ir.enableIRIn(); //empieza la recepción
  pinMode (pinled, OUTPUT);
  servoderecha.attach (9); //asignamos el pin 9 al servo de la
derecha.
  servoizquierda.attach (3); //asignamos el pin 3 al servo de la
izquierda.
}
void loop() {
  if (ir.decode(&results)) { //si se detectan datos del mando...
    Serial.println(results.value, DEC); //imprime por pantalla el
código del botón presionado previamente convertido a decimal.
    delay (200); //elimina el posible "rebote" al pulsar el botón

ir.resume(); //Recibir el siguiente código de tecla
  }
  if (results.value == 3772795063) { //botón arriba (adelante)
    servoderecha.write(graserder);
    servoizquierda.write(graserizq);
  }
```

```
if (results.value == 3772829743) { //botón izquierda (giro
izquierda)
    servoderecha.write(graserder);
    servoizquierda.write(90);
 }
if (results.value == 3772833823) { //botón derecha (giro derecha)
    servoderecha.write(90);
    servoizquierda.write(graserizq);
}
if (results.value == 3772778743) { //botón abajo (atrás)
    servoderecha.write(graserizq);
    servoizquierda.write(graserder);
}
 }
if (results.value == 3772837903) { //botón "OK" (parar)
    servoderecha.write(90);
    servoizquierda.write(90);
}
}
```

34.3.4 Mejoras para el robot R.O.M.O.C.O.D.I.S.

Mejoras que se pueden incorporar a este robot:

▼ Introducir sonidos o luces accionables desde los diferentes botones del mando a distancia.

▼ Establecer un botón para que, al pulsarlo, el robot entre en «modo» autónomo. Esto hace que debamos introducir en el diseño y en el programa el conocido sensor de ultrasonidos, por ejemplo.

34.4 ROBOT K - 5

34.4.1 Introducción

Este proyecto trata de crear un robot capaz de interactuar con las personas. Las acciones son sencillas, pero pueden ser llamativas para los más jóvenes de la casa o de la escuela.

Uno de los rasgos fundamentales al crear un robot social es la imagen exterior.

Esta imagen debe ser, por lo pronto, agradable, divertida y llamativa.

Con un envase de plástico, una caja de cartón y papel de colores podemos crear un robot simpático que llame la atención de los más jóvenes.

Dependiendo de las acciones con las que el robot actúe, podemos destinar dicho robot a personas más jóvenes (o no tan jóvenes).

La robótica, y más concretamente los robots mascota o sociales, se están erigiendo en una buena herramienta como tratamientos para personas con problemas de memoria, trastornos cognitivos, etc.

Este robot no pretende ser una herramienta de este tipo, pero se establecen las bases sobre las cuales se debería desarrollar un robot de estas características.

34.4.2 Funciones del robot y materiales empleados

El robot k-5, como ya se ha comentado, pretende ser una primera versión de un robot social o de aprendizaje.

Sus funciones son realmente sencillas, pero se ha intentado proponer algo diferente a la construcción de un robot móvil.

Por tanto, las funciones que incorpora el robot son las siguientes:

▼ Al activarse por primera vez, realiza una serie de sonidos o melodías para dar la bienvenida. Estos sonidos se pueden crear con la función tone () de Arduino.

▼ Mediante el sensor ultrasonidos (los ojos) hacemos que detecte presencias a unos 40 cms de distancia; así, cuando una persona se acerque y se encuentre a esa distancia, el robot reaccionará realizando unos movimientos rápidos de cabeza, de un lado a otro, emulando felicidad o exaltación, por ejemplo.

▼ Mediante un sensor CNY-70 podemos hacer que reconozca los colores negro y blanco. Mediante tarjetas de estos colores, el robot emitirá un sonido diferente, dependiendo del color detectado. Estaría muy bien realizar esta acción para otros colores, creando así un juego sobre el aprendizaje de los colores para los más pequeños. Para nuestro caso, siempre podemos buscar adivinanzas o realizar preguntas a los más pequeños sobre el color de ciertos objetos (que sean blancos o negros).

▼ Los leds frontales refuerzan el juego anterior de la detección de los colores blanco y negro.

En cuanto al material, se detalla a continuación:

▼ Envase de plástico de 5 litros de agua embotellada.
▼ Caja de cartón de tamaño proporcional al cuerpo para la cabeza.
▼ Papel de colores para forrar cuerpo, brazos, etc.
▼ Arduino UNO.
▼ Placa protoboard.
▼ Servomotor de 180°.
▼ Sensor ultrasonidos.
▼ Sensor CNY-70.
▼ Resistencias para el CNY-70 (véase práctica CNY-70).
▼ Altavoz de 8 Ohms.
▼ Tres leds (uno rojo y dos verdes). Los colores pueden variar a gusto del lector.
▼ Cables para el conexionado interno.

34.4.3 Diseño del robot K-5

A continuación se exponen los pasos que se deben seguir para el diseño, construcción y programación del robot K-5.

Empecemos por ver el diseño del robot K-5.

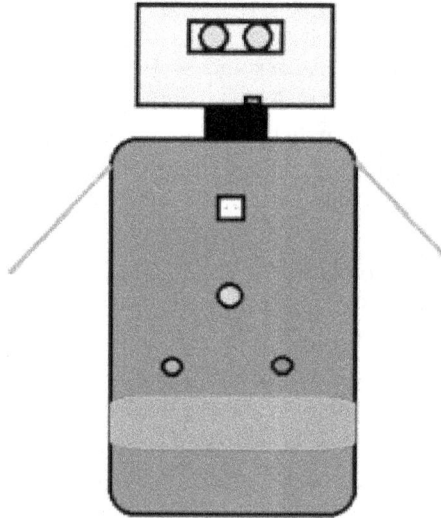

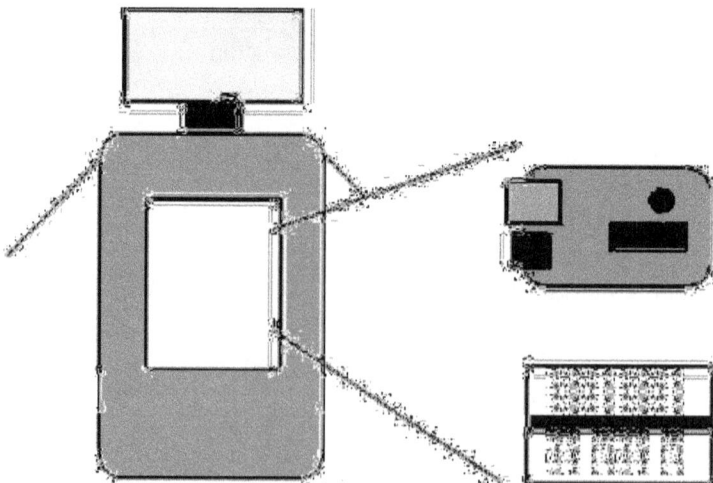

Veamos ahora las fases del montaje del robot:

1. Escogemos un envase de plástico. En esta ocasión se ha deseado crear el robot de un tamaño medio, por lo que se ha escogido un envase de 5 litros de agua embotellada.

2. Con unas tijeras se practican unas oberturas para poder incorporar un altavoz en la parte posterior del robot, así como una gran obertura bajo el altavoz por la que se introducirán Arduino, una pequeña placa protoboard y todo el cableado del robot. Por la parte delantera se colocan los leds, y posteriormente se añade el sensor CNY-70. Para colocar el servomotor que moverá la cabeza se realiza una obertura en el tapón del envase a la medida del servo para que encaje y quede sujeto.

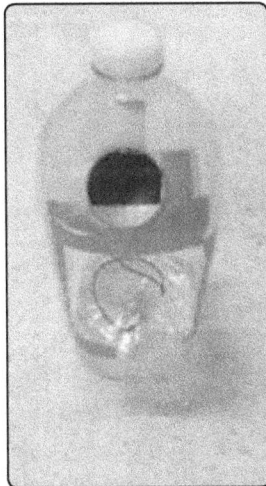

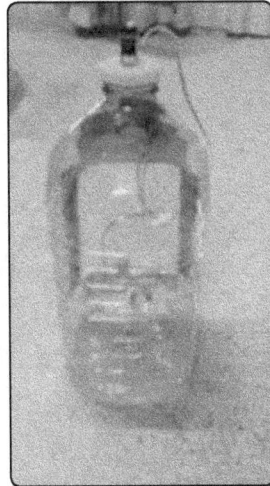

3. Seguidamente se coloca la cabeza del servomotor. Para ello se engancha mediante pegaREVISAR una de esas piezas que incorporan los servos, que encaja pefectamente.

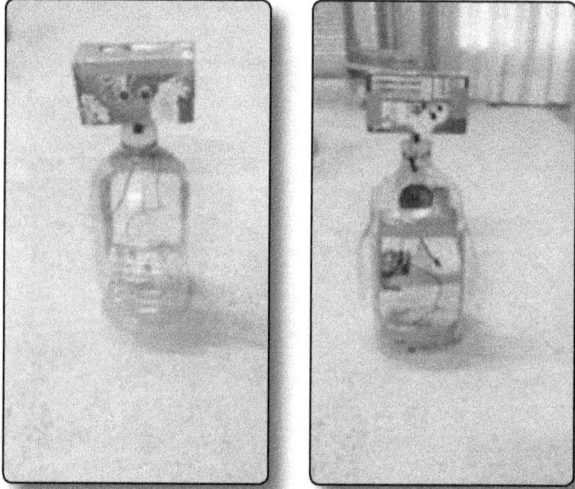

4. Se realiza el cableado de los componentes con la placa Arduino.

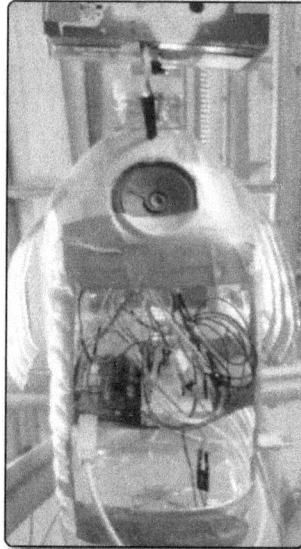

5. Pasamos a la programación del robot.

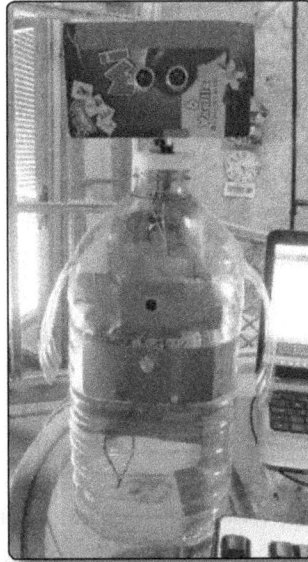

6. Adornamos el robot para darle un aspecto amable y gracioso. Este robot, en su momento de creación, se pensó para niños de 4 a 8 años, aproximadamente. El lector puede darle un aspecto según sus necesidades, así como añadir nuevas funciones y sensores.

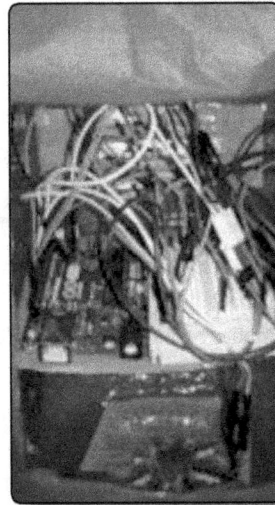

34.4.4 Código para el robot robot K-5

```
/*****************************************************
Código para el robot K-5
Autor: Pedro Porcuna López
*****************************************************/

#include <Servo.h>
#include <NewPing.h>
#define TRIGGER_PIN  12 //adjudicamos el pin 12 para el trigger del
sensor.
#define ECHO_PIN  11 //adjudicamos el pin 11 para el Echo del sensor.
#define MAX_DISTANCE 200 //Distancia máxima de detección del sensor
200 cm.
int ledverde8mm = 10; //Asignamos el pin 10 de Arduino a un led verde
de 8mm.
int dist=0; //variable que almacena distancia.
int cny=A0; //Asignamos el pin analógico A0 de Arduino al sensor CNY-70.
int valor=0; //Variable que contendrá los valores del sensor CNY-70.
int ledverde=9; //Asignamos el pin 9 de Arduino a un led verde de 5mm
(los habituales).
int ledrojo=8; //Asignamos el pin 8 de Arduino al led rojo.
int buzzer=3; //Asignamos el pin 3 al altavoz o buzzer.
unsigned int tmp; //Variable integer sin signo para almacenar el tiempo
del ping.

NewPing presencia (TRIGGER_PIN, ECHO_PIN, MAX_DISTANCE);
//Se crea un objeto y le pasamos los pins del trigger, echo y la distancia máxima.
Servo servocab; //Se crea el objeto para el servomotor de la cabeza
void setup() {
  Serial.begin(9600); //Iniciamos la comunicación serie
  pinMode (cny, INPUT); //Declaramos el pin A0 (cny) como entrada
  pinMode (ledverde8mm, OUTPUT); //led verde de 8mm. Es de mayor
tamaño. Su funcionamiento es exactamente igual que cualquier led de los vistos en
este libro.
  pinMode (ledverde, OUTPUT); //Led verde
  pinMode (ledrojo, OUTPUT); //Led rojo
  pinMode(buzzer, OUTPUT); //pin 3 para el buzzer
  servocab.attach (7);
```

//Este bloque solo se repetirá una vez. El robot emite luces y unos sonidos a modo de "Ready"...

```
digitalWrite (ledverde8mm, HIGH);
digitalWrite (ledverde, HIGH);
digitalWrite (ledrojo, HIGH);
delay (200);
digitalWrite (ledverde8mm, LOW);
digitalWrite (ledverde, LOW);
digitalWrite (ledrojo, LOW);
tone (buzzer,950,900); //Se emite un sonido por el altavoz.
delay (200); //Esperamos 200 milisegundos.
noTone (buzzer); //No se emite sonidos por el altavoz.
delay (200);
tone (buzzer,750,300);
delay (200);
}

void loop() {

valor=analogRead(cny); //Se lee el valor analógico del sensor y se
guarda en valor.
Serial.println(valor); //Imprime por el monitor serie el valor captado
por el CNY-70.
delay(100); //Esperamos 100 milisegundos entre valores.
digitalWrite (ledverde, LOW); //Led verde apagado.
digitalWrite (ledrojo, LOW); //Led rojo apagado.
if (valor >=80 && valor <=260 ) {//detecta color negro. El valor
dependerá de la luz ambiente.

digitalWrite (ledverde, HIGH); //Led verde activado.
digitalWrite (ledrojo, LOW); //Led rojo apagado.
tono_no_correcto (); //Llama a la función tono_no_correcto.
}
if (valor > 600 && valor < 996) {//detecta color blanco. El valor
dependerá de la luz ambiente.
digitalWrite (ledrojo, HIGH); //Led rojo activado.
tono_correcto (); //Llama a la función tono_correcto.
```

```
}
if (valor >6 && valor <=30) {//calibrar según la luz ambiente.
   digitalWrite (ledverde, LOW); //Led verde apagado.
   digitalWrite (ledrojo, LOW); //Led rojo apagado.
}
servocab.write (90); //Centramos el servo que mueve la cabeza
delay(50); //50ms de espera entre ping's.
tmp = presencia.ping(); //Guardamos el tiempo del ping en
microsegundos en la variable tmp.
dist = tmp / US_ROUNDTRIP_CM; //guardamos en la variable dist, la
distancia en centímetros.
Serial.print("Distancia: ");
Serial.print(dist); //Se imprime por el serial el ping pasado a
centímetros.
Serial.println("cm");
if (dist ==0) {//Eliminamos posibles valores erróneos del sensor
ultrasonidos
digitalWrite (ledverde8mm, LOW); //Led verde apagado.
}
if (dist >=55 && dist <= 65) {//Si detecta un objeto o persona a
entre 55 y 65 cm, el robot se "alegra" moviendo la cabeza.
  digitalWrite (ledverde8mm, HIGH); //Led verde activado.
  servocab.write (180); //El robot mueve la cabeza a un lado.
  delay (200); //Solo se moverá durante 200 milisegundos...
  servocab.write (90); //El robot mueve la cabeza al otro lado para
centrarse...
  delay (200); //Solo se moverá durante 200 milisegundos...
}
else {
   digitalWrite (ledverde8mm, LOW); //Led verde apagado.
}
if (dist >= 1 && dist <= 54) {//si detecta a alguien a 54 cm se da
cuenta y enciende el led verde.
   digitalWrite (ledverde8mm, HIGH); //Led verde activado.
}
}
//En este bloque se incorporan las funciones para el sonido
void tono_correcto () {//Función para el tono de acierto
tone (3,950,900);
```

```
delay (200);
noTone (3);
delay (200);
tone (3, 850,300);
delay (200);
noTone (3);
delay (200);
tone (3,750,300);
delay (500);
}
void tono_no_correcto () {//Función para el tono de error
tone (3,750,300);
delay (200);
noTone (3);
delay (200);
tone (3, 350,300);
delay (200);
noTone (3);
delay (200);
tone (3,950,900);
delay (500);
}
```

34.4.4 Mejoras para el robot K-5

Las mejoras pueden ser sustanciales. Veamos algunas:

▼ Sensor de reconocimiento de color.

▼ Incorporación de ruedas y motores para que el robot sea controlable mediante infrarrojos.

▼ Habilitar el sensor de ultrasonidos para hacer que el robot sea autónomo dentro de sus posibilidades.

35

OTROS PROYECTOS E IDEAS

En este epígrafe se describirán brevemente otros proyectos que se pueden desarrollar con Arduino.

Los proyectos expuestos en este epígrafe y las prácticas que se han realizado a lo largo del libro pueden estar sujetos a cualquier tipo de modificación o ampliación por parte del lector, añadiendo o cambiando sensores, dispositivos y aplicaciones.

De los innumerables proyectos que se pueden realizar con Arduino, se proponen los siguientes.

35.1 SENSOR APARCAMIENTO CON ULTRASONIDOS (PARA ROBOT MÓVIL)

Este proyecto pretende desarrollar un sistema que detecte mediante ultrasonidos cualquier obstáculo a la hora de estacionar un vehículo. Este sistema ya se ha incorporado hoy en muchos modelos de turismo. Pero también podría ser aplicable para modelismo, para nuestro propio robot móvil o incluso para nuestra bicicleta.

Instalando dos o incluso tres sensores de ultrasonidos, repartidos por la parte posterior del robot, podemos emular los sistemas de aparcamiento que poseen algunos vehículos en el parachoques trasero.

Después, mediante la programación de los sensores y las condiciones en las cuales deben reaccionar, obtendremos un sistema de este tipo:

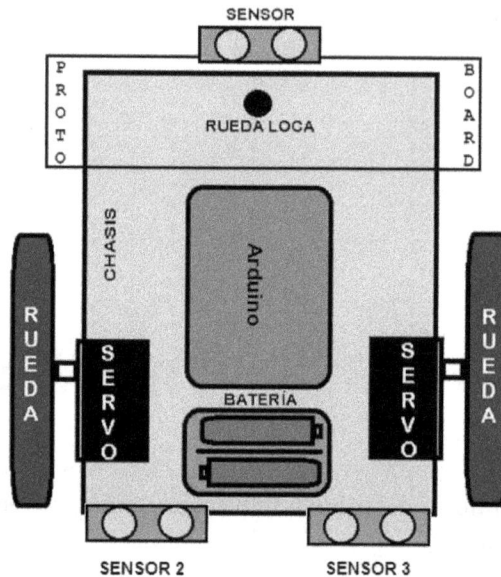

35.2 CASA DOMÓTICA

Este proyecto trata de realizar una maqueta de una casa domótica.

En principio, se deberían poder controlar:

▼ Luces. Algunas se activarán y se desactivarán según la luz ambiente; otras, mediante un sensor de presencia o ultrasonidos, etc.

▼ Persiana o cortina controlada mediante el monitor serie.

▼ Climatización. Un servomotor hace las veces de ventilador y se asocia a un sensor de temperatura LM35. Dependiendo de la temperatura alcanzada, el ventilador se activa o se desactiva.

▼ Detector de movimiento en una de las estancias. Si detecta presencia, se activa una alarma sonora mediante un zumbador.

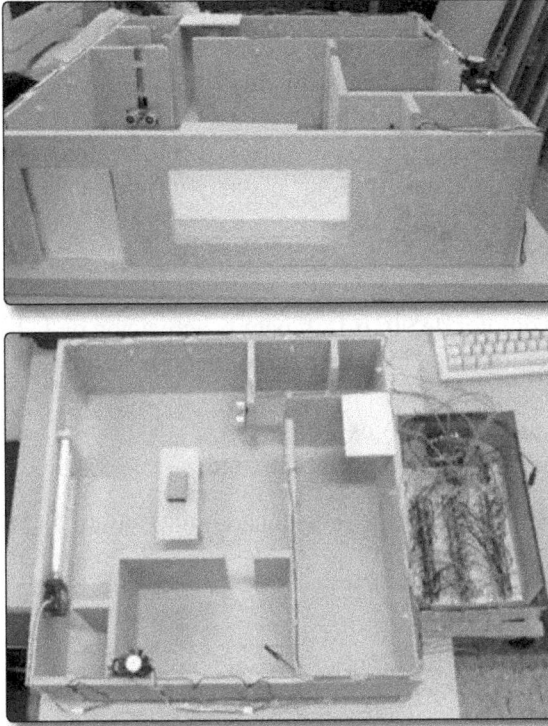

Dependiendo del número de sensores y leds que se deseen controlar, Arduino UNO puede carecer del número de terminales necesarios para realizar esto. Por ello, se precisará realizar un diseño teniendo claro el número de dispositivos que se deben controlar.

Esto no quiere decir que no se puedan controlar algunos dispositivos más de los que permite el número de terminales de Arduino. Para ello, se puede emplear una electrónica adicional, dotando a nuestro Arduino de un número extra de entradas o salidas.

Este libro plantea una visión y dominio básico de Arduino para llevar a cabo proyectos de robótica y domótica básicos, por ello, este cometido se debería ver con detalle en un libro de Robótica y Domótica Avanzada.

35.3 PARKING DE DOS PLANTAS

Este proyecto trata de llevar más lejos la práctica sobre la plaza de aparcamiento con sensor de ultrasonidos.

Se propone habilitar una estructura de dos plantas con las siguientes características:

▼ Barrera de entrada al aparcamiento.
▼ Ascensor de subida a la planta superior.
▼ Una plaza por planta, con un sensor de ultrasonidos.
▼ Un led verde y otro rojo por planta para indicar si la plaza está libre u ocupada.

Para ello, se requiere:

▼ Un servomotor de 90° o 180° para la activación de la barrera.
▼ Un sevomotor de 360° como motor del ascensor.
▼ Dos sensores de ultrasonidos, uno por plaza.
▼ Cuatro diodos: dos rojos y dos verdes.
▼ Madera, cartón duro, metacrilato, etc.

A continuación se muestra un pequeño esbozo sobre un posible diseño de la maqueta:

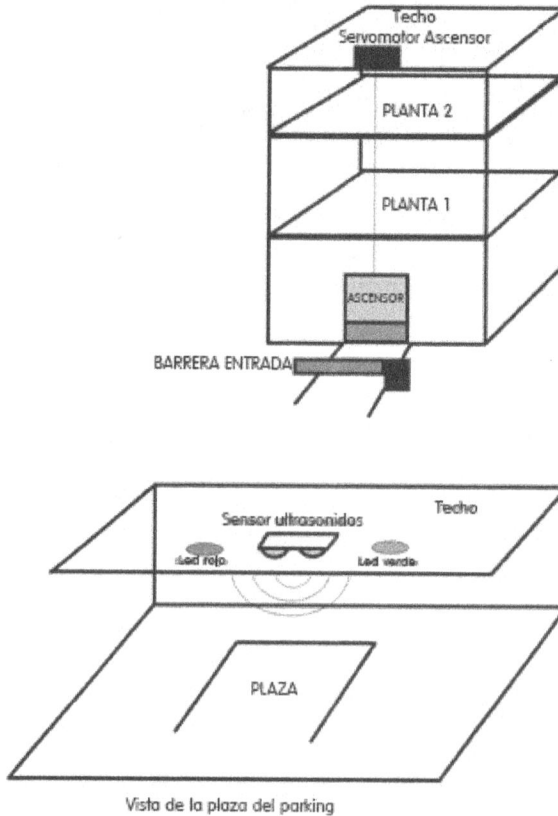

Vista de la plaza del parking

Cada una de las plantas, al ser techadas, nos facilita la sujeción del sensor de ultrasonidos.

35.4 CAJA FUERTE DE SEGURIDAD

Este proyecto trata de emular una caja de seguridad.

Lógicamente, dependiendo del material utilizado para crear la caja, tendremos mayor seguridad o no, pero lo que aquí interesa es la cerradura, que se creará mediante un servomotor cuya activación tendrá lugar mediante un código introducido con un teclado matricial como el visto en prácticas anteriores.

La caja no tiene por qué ser de grandes dimensiones; de hecho, se puede implementar con las dimensiones que se crean oportunas.

A continuación, se muestran unos gráficos donde podemos ver lo que se pretende conseguir con este proyecto.

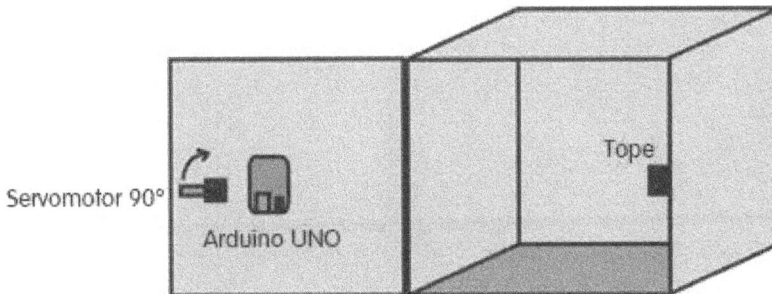

Por tanto, se necesitará:

▼ Un servomotor de 90° o 180° para activar una palanca como cerradura.

▼ Un teclado matricial para introducir la combinación de apertura de la caja.

▼ Un diodo led verde y otro rojo como indicadores de código correcto o incorrecto.

▼ Madera, metacrilato, etc.

Es recomendable alimentar los servomotores mediante una pila o batería externa a Arduino, ya que los 5 voltios que proporciona Arduino no son suficientes para alimentar todos los dispositivos mientras, si se da la ocasión, están funcionando al mismo tiempo.

Pedro Porcuna López es Ingeniero en telecomunicaciones por la Universidad Politécnica de Cataluña (UPC) y Experto en robótica por la Universidad La Salle. Además, es técnico especialista en electrónica industrial y técnico superior en sistemas informáticos y telecomunicaciones.

Ha trabajado como docente en el Centro Catalán Comercial impartiendo clases de grado medio de informática y electrónica. Actualmente trabaja como docente en el Centro de Estudios Stucom siendo el Responsable del área de robótica del centros, llevando a cabo la implantación de la robótica en asignaturas para ciclos de grado medio, superior y bachillerato; asimismo, supervisa todos los proyectos relacionados con Arduino, robótica y domótica.

ÍNDICE ALFABÉTICO

www.ingramcontent.com/pod-product-compliance
Lightning Source LLC
Chambersburg PA
CBHW082130210326
41599CB00031B/5934